面向新工科的高等学校应用型人才培养规划教材

Python 语言及其应用

赵广辉　主　编
翁　彧　副主编

中国铁道出版社有限公司
CHINA RAILWAY PUBLISHING HOUSE CO., LTD.

内 容 简 介

本书融入美国斯坦福大学在 2025 计划中提出的"轴反转"教学理念，改变传统教学中以知识讲授为中心的教学组织模式，以"先能力、后知识"理念组织教学。全书以 100 多个实际问题求解案例为纽带，在各知识点间建立一种有机的联系，强化各知识点间的交叉融合和知识的反复再现，在培养问题求解能力的同时掌握 Python 程序设计基础知识与应用能力。

本书共分 10 章，内容包括 Python 语言概述、turtle 画图、基本数据类型与运算、程序流程控制、函数和代码复用、序列类型、集合与字典、异常处理、文件操作、数据分析与可视化。本书叙述清晰，案例丰富，可使学生循序渐进地学会 Python 编程技术和技巧。

本书适合作为高等学校计算机专业及其他相关专业的教材，也可作为计算机等级考试（二级）的辅导教材，以及 Python 程序设计爱好者的自学参考书。

图书在版编目（CIP）数据

Python 语言及其应用 / 赵广辉主编 . —北京：中国
铁道出版社，2019.7（2021.12重印）
面向新工科的高等学校应用型人才培养规划教材
ISBN 978-7-113-25410-0

Ⅰ . ① P··· Ⅱ . ①赵··· Ⅲ . ①软件工具－程序设计－
高等学校－教材 Ⅳ.① TP311.561

中国版本图书馆 CIP 数据核字（2019）第 017720 号

书　　名：Python 语言及其应用
作　　者：赵广辉

策　　划：秦绪好　翟玉峰　　　　　　　编辑部电话：(010) 83517321
责任编辑：翟玉峰　彭立辉
封面设计：张　璐
封面制作：刘　颖
责任校对：张玉华
责任印制：樊启鹏

出版发行：中国铁道出版社有限公司（100054，北京市西城区右安门西街 8 号）
网　　址：http://www.tdpress.com/51eds/
印　　刷：三河市航远印刷有限公司
版　　次：2019 年 7 月第 1 版　2021 年 12 月第 5 次印刷
开　　本：850 mm×1 168 mm 1/16　印张：17.5　字数：374 千
印　　数：12 501 ～ 14 000册
书　　号：ISBN 978-7-113-25410-0
定　　价：49.00 元

面向新工科的高等学校应用型人才培养规划教材

序

社会的一次次重大变革、市场经济体制的不断完善使信息技术的应用范围更为广泛，也给计算机科学技术的普及应用提出了更高的要求。近年来，在我国高等教育改革力度不断加大的过程中，更加关注面向未来、兼顾当前和长期目标的高等教育。在各学科专业建设方面强调多学科交叉融合的"新工科"思维，高等工程教育融入了"成果导向"的人才培养教育理念。这种情势下，高校的计算机基础教育作为信息素养和能力培养的一个重要组成部分，面临着新一轮的机遇与挑战。

近两年来，新工科背景下产生了诸多新专业，以及相继而来的新农科、新医科、新文科等概念。一系列新专业诞生，老专业的新方案建设也在被重新定义，其中信息素养和计算机技术都无一例外地被高度关注。尤其是对新框架下的课程体系建设，新形态课程建设、教材建设、资源建设等都急迫需求。恰在此时，欣喜地看到了中国铁道出版社规划了这套"面向新工科的高等学校应用型人才培养规划教材"，将传统的计算机基础教育课程融入了体系化的思路，将目前炙手可热的"人工智能、大数据、虚拟现实、智能制造、互联网+、云计算"等新概念、新技术置入新工科框架，追求计算机技术与多学科的深度融合，以探索适应新工科背景下的专业建设和人才培养需求的教材新形态、新内容、新方法。在与出版社的多次交流中了解到，这套系列教材在组织编写思路上有很好的设计，以下几个方面值得推荐。

1. 在系列上追求教材体系化

教材体系是配合指定的课程体系构建的，而课程体系是围绕专业设置规划的。新工科背景下各专业的重塑或新建都需要在计算机公共教学过程中给予更高度融合的新的课程体系甚至是配套的教学模块。所以，本系列教材在教育部高等学校大学计算机课程教学指导委员会提出的《大学计算机基础课程教学基本要求》的基础上，向教材体系化转化，也就是说这个体系不是唯一的，而是面向多专业教学需求，可以灵活搭建不同课程体系的配套教材。本套教材，无论是在教材种类、教材形态，还是在资源配套等方面生成适用于不同专业需求的教材体系，支持不同教材体系的可持续动态增减。

2. 在内容上追求深度融合

当大数据、人工智能、虚拟现实这些新学科迅速成长起来时，如何给予计算机基础教育的多学科以支持？以往的方法是在教材里增加一章新内容，而本套教材则规划将这些内容融于不同的课程中，落地在结合专业内容的案例设计上。例如，本系列的《Python语言及其应用》一书，以近100个结合不同专业的实际问题求解案例为纽带，强化了各知识点间的交叉融合，也强化了程序设计与不同学科的融合，在宽口径的培养模式下，学生通过不断的解决问题的过程，培养了计算思维和用计算机技术解决专业问题的能力。

3. 在教学资源上同步建设

"国家教材委员会"的成立体现了教材建设的国家意志，本套教材规划起步于国家政策的高起点，除了新工科的需求牵引之外，在线教育、金课建设等大环境也要求明确，所以与教材同步的各种数字化资源建设同步规划，适时建设。从目前将要出版的其中几本教材来看，各种数字化建设都在配套开展，教学实践也在同步进行，呈现出在教材建设上的跨越式的发展态势，对教学一线教师提供了完整的教学资源，必将为新时期的人才培养目标做出可预期的贡献。

4. 教材编写与教学实践的高度统一与协同

本套教材的作者大都是教学与科研两方面的带头人，具有高学历、高职称，是具有教学研究情怀的教学一线实践者，他们设计教学过程，创新教学环境，实践教学改革，将理念、经验与结果呈现在教材中。更重要的是，在这个分享的时代，教材编写组开展了多种形式的多校协同建设，采用更大的样本做教改探索，支持研究的科学性和资源的覆盖面，必将被更多的一线教师所接受。

在当今新工科理念日益凸显其重要性的形势下，与之配合的教育模式以及相关的诸多建设都还在探索阶段，教材无疑是一个重要的落地抓手。本套教材就是计算机基础教学方面很好的实践方案，既继承了计算思维能力培养的指导思想，又融合了新工科思维，同时支持了在线开放模式。内容前瞻，体系灵活，资源丰富，是值得关注的一套好教材。

北京理工大学计算机学院教授

北京市教学名师

2019年4月

前　言

　　传统的程序设计教学以讲授程序设计基础知识为中心，一般是先学习后应用甚至只讲授知识不涉及应用，知识学习与应用脱节严重，应用训练少，学习存在盲目性，学习动力不足。本书的内容组织反转了以"知识传授为中心"的教学模式，强调应用能力训练，使程序设计教学回归能力培养和复杂问题求解，融入有使命的学习的理念，使学习者了解学习的使命并以拥有解决复杂专业问题的能力为目标，学习与应用融为一体，成为一种基于内部驱动的使命性学习，在问题求解过程中学习成为主要的方式，在学习过程中实现个体兴趣与能力培养的最优化结合。

　　本书在系统讲解Python语言语法和程序设计基本思想的同时，改变了传统教学中以知识讲授为中心的教学组织模式。全书以100多个实际问题求解案例为纽带，在各知识点间建立一种有机的联系，强化各知识点间的交叉融合、反复再现，在实现问题求解的同时逐渐掌握相关的知识。全书共分10章，内容包括：Python语言概述、turtle画图、基本数据类型与运算、程序流程控制、函数和代码复用、序列类型、集合与字典、异常处理、文件操作、数据分析与可视化。在学习过程中，通过不断地解决从简单到复杂的各种问题，可赋予读者不停探索的动力，激发读者的学习兴趣和学习热情。

　　Python在大数据、人工智能、金融分析、工程问题求解等领域的核心应用都是数据的处理与可视化，紧密围绕数据处理与可视化这一核心问题的相关知识进行讲解，使读者可以具备从事机器学习和数据分析相关工作的能力。

　　本书基于Python 3.7版本编写而成，全书内容丰富，叙述清晰，采用新形态构建形式，并配套提供了大量应用型教学案例，适合作为高等学校计算机专业及其他相关专业的教材，以及计算机等级考试（二级）的辅导教材。

　　本书由武汉理工大学赵广辉任主编，中央民族大学翁彧任副主编，河北大学肖胜刚、中南民族大学项巧莲、武汉理工大学董丽杰和汪朝霞、北京理工大学李仲君参与了本书的编写工作。其中：第1~4章由赵广辉、汪朝霞、李仲君编写，第5、6章由肖胜刚、赵广辉编写，第7~9章由翁彧、项巧莲编写，第10章由赵广辉、董丽杰编写。全书由赵广辉和翁彧负责统稿校订，李屾、段翠苹、吴利军等参与了教学实践工作。

本书提供全套教学课件、源代码、课后习题答案与分析、常见问题及难点解析、配套实验项目、教学计划及学时分配建议。配套资源可以登录中国铁道出版社有限公司官方网站（http://www.tdpress.com/51eds/）的下载区下载或与作者联系索取，作者的教师QQ群为2324769，电子邮件为zhaogh@whut.edu.cn。

在本书编写过程中，我们本着科学、严谨的态度，力求精益求精，但由于水平有限，仍难免存在疏漏与不妥之处，恳请广大读者批评指正。

编　者

2019年3月

目　录

第①章　Python 语言概述

Life is short, you need Python！是关于Python的一句经典的、富有情怀的语句，很多Python程序开发者都是从这句话开始学习并爱上这门语言的，使Python从众多编程语言中脱颖而出。

30年前，编程可能只是计算机行业才需要的技能，今天，编程几乎已经成为所有脑力劳动者必备的基础技能。学习简单的编程，并不比学习使用Office软件难。现在的许多编程语言（如Python）已经十分友好。学习者不需要懂得内存地址、线程等复杂的概念就可以写出一个实用性程序。

程序设计实践性极强，需要大量的编码练习才能够熟练掌握，初学者只有通过不断的实践，才能更快地学会编程！

学习目标：

- 配置Python开发环境。
- 掌握简单的人机交互。
- 了解字符串转数值。
- 了解简单的数学运算。

1.1　计算机语言

计算机程序是一组让计算机执行一系列动作的指令集。在计算机系统中，通常把显示器、主机和硬盘等看得见摸得着的部件称为硬件，它们是计算机系统的物质基础。仅有硬件而没有软件，计算机也不能工作。计算机系统必须要配备完善的软件系统且充分发挥其硬件的各种功能才能正常工作。这里的软件是指计算机运行所需的各种程序以及相关数据和文件的集合，所以人们经常说：软件=程序+文档。

总的来说，计算机语言可以分为机器语言、汇编语言、高级语言三大类。

机器语言是由0和1构成的代码，是计算机能够识别的唯一一种语言，但它非常难于记忆和识别。通常人们编程时，并不采用机器语言。汇编语言用一条指令对应实际操作过程中的一个很细微的动作，例如移动、相加等，因此汇编源程序一般比较冗长、复杂、容易出错，而且使用汇编语言编程需要有更多的计算机专业知识。汇编语言的优点是可以直接面向硬件，生成的可执行文件小，执行速度很快。这两种语言都是面向机器的语言，与具体机器的指令系统密切相关，称为低级语言。

高级语言是以人类的自然语言和数学公式为基础的一种编程语言，基本脱离了机器的硬件系统，用人们更容易理解的方式编写程序。它将许多相关的机器指令合成为单条指令，省略了很多细节，编程者不需要有太多的专业知识就可编程。高级语言的出现使编程的难度大幅降低，同时也提高了编程的速度。

用高级语言编写的程序称为源程序，不能直接被计算机识别，必须经过编译或解释成机器语言才能被执行。

解释执行时应用程序源代码一边由相应语言的解释器翻译成机器语言，一边执行，效率比较低，不能生成独立的可执行文件，应用程序不能脱离其解释器。但这种方式比较灵活，可以动态地调整、修改应用程序。

编译是指在源程序执行之前，就将程序源代码翻译成机器语言，可以脱离其语言环境独立执行，使用比较方便、效率较高。但应用程序一旦需要修改，必须先修改源代码，再重新编译才能执行，修改不方便。

高级语言并不是特指某一种具体的语言，而是包括很多编程语言，如流行的Java、C、C++、Python、C#、Visual Basic等都属于高级语言。这些语言的语法、命令格式都不相同。Java、C、C++等大部分语言都是面向程序员设计的，着重于性能和编程的灵活性，语法比较复杂。

Python与其他语言相比，是最接近自然语言的程序设计语言，关键字少、结构简单、语法清晰。它没有其他语言通常用来访问变量、定义代码块和进行模式匹配的命令式符号，代码变得更加清晰和易于阅读，使得学习者可以在相对更短的时间内掌握编程方法。此外，借助于其丰富的第三方库，可以快速地完成开发任务。

Python是一种简洁优美且设计优秀的通用编程语言，在各领域的应用几乎是没有限制的，可以完成现实中各个领域的各种任务，如科学计算、数据处理、可视化、图像处理、网站运维、自然语言处理、Web开发、机器学习、大数据、数据挖掘、人工智能等。近几年，由于大数据和人工智能领域的飞速发展，Python借助于其极其强大的科学计算和数据分析能力，得到越来越广泛的应用。

1.1.1　Python语言的发展

Python的作者Guido von Rossum是荷兰人。1982年，Guido从阿姆斯特丹大学获得了数学和计算机硕士学位。尽管拥有数学和计算机双料资质，但他总趋向于做与计算机相关的工作，并热衷于做任何和编程相关的事。那时，他接触并使用过诸如Pascal、C、Fortran等语言。这些语言的基本设计原则是让机器能更快地运行。为了增进效率，迫使程序员尽可能像计算机一样思考，以便写出更符合机器特点的程序，这使得整个编写过程需要耗费大量的时间。

1989年，Guido开始写Python语言的编译/解释器。Python来自Guido所挚爱的电视剧*Monty Python's Flying Circus*，他希望这个新的称为Python的语言，能成为一种介于C和Shell之间、功能全面、易学易用、可拓展的语言。

1991年，第一个公开发行的Python编译器（同时也是解释器）诞生。它是用C语言实现的，并能够调用C库（.so文件）。从一开始，Python已经具有了类（class）、函数（function）、异常处理（exception）、包括表（list）和词典（dictionary）在内的核心数据类型，以及模块（module）为基础的拓展系统。图1.1所示为最初的Python logo。

图1.1　最初的Python logo

Python将许多机器层面上的细节隐藏起来，交给编译器处理，并凸显出逻辑层面的编程思想。Python程序员可以花更多的时间用于思考程序的逻辑，而不是具体的实现细节，这一特征吸引了广大的程序员。

2000年10月，Python 2.0正式发布，开启了Python语言广泛应用的新时代。由于Python 2.x的巨大成功，Python语言在2007、2010和2018年三度赢得Tiobe 年度编程语言奖项。

2008年12月，Python 3.0正式发布，相对于早期版本，3.0做了较大的升级。为了不带入过多的累赘，Python 3.0在设计时没有考虑向下兼容，所以目前是Python 2.x和Python 3.x共存。本书将以Python 3.7.0为基础进行讲解，书中的示例和讲解内容都是基于这个版本进行的。

1.1.2　Python语言的特点

Python语言具有以下特点：

（1）易于学习：Python结构清晰，语法简洁，学习起来更加简单。

（2）易于阅读：Python代码定义得更清晰。

（3）易于维护：Python的成功在于其源代码非常容易维护。

（4）一个广泛的标准库：Python的最大优势之一是具有跨平台的、丰富的库，在UNIX、Linux、Windows和Macintosh之间具有良好的兼容性。

（5）易于移植：基于其开放源代码的特性，Python可以被移植到许多平台。

（6）易于扩展：关键代码或追求性能的部分代码可用C或C++完成，在Python程序中调用。

（7）数据库支持：Python提供所有主流数据库的接口。

（8）GUI编程：Python支持GUI，可以创建和移植到许多系统调用。

（9）可嵌入：可以将Python嵌入到C/C++程序，让程序的用户获得"脚本化"的能力。

1.1.3　Python的应用领域

计算机从诞生发展到现在，全世界有超过2 500种有文档资料的计算机语言，但真正活跃的语言不到100种，而最活跃的20种语言大约占据80%的市场。其中应用最广泛的Java、

C、C++、Python和C#这5种语言占据半壁江山。

Python 语言因其简单、易用、通用、严谨的特点，高居IEEE编程语言排行榜首位和Tiobe排行榜第3位，成为人工智能（AI）和大数据时代的第一开发语言，也是目前应用最广泛的编程语言之一。

在AI产业领域，顶尖科学家、机器学习专家和算法专家仅占不到5%，95%甚至更多的AI从业人员都是来自各行各业，他们掌握各自领域知识和数据资源，其主要工作是分析和处理数据。对于这些人员来说，Python 拥有非常良好的计算生态，拥有丰富的数值算法和强悍的数据处理方法，拥有易学易用、高效开发等特点，加之基于Python的PyTorch、Keras、TensorFlow等众多深度学习框架的广泛应用，毫无疑问使Python成为首选工作语言。

Python 语言在人工智能领域独领风骚，在其他领域也有极好的表现：

1. 科学运算与数据可视化

从1997年开始，NASA就在大量使用Python进行各种复杂的科学运算，随着NumPy、SciPy、 Matplotlib等众多程序库的开发和完善，使得Python越来越适合于进行科学计算、绘制高质量的2D和3D图像。Python是一门通用的程序设计语言，比其他脚本语言的应用范围更广泛、更灵活。

数据处理是 Python 最重要的应用领域之一，例如，从搜索数据处理到股票数据量化分析，再到火星探测数据挖掘等领域，Python都有极其广泛的应用。而Seaborn、Bokeh、Gleam、Plotly、PyQtDataVisualization、Pygal、dataswim、geoplotlib、ggplot、missingno、vispy等功能强大的第三方库更为Python在数据处理与可视化领域的霸主地位奠定了坚实的基础。

2. 金融分析

在金融工程领域，Python用得最多，而且重要性逐年提高。Python语言结构清晰简单、库丰富、成熟稳定、科学计算和统计分析功能强大，编程效率远远高于C、C++和Java，尤其擅长策略回测。金融行业的很多分析程序、高频交易软件都是用Python开发。目前，Python是金融分析、量化交易领域中用得最多的语言。

3. Web开发

Python下有许多款不同的 Web 框架，Django是其中最有代表性的一个，许多成功的网站和APP都基于Django建构而成。

Flask是一个使用 Python 编写的Web 应用框架，花很少的成本就能够开发一个简单的网站。

Tornado是一种 Web 服务器软件的开源版本，它是非阻塞式服务器，速度相当快，每秒可以处理数以千计的连接，是实时 Web 服务的一个理想框架。

4. 自动化运维

大数据时代，服务器、存储设备的数量越来越多，大数据集中趋势越来越明显，网络也变得更加复杂，用户体验和数据时效性要求更高。IT运维对实时采集和海量分析要求更高，Python以其数据处理能力强、可移植性强、开发效率高和兼容性相对其他脚本语言好等特点，几乎成为所有运维人员尤其是Linux运维人员必须掌握的程序设计语言。

5．游戏开发

网络游戏是引领计算机发展方向的一个主要行业，是计算机应用最重要的商业市场之一。2017年，我国游戏市场超过2 000亿元，在网络游戏开发中Python也有很多应用。Pygame、Cocos2d、Pymunk、Arcade、Panda3d、Arcade等第三方库可以让游戏的设计开发变得更加简单和快速。Python 非常适合编写 1 万行以上的项目，而且能够很好地把网游项目的规模控制在 10 万行代码以内。

6．云计算

最著名的云计算框架OpenStack和Python紧密合作并互相依赖，OpenStack项目包含了450万行代码，其中85%是Python。开发人员大量使用Python简化编写OpenStack自动化脚本的过程。

7．爬虫

随着网络的迅速发展，万维网成为海量信息的载体，如何有效地提取并利用这些信息成为一个巨大的挑战。网络爬虫是一种按照一定的规则，自动获取网页内容并可以按照指定规则提取相应内容的程序。Python结合Scrapy、Request、BeautifuSoup、urllib等第三方库，可以快速完成数据采集、处理和存储，成为网络爬虫领域最受欢迎的语言。

1.2 Python开发环境配置

Python是解释型编程语言，其开发环境也较简单，只需要安装Python解释器就可以编写程序。

1.2.1 解释器的安装

Python解释器可以在Python语言官网（https://www.python.org/downloads/）下载，如图1.2所示。

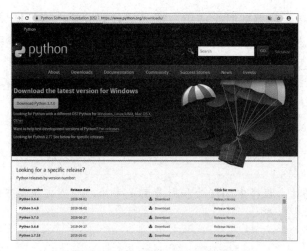

图1.2 Python 官方网站下载页面

根据操作系统类型选择合适的版本，或单击图中按钮直接下载python-3.7.0.exe。这是32位的版本，如果需要下载64位版本可以到https://www.python.org/downloads/windows/下载python-3.7.0-amd64.exe。

在安装过程中，注意第一个界面下的Add Python 3.7 to PATH默认是没有选中的，要将其选中（见图1.3），以便可以在任何路径下调用Python解释器和pip命令。

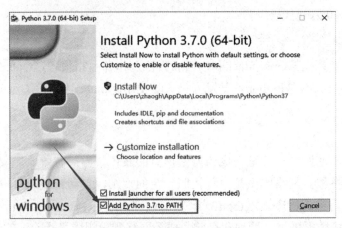

图1.3　安装Python 选项

安装成功后可以在开始菜单中找到Python 3.7，其中有 IDLE、Python 3.7（Python解释器）和Python 3.7 Module Docs（文档）。

1.2.2　编写Hello World程序

IDLE（Python's Integrated Development and Learning Environment）是一个纯Python的集成开发和学习环境，支持Windows、UNIX和Mac OS 等多个操作系统环境。IDLE具有两种类型的主窗口：Python Shell窗口和文件编辑窗口，分别用于交互式编程和文件式编程。

1. 交互式编程

交互式编程是指解释器即时响应用户输入的代码并输出运行结果。可通过单击"开始"菜单中的IDLE进入Python Shell交互环境，也可以在Windows操作系统的控制台下输入"python"进入交互环境。

在>>>提示符后输入程序语句print("Hello World")，然后按【Enter】键，会在下一行输出运行结果。

```
>>> print("Hello World")
Hello World
>>>
```

注意：在输入代码时，程序中的括号和引号都是半角，即英文状态下的输入，本书程序中所有符号都是半角符号。

```
>>> a = 3
>>> b = 4
>>> print(a * b)
12
>>>
```

交互式编程不需要创建文件，通过 Python 解释器的交互模式来编写代码，输入/输出比较直观，可以快速得到结果，常用于Python的语法和简短代码测试，但不方便修改，退出也无法保存代码，不适合用于编程实践。

2．文件式编程

文件式编程是把程序代码保存在一个文件中，这样可以长期保存，反复调用，避免了交互式每次要重复输入代码的问题，适用于编程实践和开发。

在IDLE的File菜单选择New File命令（或按【Ctrl+N】组合键），会打开一个新的编辑窗口，在此窗口中编写代码可以直接保存成文件。按【F5】键或选择Run→Run Module命令就可以在Shell中输出程序运行结果。保存的源代码文件可以反复运行。

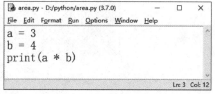

图1.4　文件式编程窗口

若无特殊说明，本书中的代码都采用文件式编程。图1.4所示为文件式编程窗口。

1.2.3　查看帮助文档

在交互环境下，输入help()函数并按【Enter】键，可以进入帮助模式；在help>后输入要查看的主题、关键词、函数名或模块名等信息便可以查看相关文档，如图1.5所示。

图1.5　查看帮助文档

另一种方式是在"开始"菜单中打开Python 3.7 Module Docs，会启动浏览器并进入本地虚拟站点，如图1.6所示。在此页面上可以索引本地安装的所有模块，包括内置模块、内置库和所有安装的第三方库，再单击想查看的关键词就可以查看相关的文档。

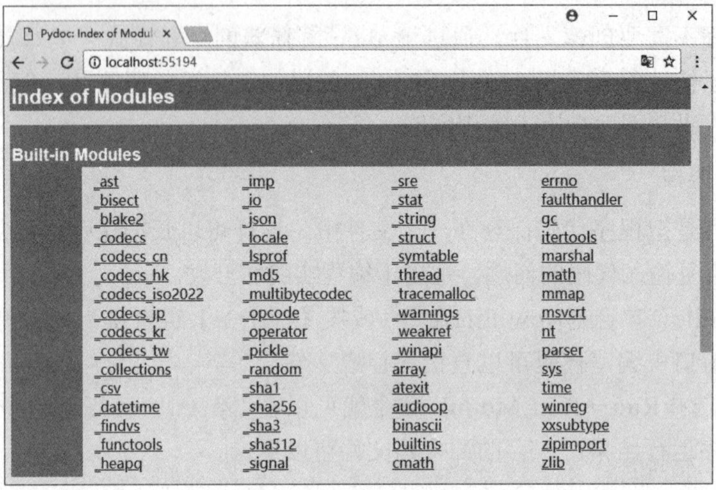

图1.6　查看本地帮助文档

1.2.4　第三方库的安装

Python的库分为标准库和第三方库两类，本书涉及的turtle、math、datetime、os、string、tkinter和json等都是内置的标准库，不需要安装就可以直接在程序中用import导入使用。除标准库外，来自全球的Python社区的开发者还开发和分享了大量的第三方库。到2018年10月，已经拥有超过15万个项目可以使用。强大的标准库奠定了Python发展的基石，丰富的第三方库则是Python不断发展的保证，随着Python的发展，一些稳定的第三方库被加入到了标准库中。

与标准库不同的是，第三方库在使用前需要先安装才能导入，Python官方推荐使用pip 安装第三方库。在Mac或Linux等系统下，在终端运行pip；在Windows系统下，在命令提示符窗口下运行pip，如果提示未找到命令，可以重新运行安装程序，查看是否选中Add Python 3.7 to PATH，并查看安装界面下一屏中pip选项是否被选中。

pip常用命令：

```
# 安装 package
pip install packagename
# 卸载 package
pip uninstall packagename
# 更新 package
pip install -U packagename
# 查看所安装的 package
pip list
```

例如，安装用于中文分词的jieba库，可在终端或命令提示符窗口下执行pip install jieba命令，会有类似如下的提示，表示从网络上下载jieba库的安装文件并自动安装到本地，安装成功后提示安装的版本号。

```
C:\Users\zhaogh>pip install jieba
Collecting jieba
  Using cached https://files.pythonhosted.org/packages/71/46/
c6f9179f73b818d5827202ad1  c4a94e371a29473b7f043b736b4dab6b8cd/
jieba-0.39.zip
  Building wheels for collected packages: jieba
  Running setup.py bdist_wheel for jieba ... done
  Stored in directory:
C:\Users\zhaogh\AppData\Local\pip\Cache\wheels\c9\c7\63\a9ec032
2ccc7c365fd51e475942a82395807186e94f0522243
Successfully built jieba
Installing collected packages: jieba
Successfully installed jieba-0.39
```

大部分第三方库可以用pip安装成功，但如果第三方库是以源代码形式提供，需要本机具有相匹配的编译环境才能编译成功并安装，当本机缺少Visual C++等编译环境时，经常会安装失败。为了解决这个问题，美国加州大学尔湾分校维护了一份编译好的第三方库，当遇到pip安装失败的问题时，可以到https://www.lfd.uci.edu/~gohlke/pythonlibs/下载与本地操作系统环境和Python版本一致的编译好的whl文件，这种格式可以使文件在不具备编译环境的情况下，安装所需的第三方库。

安装方法：在命令提示符窗口下输入：pip install xxxx.whl。

例如，在第7章用到wordcloud这个库时，如果安装不成功，可能就是缺少编译环境，可到上述网址下载与本地环境匹配的文件再安装。文件命名中cp37对应Python版本为3.7，win32表示对应32位的Windows，win_amd64表示对应64位的Windows。如果本地是64位的Windows和Python 3.7，下载wordcloud-1.5.0-cp37-cp37m-win_amd64.whl，然后在命令提示符窗口下相同的目录中执行以下命令：

```
pip install wordcloud-1.5.0-cp37-cp37m-win_amd64.whl
Wordcloud, a little word cloud generator.
wordcloud-1.5.0-cp27-cp27m-win32.whl
wordcloud-1.5.0-cp27-cp27m-win_amd64.whl
wordcloud-1.5.0-cp34-cp34m-win32.whl
wordcloud-1.5.0-cp34-cp34m-win_amd64.whl
wordcloud-1.5.0-cp35-cp35m-win32.whl
wordcloud-1.5.0-cp35-cp35m-win_amd64.whl
wordcloud-1.5.0-cp36-cp36m-win32.whl
wordcloud-1.5.0-cp36-cp36m-win_amd64.whl
wordcloud-1.5.0-cp37-cp37m-win32.whl
wordcloud-1.5.0-cp37-cp37m-win_amd64.whl
```

一般来说，直接pip在线安装和下载whl文件安装这两种方法基本上可以完成所有第三方库的安装。优先选用pip安装，该方法安装失败时，再考虑下载whl格式文件进行安装。当然，也可以在pip在线安装失败后，按错误提示安装对应版本的编译环境再用pip进行安装。

1.2.5 源文件打包

Python编写的源程序可以用pyinstaller进行打包，使程序可以脱离Python环境，在未配置Python环境的机器上运行。pyinstaller是一个第三方库，在使用前需要先用pip install pyinstaller进行安装。

pyinstaller的应用是在命令提示符下进行的，切换路径到源文件所在的文件夹，然后执行命令：pyinstaller <要打包的文件名>。如果打包成功，会在该目录下创建dist和build两个文件夹。可执行文件在dist文件夹中与源文件同名的路径下。

```
>D:\python>pyinstaller -F area.py
...
4880 INFO: Building COLLECT out00-COLLECT.toc completed successfully.
```

在打包时有一个常用的参数-F，该参数对源文件生成一个单独的可执行文件。如果源程序包含第三方库，可以使用-p参数添加第三方库所在的路径。

在使用中需要注意的问题是路径中不能有空格和点，源文件必须为utf-8的编码。当遇到打包的文件不可运行时，可考虑使用命令pip install -U pyinstaller更新一下pyinstaller库。

1.3 人机交互

人机交互是指计算机能接收用户的输入，并且把处理结果通过字符或图像等形式返回给用户。一般来说，一个程序可以没有输入，但至少要有一个输出，其作用是将程序的处理结果返回给调用程序处。Python中可使用内置函数input()接收用户输入的字符串，使用内置函数print()将程序的处理结果以字符的形式展示给用户。利用这两个函数，可以实现简单的人机交互。

1.3.1 输出函数print()

Python主要有两种输出值的方式：表达式语句和 print() 函数。

表达式语句主要用于交互模式，例如，在交互模式下输入3 + 8 / 2 - 2 * 2并按【Enter】键，解释器直接输出表达式计算结果。例如：

```
>>> 3 + 8 / 2 - 2 * 2
3.0
>>>
```

表达式语句直接进行输出仅在极少计算或测试中使用，更广泛的是使用print()函数进行输出。

print()函数的语法：

```
print(value1, value2, value3, ..., sep=' ', end='\n')
```

print()函数主要用于将单个值或多个值输出到屏幕上。输出多个值时用逗号","将要输出的变量或值隔开，输出时系统默认用空格对输出值进行分隔，也可以用sep参数指定多个输出之间的分隔符号。例如：

```
print(1, 2, 3, 4)              # 默认输出时用空格分隔
print(1, 2, 3, 4, sep = ',')   # 可用 sep 参数指定符号用于输出时分隔值
```

输出：

```
1 2 3 4
1,2,3,4
```

默认情况下，每个print()函数中都有一个end='\n'，执行后自动输出一个换行，不带任何参数的print()函数也会输出一个换行。如果希望多条print()语句的输出在同一行，可以在print()函数中加上end=' '，使每条print()语句输出后用空格代替默认的回车符，或加end=','用逗号代替默认的回车符，实现多条print()语句的输出在同一行内。

```
for i in range(4):
    print(i,end = ' ')
```

输出：

```
0 1 2 3
```

print()允许用户通过format()方法将待输出的变量格式化成期望的格式。语法如下：

```
<模板字符串>.format(<逗号分隔的参数>)
```

<模板字符串>由一系列用大括号({})表示的位置组成，用来控制修改字符串中嵌入值出现的位置，其基本思想是将 format()方法的<逗号分隔的参数>中的参数替换到<模板字符串>的位置中。

format()的用法举例如下：

```
print('{}, {}, {}'.format('Tom','男 ', 40))
print('{2}, {1}, {0}'.format(40,'男 ','Tom'))
print('{name}, {gender}, {age}'.format(age=40, gender=' 男 ', name='Tom'))
```

这三条语句的输出都是以下信息：

```
Tom，男，40
```

可以看出，format()方法括号中的值将被填充到前面的大括号中，默认按大括号出现的顺序一一对应填入。如果大括号中标有序号，将根据序号到format()括号中找序号对应的值进行填入。除此以外，还可以在每个大括号中给一个变量，在format()方法中给每一个变量赋值，输出时，将值按大括号的顺序进行输出。

为了增加用户友好性，可以在引号里加入说明性字符串，这些字符串将被原样输出。例如：

```
print(' 姓名: {}，性别: {}，年龄: {}'.format('Tom', ' 男 ', 40))
```

输出：

```
姓名: Tom，性别: 男，年龄: 40
```

除用于字符串的输出外，format()方法还可用于格式限定，语法是"{}"中带冒号（:），它有着丰富的"格式限定符"，例如，和类型f一起使用控制浮点数的输出精度，以下程序语句将输出保留2位小数的值。例如：

```
print('{:.2f}'.format(3.14159))
```

输出：

```
3.14
```

1.3.2　输入函数input()

input()函数的作用是从控制台获得用户输入的一行数据，不管用户输入的是字符型数据还是数值型的数据，input()函数都会将其作为一个字符串类型进行处理。例如：

```
# 测试 input() 返回值是字符串
a = input()
print(a * 3)      # 若 a 值为数值，将返回 100*3=300；若 a 为字符串，将返回 100100100
```

保存并运行上述程序，当用户输入为100时，输出结果为"100100100"，这是将用户输入的字符串输出3遍，这表明即使输入数值型数据，系统也会将其作为字符串。

为了提高程序的用户友好性，input()可以包含一些提示性的文字，提示性文字以双引号或单引号引起来放于input后的括号内。例如：

```
a = input('请输入一个不超过 100 的正整数：')
```

运行时屏幕上会看到"请输入一个不超过100的正整数："的提示，同时程序做好接收用户输入的准备。

1.3.3　eval()函数

前面讲过，input()函数会将所有输入都作为一个字符串类型处理，但我们经常要用这个函数接收一些数值型的数据，并希望将这些数据用于数学运算。此时，可以将input()函数作为eval()函数的参数。

eval()函数的功能是将字符串string对象转化为有效的表达式并参与求值运算返回计算结果。其语法如下：

```
eval(expression, globals=None, locals=None)
```

其中：

（1）expression是一个参与计算的Python表达式。

（2）globals是可选的参数，如果设置属性不为None，就必须是dictionary对象。

（3）locals也是一个可选的对象，如果设置属性不为None，可以是任何map对象。

（4）返回的是计算结果。

例如：

```
# 测试 eval(input()) 返回值是数值
a = eval(input())
print(a * 3)                         # 若 a 为数值，将参与数学运算，100*3=300
```

保存并运行上述程序，当用户输入为100时，输出结果为300，eval()函数将用户输入的字符串转为可参与数学计算的数值型。

1.3.4　简单数学计算

矩形的面积等于其长与宽的乘积，现由用户输入两个数分别作为矩形的长和宽的值，编程计算矩形的面积。

题目分析：由于用input()函数接收到的都是字符串，不能直接参与数学运算，可以用eval()函数将其转换为数值型数据，然后利用面积公式计算面积并输出。

```
#area.py
# 接收用户输入并计算矩形的面积
width = eval(input())   # 用 eval() 函数将输入转成数值型
length = eval(input())
area = width * length
print(area)
```

实际上，当确认用户输入的是数字时，也可以用float()函数将其转为浮点数类型；当确认用户输入的是整数时，可以用int()函数将其转为整数类型。

```
#area.py
# 接收用户输入并计算矩形的面积
width = float(input())   # 用 float() 函数将输入转成浮点数，或用 int(input()) 转为整数
length = float(input())
area = width * length
print(area)
```

1.4 变　　量

1.4.1 Python关键字

关键字是预先保留的标识符，每个关键字都有特殊的含义，一般用于构成程序框架、表达关键值和具有结构性的复杂语义，不能用于通常的标识符。编程语言众多，每种语言都有相应的关键字，Python 3.7目前拥有35个关键字，如表1.1所示。

表1.1　Python 3.7关键字

关　键　字	含　　义
from	用于导入模块，与 import 结合使用
import	用于导入模块，可与 from 结合使用
in	判断变量是否在序列中
is	判断变量是否为某个类的实例
if	条件语句，可与 else、elif 结合使用
elif	条件语句，与 if、else 结合使用
else	条件语句，与 if、elif 结合使用，也可用于异常和循环语句
for	for 循环语句
while	while 循环语句
continue	跳出本次循环，继续执行下一次循环
break	中断循环语句的执行
and	用于表达式运算，逻辑与操作
or	用于表达式运算，逻辑或操作
not	用于表达式运算，逻辑非操作

续表

关　键　字	含　义
False	布尔类型的值，表示假，与 True 相反
None	None 比较特殊，表示什么也没有，它有自己的数据类型 NoneType
True	布尔类型的值，表示真，与 False 相反
def	用于定义函数或方法
return	用于从函数返回计算结果
yield	用于从函数依次返回值
lambda	定义匿名函数
try	try 包含可能会出现异常的语句，与 except、finally 结合使用
except	except 包含捕获异常后的操作代码块，与 try、finally 结合使用
finally	用于异常语句，出现异常后，始终要执行 finally 包含的代码块。与 try、except 结合使用
assert	断言，用于判断变量或者条件表达式的值是否为真
with	简化 Python 的语句
as	用于类型转换
raise	异常抛出操作
class	用于定义类
pass	空的类、方法或函数的占位符
del	删除变量或序列的值
nonlocal	用于标识外部作用域的变量
global	定义全局变量
async	用于定义协程函数
await	用于挂起协程

1.4.2　变量的使用

在Python中，虽然还是用"变量"的叫法，但实际上"变量"的严格叫法是对象的"名字(name)"，也可以理解为对象的标签，给变量赋值就是相当于给对象贴标签。

Python中的对象有3个属性：type、id、value。type可以理解为对象的类型，id可以理解为这个对象占用的内存地址，value就是变量的值。

每个对象除了这3个基本属性以外，用户经常会给对象加一个名字（name），以方便在程序中引用该对象。这个名字与其他程序设计语言中的变量作用相似，所以也沿续习惯用法称之为变量。

变量本身是没有任何意义的，它没有类型信息，真正的信息都在对象身上。Python不需要声明变量及其类型，直接赋值就可以创建各种类型的变量，变量类型取决于为其赋的值的类型。

```
a = 10
print(id(a))
```

输出：

```
140710716822848
```

执行赋值语句 a=10 时，Python内部首先会分配一段内存空间（本例起始地址为140710716822848）用于存储整数对象10，然后给10这个数加上名为a的标识。语句id(a)的作用是查看变量a中的值在内存中的地址，由于机器不同，分配给变量的地址也不同，所以例程中的输出在不同计算机上是不同的。

如果执行b=10，再用print(id(b))查看，会发现变量a和b中存储的数值在内存中占用相同的地址，也就是说此系统发现内存中已经存储了数据10，就直接给存储10的内存地址加一个名字b，a和 b两个变量指向同一内存单元，也就是相当于给内存单元140710716822848中存储的数加了两个标签。

```
b = 10
print(id(b))
```

下面执行另一条赋值语句a=20时，Python并不会像其他语言一样改变变量a指向的内存区域存储的数，而是在另一块内存区域（140710716823168）创建整数对象20，然后把标签a从对象10上取下并贴在对象20上，此时，已经不能再通过a来访问10这个值了。

```
a = 20
print(id(a))
```

输出：

```
140710716823168
```

在编程的过程中，一般不建议直接使用a或b这样的无意义的简单字母命名变量。变量的命名支持使用大小写字母、数字和下划线，且数字不能为首字符。实际上，下划线作为首字符的变量在Python中有特殊含义，所以一般来说，变量的命名要以字母开头。

比较好的命名是使用单词及单词的组合作为变量名称，使其具有一定的意义，可提高程序的可读性和可维护性。Python变量名区分大小写字母，True和true不同，前者是关键字，不能用作变量名，而后者不是关键字，可用作变量名。

前面提到Python有35个关键字，这些关键字不能用作变量名。也不建议使用系统内置的模块名、类型名或函数名作为变量名。

1.5 编码与命名规范

1.5.1 编码规范

1. 编码

在Python 3.7中，如无特殊情况，文件一律使用 UTF-8 编码。

2. 代码缩进

统一使用 4 个空格进行缩进，每行代码尽量不超过 80 个字符（在特殊情况下可以略微超过 80，但最长不得超过 120）。

3. 引号

自然语言使用双引号，机器标识使用单引号，因此代码中多数应该使用单引号。

文档字符串使用3个双引号 """…"""。

4．空行

模块级函数和类定义之间空两行，类成员函数之间空一行。使用多个空行分隔多组相关的函数，函数中可以使用空行分隔出逻辑相关的代码。

5．import 语句

import 语句应该分行书写：

```
# 推荐的写法
import turtle
import math
# 不推荐的写法
import turtle, math
```

6．空格

（1）在二元运算符（+、-、*、/、=、+=、==、<、>、in、is not、and等）两边各空一格。

```
# 推荐的程序语句写法示例
i = i + 1
sum = sum + i
area = PI * r ** 2
x = (-b + sqrt(b ** 2 - 4 * a * c))/(2 * a)  # 分母中括号不可省略
```

（2）函数的参数列表中，逗号之后要有空格。

```
# 推荐的写法
def complex(real, imag):
    pass
# 不推荐的写法
def complex(real,imag):
    pass
```

（3）左括号之后，右括号之前不要加多余的空格。

```
# 推荐的写法
spam(ham[1], {eggs: 2})
# 不推荐的写法
spam( ham[1], { eggs : 2 } )
```

（4）字典对象的左括号之前不要多余的空格。

```
# 推荐的写法
dict[key] = list[index]
# 不推荐的写法
dict [key] = list [index]
```

（5）不要为对齐赋值语句而使用的额外空格。

```
# 推荐的写法
x = 5
y = 10
long_variable = 20
# 不推荐的写法
x             = 5
y             = 10
long_variable = 20
```

7．换行

Python 支持括号内的换行。这时有两种情况：

（1）第二行缩进到括号的起始处。

```
wc = WordCloud(font_path = 'msyh.ttc',      # 中文字体，须修改路径和字体名
                background_color = 'White', # 设置背景颜色
                max_words=150,              # 设置最大词数
                mask=graph,
                max_font_size = 100,        # 设置字体最大值
                random_state = 20,       # 设置有多少种随机状态，即有多少种配色方案
                scale=1)
```

（2）第二行缩进 4 个空格，适用于起始括号就换行的情形。

```
def functionStudent(
        studentNumber,
        studentName,
        birthdate,
        ):
```

（3）Python 支持使用反斜杠"\"换行，二元运算符"+、-"等应出现在行末；长字符串也可以用此法换行。

```
x = (-b + math.sqrt(b ** 2 - 4 * a * c))/(2 * a) + \
    (-b - math.sqrt(b ** 2 + 4 * a * b))/(2 * b)

print('Hello World!'\
      'I am Python')
```

（4）禁止复合语句，即禁止一行中包含多条语句：

```
# 正确的写法
do_first()
do_second()
do_third()
# 错误的写法
do_first();do_second();do_third();
```

（5）if/for/while一定要换行：

```
# 推荐的写法
if i == True:
    print('Hello World!')
# 不推荐的写法
if i == True: print('Hello World!')
```

8．文档注释

文档注释规范中最基本的两点：

（1）所有的公共模块、函数、类、方法，都应该写文档注释。私有方法不一定需要，但应该在 def 后提供一个块注释来说明。

（2）文档注释的结束"""应该独占一行，除非此文档注释只有一行。

```
class _EnumDict(dict):
    """
    Track enum member order and ensure member names are not reused.
    EnumMeta will use the names found in self._member_names as the
    enumeration member names.
    """
    def _is_descriptor(obj):
        """Returns True if obj is a descriptor, False otherwise."""
```

1.5.2　命名规范

Python中的命名可以使用大（小）写字母、数字和下划线（_）。

（1）类：使用首字母大写单词串，如MyClass。

（2）函数和方法：小写单词+下划线。

（3）变量：由下划线连接各个小写字母的单词，如color、this_is_a_variable。

（4）常量：常量名所有字母都大写，由下划线连接各个单词，如MAX_OVERFLOW，TOTAL。

（5）异常：以Error作为后缀。

（6）文件名：全小写，可使用下划线。

（7）包与模块：简短的、小写字母的名字，如mypackage。

（8）命名应当尽量使用全拼写的单词，缩写的情况有如下两种：

- 常用的缩写，如XML、ID等，在命名时也应只大写首字母，如XmlParser。
- 命名中含有长单词，对某个单词进行缩写。这时应使用约定俗成的缩写方式。例如：function 缩写为 fn，text 缩写为 txt，object 缩写为 obj，count 缩写为 cnt，number 缩写为 num。

特定命名方式：主要是指 __xxx__ 形式的系统保留字命名法。项目中也可以使用这种命名，它的意义在于这种形式的变量是只读的，这种形式的类成员函数尽量不要重载。例如：

```
class Base(object):
    def __init__(self, id, parent = None):
        self.__id__ = id
        self.__parent__ = parent
    def __message__(self, msgid):
        pass
```

其中，__id__、__parent__ 和 __message__ 都采用了系统保留字命名法。

1.6　注　　释

注释是程序员在程序中加入的说明性信息，用于对程序代码、函数等进行解释和说明，提高代码的可读性和可维护性，用中文或英文都可以。程序加注释对程序设计者本身是一个标记，在大型程序中，团队合作的时候，个人编写的代码经常会被多人调用。为了让别人能更容易地理解代码的用途，能及时有效地进行维护和修改，使用注释是非常有必要的。对程序阅读者和维护者来说，是一个解释，能让读者透彻地了解程序和设计者的思路。

注释是辅助性文字，可以起到备注的作用，注释语句在程序执行过程中会被过滤掉，不会被解释器执行，因此不会影响程序的执行速度。

大部分程序会在程序的开头加一段注释，用于说明程序的作者、编写或更新时间、程序功能描述、版权等信息。

1.6.1　单行注释

"#"号被用作单行注释符号，在代码中使用"#"时，其右边的任何数据都会被当作注释。在执行过程中，"#"号右边的内容被解释器忽略。单行注释可以独占一行，也可以放在一行代码的后面，使用至少一个空格和语句分开。

编程时应该在必要的地方加上单行注释：

（1）自己不容易理解的代码处。

（2）别人可能不理解的代码处。

（3）提醒自己或者别人注意的代码等。

注释要有意义，一般用于描述代码的功能或参数的意义。例如：

```
x = x + 1        # x 增加 1（无意义的注释）
x = x + 1        # 边框加粗一个像素（正确的写法）
```

1.6.2　多行注释

在Python中注释有很多行时，每行开头用一个"#"，构成多行注释。例如：

```
#Python 多行注释
#Python 多行注释
#Python 多行注释
```

多行注释也可以用3对单引号或3对双引号包含。例如：

```
'''
Python 多行注释，用 3 对单引号
Python 多行注释，用 3 对单引号
'''
```

或

```
"""
Python 多行注释，用 3 对双引号
Python 多行注释，用 3 对双引号
"""
```

实际上，一些著名公司的编码规范中，建议多行注释也用"#"来注释，相当于多个单行注释，以使之区别于文档注释。

1.6.3　文档注释

文档注释一般出现在模块头部、函数和类的头部，在Python中可以通过对象的__doc__对象获取文档，编辑器和IDE也可以根据文档注释给出自动提示。

文档注释以3个单引号或3个双引号开头和结尾，首行可不换行，如果有多行，末行必

须换行，以下是文档注释风格示例。例如：

```
"""
这部分是文档注释内容
"""
```

1.6.4 注释用法实例

每一个Python文件的开头，建议写上关于这个模块即这个Python文件的作者、版本、版权、完成或修改时间、文件要实现的功能描述、一些注意事项、可能会发生的错误等，总之，要通过注释的方式使用户明白代码段的功能。例如：

```
# turtle.py: a Tkinter based turtle graphics module for Python
# Version 1.1b - 4. 5. 2009
# Copyright (C) 2006 - 2010  Gregor Lingl
# email: glingl@aon.at
# ...
# 3. This notice may not be removed or altered from any source distribution.
```

文件开头也可以加上文档注释，编辑器可根据文档注释给出提示。

```
"""
Turtle graphics is a popular way for introducing programming to
kids. It was part of the original Logo programming language developed
by Wally Feurzig and Seymour Papert in 1966.
...
Behind the scenes there are some features included with possible
extensions in mind. These will be commented and documented elsewhere.
# 这段是文档头部的文档注释
"""
```

程序中可以加以下这种多行注释，起作用的只是行首的"#"，其余"#"起修饰和表明强调的作用，也可用于分隔或强调。例如：

```
#############################################################################
### From here up to line    : Tkinter - Interface for turtle.py        ###
### May be replaced by an interface to some different graphics toolkit  ###
#############################################################################

def __methodDict(cls, _dict):
    """helper function for Scrolled Canvas"""     # 文档注释
    baseList = list(cls.__bases__)

...

#############################################################################
###                    End of Tkinter - interface                     ###
#############################################################################
```

建议每一个类下面加上关于这个类的说明以及用法的文档注释，这样使用它的人可能不需要知道它的内部构造，就可以使用它。每一个函数下面也建议加上文档注释，可以只有一行，也可以是多行，以便于理解和编写程序。例如：

```
class TPen(object):
    """Drawing part of the RawTurtle.
    Implements drawing properties.
    """
    def penup(self):
        """Pull the pen up -- no drawing when moving.
        Aliases: penup | pu | up
        No argument
        Example (for a Turtle instance named turtle):
        >>> turtle.penup()
        """
        if not self._drawing:
            return
        self.pen(pendown=False)
def pendown(self):
        """Pull the pen down -- drawing when moving."""
```

小　结

通过本章的学习，回顾和了解了Python 的发展历史、特点和应用领域；掌握Python开发环境的安装、配置和简单程序的编写；掌握基本的输入/输出及输入数据的类型转换；掌握变量的定义和使用方法，了解编码规范和注释的使用规范。

练　习

1. 编写程序，输出"Hello World!"。
2. 编写程序，竖排版输出"床前明月光，疑是地上霜。"
3. 编写一个小程序，输入一个数字作为圆的半径，计算并输出这个圆的面积。
4. 编写程序，输入两个数字A和B，计算并输出A+B的和。
5. 编写程序，计算底半径为5 cm、高为10 cm的圆柱体的体积。

第②章　turtle 画图

中国象棋（见图2.1）起源于中国，属于二人对抗性游戏的一种，在中国有着悠久的历史。通过本章的学习，尝试完成中国象棋的绘制，初步掌握字符串与列表的概念，以及用分支与循环控制程序流程，以培养读者的学习兴趣。

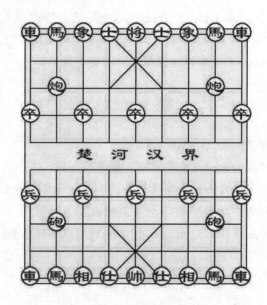

图2.1　中国象棋

学习目标：

- 培养编程学习的兴趣。
- 掌握库的导入和函数引用。
- 掌握turtle画图的方法。
- 利用绘图认识循环的过程。
- 了解列表与字符串的简单应用。
- 了解函数的定义和使用，模块化编程的基本概念。

2.1　turtle 库简介

turtle库是Python语言中一个很流行的绘制图像的函数库。想象一个小海龟，在一个以画布中心为坐标原点，横轴为x、纵轴为y的坐标系中，从(0,0)位置开始，面向x轴正方向，根据一组函数指令的控制，改变海龟的位置、方向和状态，在这个平面坐标系中移动，从而在它爬行的路径上绘制出图形，如图2.2所示。

图2.2　turtle 坐标系

2.2　模块的导入与使用

turtle是一个专门绘制图像的函数库，要使用这个库中的函数，必须先引入这个函数库到当前的程序中。

Python中引用turtle函数库的方法有两种，下面以引用turtle库绘制一个圆为例进行说明。

第一种引用函数库的方法如下：

```
#import 引用 turtle 函数库的方法：
import turtle                 # 引用 turtle 库
                              # 引用之后一般空一行或两行
turtle.circle(100)           #绘制半径 100 的圆，指明 circle() 来自于 turtle 库
```

实际上，用这种方法可以引入各种库，只需要将turtle更换成需要引入的库的名字即可。语法格式如下：

```
import  <库名>
```

此时，程序可以调用库名中的所有函数，调用库中函数的格式如下：

```
<库名>.<函数名>(<函数参数>)
```

另一种方法是直接从turtle库中引用circle()函数，采用第二种引用的方式修改示例代码完成图形绘制。代码如下：

```
#import 引用 turtle 库中的 circle 函数的方法：
from turtle import circle    # 引用 turtle 库中的 circle() 函数
                              # 引用之后一般空一行或两行
circle(100)                  # 绘制半径 100 的圆，不需要指定函数 circle() 来自 turtle 库
```

用这种方法引入的是指定库中的函数，可以同时引入多个函数，各函数间用逗号分隔，也可以用通配符"*"代替，表示引入该库中的所有函数。语法格式如下：

```
from <库名> import <函数名，函数名,..., 函数名>
from <库名> import *          #其中 * 是通配符，代表该库中的所有函数
```

此时，调用该库的函数时不需要指明函数所在库的名称，直接使用如下格式：

```
<函数名>(<函数参数>)
```

一般程序较简单时，只引入一个库或所引用的函数仅在一个库中存在时，两种方法都可以使用。当编写的程序较复杂、引用多个库时，可能在多个库中存在同名函数，而

这些同名函数功能可能不同。这时建议使用第一种方法，明确指出所引用的函数来自于哪个库，以免出现错误。

2.3   创建窗体与画布

2.3.1   窗体

turtle绘图会创建一个能够容纳图画大小的主窗体，设置主窗体大小和位置函数为setup()。语法格式如下：

```
setup(width, height, startx, starty)
```

该函数有4个参数：

（1）width和height：输入宽和高为整数时，表示像素；为纯小数时，表示占据计算机屏幕的比例。

（2）startx和starty表示矩形窗口左上角顶点的位置坐标，如果为空，则窗口位于屏幕中心。例如：

```
setup(width=0.6,height=0.6, startx=100, starty=100)
setup(width=500,height=600)
```

2.3.2   画布

画布就是turtle展开的用于绘图的区域，可以设置其大小和初始位置。棋盘的大小与每格的宽度相关，棋盘的宽长比是8×9,如果每个格的宽度为50，那么画布的大小可以略大于棋盘大小，可以设为500×600像素（10格×12格），设置画布大小函数为screensize()。

语法格式如下：

```
screensize(width=None, height=None, bg=None)
```

该函数有3个参数，分别为画布的宽(单位像素)、高、背景颜色，无参数时返回默认大小(400, 300)。例如：

```
screensize(500,600, "yellow")
```

创建一个 500×600像素的画布，背景色为黄色。如果每格宽度用width表示，可以直接用以下语句创建画布。

```
screensize(10 * width,12 * width)
```

窗体与画布函数如表2.1所示。

表2.1   窗体与画布函数

命　　令	说　　明
screensize(x, y, bg)	参数分别代表画布宽度、高度和颜色，均可省略。宽度与高度的默认值为(400, 300)
setup(width, height, startx, starty)	width和height输入宽和高为整数时，表示像素；为纯小数时，表示占据计算机屏幕的比例 startx和starty表示矩形窗口左上角顶点的位置坐标，如果为空，则窗口位于屏幕中心

2.4 绘图实例解析

turtle绘图的基本原理是控制画笔的颜色、粗细、抬起与放下的状态以及前进方向，使turtle在画布上按预期的轨迹运动，以获得期望的线条。

2.4.1 绘制棋盘

中国象棋的棋盘是由一个矩形包围着的有规律的纵横线条交错构成的（见图2.3），所以可以控制turtle沿x轴和y轴正方向运动，绘制横向和纵向线条。为了方便控制棋盘的大小，设置每个格的边长为width = 50，程序中用变量width代替边长，通过改变width的值灵活控制棋盘的大小。

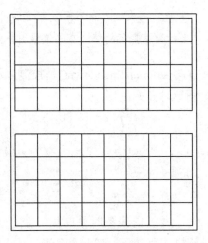

图2.3 空棋盘

绘制矩形非常简单，只需要控制turtle前进8格的距离、左转90°，再前进9格的距离、左转90°，这样重复4次turtle的画笔正好在画布上完成一个矩形的绘制，同时turtle回到起点，方向正好与初始方向相同。

forward()是控制画笔前进的函数，括号中的参数是前进的距离，单位为像素。本例中为了使程序有较好的扩展性，用代表一格边长的变量width来表示。8 * width表示前进8格的距离，width / 5是外面矩形与内部线条间的距离。表示成width的表达式，是为了在改变格式大小时同时改变这个距离，使之成比例显示。

```
forward(8 * width + 2 * width / 5)    # 前进（8 + 2/5）格的距离
left(90)                    # 向左旋转 90°，方向由 x 轴正方向转向 y 轴正方向
forward(9 * width + 2 * width / 5)
left(90)                    # 向左旋转 90°，方向由 y 轴正方向转向 x 轴负方向
forward(8 * width + 2 * width / 5)
left(90)                    # 向左旋转 90°，方向由 x 轴负方向转向 y 轴负方向
forward(9 * width + 2 * width / 5)
left(90)                    # 向左旋转 90°，方向由 y 轴负方向转向 x 轴正方向
```

上述代码中，后面4条语句与前面4条语句完全相同，相当于重复2次前面的工作。这种重复性的工作，可以用循环语句实现。

循环语句的一种表示方法如下：

```
for i in range(n):
    循环体的语句
```

range(n)函数会产生0，1，2…n-1共n个数的一个序列，每次循环i顺序取序列中的值，实现重复n次循环体代码的功能。需要重复执行的语句放在for语句的下一行并缩进，这一组缩进的语句称为这个循环语句的循环体，会被重复执行n次。

```
for i in range(2):
    forward(8 * width + 2 * width // 5)
    left(90)
    forward(9 * width + 2 * width // 5)
    left(90)
```

棋盘中横线的长度是8 * width，可以重复调用函数forward()运行10次完成绘制。

> 注意：每次的起点不同，可以调用goto(x,y)函数使画笔每次走到新的起点，x、y是目标点的横坐标和纵坐标的值。在画横线时，x的坐标值不变，y的值每次增加一格的边长（width）。

penup()和pendown()是控制画笔状态的函数，抬起画笔时移动画笔不会留下笔迹，落下画笔时开始画图。

```
for i in range(10):              # 循环，重复 10 次
    penup()                      # 抬起画笔
    goto(x, y + i * width)       # 移动画笔到目标点，新点 x 值不变，y 值每次多一个 width 距离
    pendown()                    # 放下画笔
    forward(8 * width)           # 前进 8 个单元格边长的距离
    penup()                      # 抬起画笔
```

画纵向线条时稍麻烦一点，因为每前进4格的距离后需要抬起画笔前进一个单元格的距离，再放下画笔继续绘画。

绘制横向线条时，画笔的方向一直是朝向*x*轴正方向的，现在需要转向*y*轴正方向，需要调用left(m)函数，令m值为90，使画笔逆时针旋转90°，转向*y*轴正方向。

```
left(90)
for i in range(9):
    goto(x + i * width, y)
    pendown()
    forward(4 * width)
    penup()
    forward(width)
    pendown()
    forward(4 * width)
    penup()
```

在绘图时，可以设置画笔宽度、画笔颜色和填充颜色，为实现本章实例相同的效果（见图2.4），可以在代码前加入以下设置：

```
pensize(2)                       # 设置画笔宽度
width = 60                       # 方格边长，根据棋盘大小确定
x,y = -4 * width, -4 * width     # 为使绘图在窗口中间，把起始点定在原点向左、向下 4 格处
penup()
goto(x - width / 5, y - width / 5) # 外框起始点向左下移动边长的五分之一
pendown()
fillcolor('yellow')              # 设置填充颜色
begin_fill()                     # 开始填充
# 此处放绘制填充区域的代码
end_fill()                       # 结束填充
```

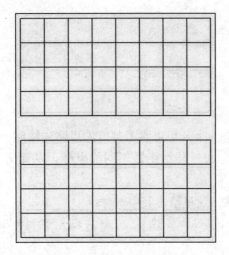

图2.4 填充颜色后的空棋盘

2.4.2 绘制帅府

中国象棋的帅府和将营中有两条斜线，可以运用绘制直线的函数进行绘制，只是起始时，画笔的方向不再是x轴正方向，而是有45°的夹角。所以，只需要确定两根斜线的起点坐标，就可以用forward()函数进行绘制，其长度应为$2\sqrt{2}$width。$\sqrt{2}$在程序中的表达式可以写作：2 ** 0.5，Python中"x ** n"的意义是x的n次幂。

```
# 绘制帅府和将营的代码
penup()
goto(x + 3 * width, y)
left(45)
pendown()
forward(2 ** 0.5 * width * 2)
penup()
goto(x + 3 * width, y + 2 * width)
right(90)
pendown()
forward(2 ** 0.5 * width * 2)
penup()
```

棋盘上的帅府和将营画法相同，只需要改变起始点的x、y值，就可以完成绘制。这种需要多次调用的语句，可以定义成一个函数，在需要时直接调用即可。这种编程方法称为模块化程序设计，函数定义后可以反复调用，实现代码的重用，可以简化程序，且便于维护。

```
def drawCamp(x,y,width):          # 定义一个绘制帅府和一个将营的函数
    home()
    goto(x + 3 * width,y)
    left(45)
    pendown()
    forward(2 ** 0.5 * width * 2)
    penup()
    goto(x + 3 * width, y + 2 * width)
    right(90)
```

```
    pendown()
    forward(2 ** 0.5 * width * 2)
    penup()
drawCamp(x,y,width)                          # 调用 drawCamp() 函数绘制帅府
drawCamp(x,y + 7 * width,width)              # 调用 drawCamp() 函数绘制将营
```

2.4.3　绘制兵炮标记

　　棋盘上兵和炮的标记有多个，可以参考帅府的思路先绘制一个标记，再将其定义成函数，然后多次调用该函数，每次传给函数不同的坐标，从而方便地完成标记的绘制，如图2.3所示。

　　标记的绘制有多种方法，这里给出其中一种：

```
def drawMark(x,y):                          # 定义一个绘制标记的函数
    home()
    penup()
    goto(x - 9, y + 3)
    for i in range(4):
        pendown()
    forward(6)
    left(90)
    forward(6)
    right(90)
    penup()
    forward(6)
    pendown()
    right(90)
    penup()
```

　　绘制时，要给函数传入要画标记的位置坐标的x、y值，每次调用这个函数时可接受一个传入的坐标值，可以绘制一个标记，反复调用多次，就可以完成所有标记的绘制，如图2.5所示。

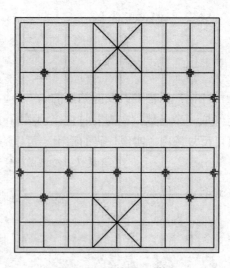

图2.5　绘制标记的棋盘

2.4.4 绘制棋子

每颗棋子可以看成是一个填充了白色的圆,可以将圆的线条和字的颜色分别设成红色或绿色以区分双方。

```
width = 60
# 绘制代表棋子的圆
def drawCircle(radius):
    pensize(3)
    begin_fill()
    fillcolor('white')
    circle(radius)
    end_fill()
# 在棋子上添加文字
def drawWrite(x,fontColor):
    color(fontColor)
    write(x, font=('隶书', width // 2 , 'normal'))   # 设置字体为隶书,字号为边长的一半
pencolor('red')
drawCircle(1 / 3 * width)          # 绘圆,使其半径为方格的三分之一
penup()
backward(1/3*width)                # 调整起点,使文字正好位于圆正中
pendown()
drawWrite(' 炮 ', 'red')
```

write(x, font=('隶书', width // 2 , 'normal')) 中传递给变量x的为要写的字,以字符串形式传入,width // 2中的"//"表示整除运算,得到的为整数,此处因为字号要求为整数,所以用整除。normal表示常规字型。

中国象棋上每颗棋子上都有字,可以定位到每个位置,然后绘制棋子、写文字,也可以应用循环的方式,提前构造好字的列表,再循环找到每个棋子的坐标,这样可以在很少的代码中实现绘制所有棋子。有兴趣的读者可以自己尝试实现,或扫描二维码下载示例代码运行查看动态绘制效果,运行结果如图2.6所示。

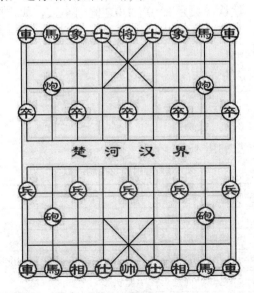

图2.6 中国象棋

2.5　绘图函数

上节中的实例给出了部分绘图函数，turtle中内置了大量的函数，包括画笔状态、颜色控制、填充、移动与绘画命令、turtle状态等，本节将进行简要介绍。

2.5.1　画笔状态

画笔状态包括提起画笔、放下画笔、画笔宽度、查看画笔状态、显示与隐藏画笔等。在绘图过程中，经常需要控制画笔在绘图区域移动以绘制不同部分或线条。此时，需要使用penup()函数抬起画笔，到目标位置后再用pendown()函数将画笔放回到画布上。在绘图结束时，经常需要用hideturtle()隐藏画笔的箭头。常用画笔状态函数如表2.2所示。

表 2.2　常用画笔状态函数

函　　数	说　　明
penup() | pu() | up()	提起笔移动，不绘制图形，用于另起一个地方绘制，可简写为pu()或up()
pendown() | pd() | down()	移动时绘制图形，可简写为pd()或down()
pensize() | width()	画笔宽度，默认值为1
pen()	返回画笔当前的各种属性
isdown()	返回画笔是否放下的状态，True为放下的状态
hideturtle()	隐藏画笔的turtle形状
showturtle()	显示画笔的turtle形状

2.5.2　颜色控制

turtle通过pencolor()函数控制画笔颜色，当没有参数传入时，函数返回当前画笔颜色。传入参数将被设置为画笔颜色，参数可以是字符串，如"green""red"，也可以是RGB 三元组，使用RGB三元组时，默认参数是3个0～1.0之间的小数，如需用0～255表示3个颜色的分量，需要同时使用colormode(255)转换模式。

```
turtle.colormode(255)
turtle.color(200, 80, 120)
```

或

```
turtle.colormode(1.0)
turtle.color(0.8, 0.4, 0.5)
```

常用颜色控制函数如表2.3所示。

表2.3　常用颜色控制函数

函　　数	说　　明
pencolor(colorstring)	设置画笔颜色
fillcolor(colorstring)	绘制图形的填充颜色
color(color1, color2)	同时设置画笔颜色为color1, 填充颜色为color2
filling()	返回当前是否在填充状态
colormode()	函数传入参数为1.0或255，对应RGB分量值为0～1.0或0～255

2.5.3 颜色填充

需要将一个封闭的区域用指定的颜色填充时，先用函数fillcolor()指定用于填充的颜色，再用函数begin_fill()和函数end_fill()将绘制封闭区域的语句包括在其间。颜色填充函数如表2.4所示。

表 2.4　颜色填充函数

函　　数	说　　明
begin_fill()	准备开始填充图形
end_fill()	填充完成

2.5.4 辅助绘画控制

turtle提供了一些用于辅助绘画的函数，主要用于清空窗口、重置turtle状态和启动事件循环等。常用辅助绘画控制函数如表2.5所示。

表 2.5　常用辅助绘画控制函数

函　　数	说　　明
clear()	清空turtle窗口，但是turtle的位置和状态不会改变
reset()	清空窗口，重置turtle状态为起始状态
done()	启动事件循环，必须是图形程序中的最后一条语句
write(s [,font=("font-name", font_size, "font_type")])	写文本，s为文本内容，font是字体的参数，分别为字体名称、大小和类型；font为可选项，font参数也是可选项

【例2.1】在同一个位置绘制同一个半径的内接正多边形，然后用clear()函数擦除掉，再重新绘制边数量增加1的正多边形，实现一个渐变的效果。

```
# 例 2.1 正多边形渐变为圆 .py
import turtle
import time                          #sleep() 函数需要
turtle.screensize(600,500,'white')
turtle.pensize(3)                    # 设置画笔宽度为 3
turtle.pencolor('blue')             # 设置画笔颜色为蓝色
for i in range(3,10):                # 循环 7 次，i 值依次取 3 ～ 9
    turtle.circle(40, steps = i)    #circle() 函数可绘制正 i 边形 , i ≥ 3
    time.sleep(1)                    # 暂停 1s，以利于观察绘图过程，需引入 time 模块
    turtle.clear()                   # 擦除前面绘制的图形
turtle.circle(40)                    # 绘制一个圆
turtle.hideturtle()                  # 隐藏画笔
turtle.done()
```

也可以在每次绘图后不擦除图形，向前移动画笔的位置，重新绘图，形成滚动的效果，如图2.7所示。

扫一扫 ●┈┈┈

例 2.1 多边形
渐变为圆
●┈┈┈

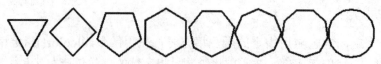

图2.7　正多边形渐变为圆

扫一扫

例 2.2　彩色 python

【例2.2】输出"python"，并为每个字符设置不同的颜色。

分析：可定义一个存储颜色的列表，用循环的方法逐个输出字符，每次颜色取值为列表中对应的颜色，输出效果如图2.8所示。

```python
# 例2.2 彩色python.py
import turtle

cl=["red", "blue", "green", "brown","purple","black"]  # 定义一个颜色列表
str = 'python'                    # 给变量赋值为要输出的字符串
for i in range(6):
    turtle.pencolor(cl[i])       # 按i值的顺序依次取列表cl中的颜色
    turtle.write(str[i], font=("3ds", 96, ,bold,))
                                 # 按i的值依次取字符串python中的字符
    turtle.penup()
    turtle.fd(65)                # 根据字号调整此值，使字母间距合适
    turtle.pendown()
turtle.hideturtle()              # 隐藏画笔
turtle.done()
```

图2.8　彩色的"python"

2.5.5　移动与绘画函数

移动与绘画函数是turtle库中最主要和应用最多的函数，用于控制画笔的前进、后退、转向、直接移动到某位置、绘制圆、正多边形等，还包括控制绘图速度、刷新速度等。移动与绘画命令的如表2.6所示。

表2.6　移动与绘画函数

函　　数	说　　明
forward(distance)	fd()	向当前画笔方向移动x像素长度，可简写为fd(distance)。distance：一个数字
backward(distance)	bk()	back()	向当前画笔相反方向移动x像素长度，可简写为bk(distance) 或back(distance)。distance：一个数字
right(degree)	rt()	degree为角度数值，表示顺时针移动degree度，可简写为rt()
left(degree)	lt()	degree为角度数值，表示逆时针移动degree度，可简写为lt()

续表

函 数	说 明
goto(x, y=None) | setpos() | setposition()	将画笔移动到坐标为x、y的位置，保持海龟方向；也可用setpos(x, y=None) 或setposition(x, y=None)。x、y为移动目的地坐标
circle(radius, extent=None, steps=None)	画圆，半径为正（负），表示圆心在画笔的左边（右边）画圆。 （1）radius：半径，数值； （2）extent：角度数值，画圆的一段弧； （3）steps：整数，表示用几条边的正多边形近似表示这个圆，加这个参数可绘制正多边形，省略时表示画圆。例如，steps=4时画正方形
speed(speed=None)	speed值为画图速度，值为0~10或以下表示速度的单词。fastest: 0，fast: 10，normal: 6，slow: 3，slowest: 1
home()	设置当前画笔位置为原点，坐标（0，0），朝向东
dot(r)	绘制一个指定直径和颜色的圆点
setheading(angle) | seth()	设置当前朝向为angle角度，可简写为seth(angle)
tracer(n)	绘制复杂图形时，可以用于加快刷新速度
update()	与tracer(n)配对使用，更新绘图

speed()函数可设置画笔移动速度，画笔绘制的速度范围为[0,10]的整数，0代表最快速度，从1到10，数字越大越快，小于0.5或大于10.5时，系统自动将其值设为0。

【例2.3】奥运五环的大小、间距有固定的比例，已知坐标（-110,-25）、（0,-25）、（110,-25）、（-55,-75）和（55,-75），半径为45的奥运五环的起点，五环的颜色分别是red、blue、green、yellow、black，根据给定坐标和颜色绘制奥运五环，运行效果如图2.9所示。

分析：可以构建两个列表用于存放5个点的横坐标和纵坐标，用一个列表存放颜色，构建一个可执行5次的循环来完成绘制。

扫一扫

例2.3 绘制奥运五环

图2.9 奥运五环

```python
# 例2.3 绘制奥运五环.py
import turtle

coordA=[-110,0,110,-55,55]    #5个环的绘制起点横坐标，坐标根据半径45的圆计算得到
coordB=[-25,-25,-25,-75,-75]  #5个环的绘制起点纵坐标，坐标根据半径45的圆计算得到
cl=["red","blue","green","yellow","black"] #5个环的颜色
turtle.pensize(5)
turtle.speed(0)
for i in range(5):           # 构建5次的循环
    turtle.color(cl[i])  # 按顺序从颜色列表中取环的颜色
    turtle.penup()
    turtle.goto(coordA[i],coordB[i])# 移动绘图起点到此坐标
    turtle.pendown()
    turtle.circle(45)  #45是根据坐标的数据计算得到，如修改这个数字需同时修改圆心坐标
turtle.hideturtle()     # 隐藏箭头
turtle.done()
```

2.5.6　返回海龟的状态函数

在绘图过程中，经过一系列的绘图动作后，经常不确认画笔的位置、方向等状态参数，此时可用以下函数获取相关参数以便于后续操作，如表2.7所示。

在实际绘图过程中，也经常使用home()函数使画笔恢复到初始位置（0,0）和初始方向（x轴正方向）。

表 2.7　返回状态函数

函　　数	说　　明
position() | pos()	返回值为海龟当前位置坐标，也可以是以二维向量表示的该点到原点的距离
towards(x, y=None)	返回当前位置到坐标（x,y）之间连线与当前海龟方向之间的夹角
heading()	返回海龟朝向
distance(x, y=None)	返回当前位置到坐标（x,y）之间的距离
xcor() ycor()	分别返回海龟当前位置的x,y值

小　结

本章以兴趣培养为主，以turtle绘图为例，讲解了库的导入和函数的引用方法。通过剖析一个绘制中国象棋盘的实例，初步了解绘图函数的使用方法、简单循环的使用、函数的定义和调用方法。引入列表的简单应用，引入字符串的序号表示和索引方法，通过循环依次访问列表中的元素和字符串中的字符，为列表和字符串等数据类型的使用打下良好的基础。

练　习

1. 利用turtle库绘制边长为200的3个等边三角形，位置如图2.10所示。
2. 利用turtle库绘制如图2.11所示的五角星，大小和线条颜色自定义。

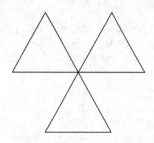
图2.10　三角形绘制效果

图2.11　五角星绘制效果

3. 绘制4个同心圆，从外到内按顺序采用红、白、红、蓝色进行填充，最内层圆内接一个五角星，用白色填充，得到图2.12所示的效果。
4. circle()函数可绘制圆和圆弧，利用circle()函数绘制太极图，效果如图2.13所示。

图2.12 同心圆的绘制效果

图 2.13 太极图

5. 根据本章内容完善中国象棋的绘制。

6. 绘制国际象棋的棋盘。

7. 修改奥运五环的程序，根据圆的半径和圆间距离推算各圆的起点坐标，建立坐标与半径的关系，使程序可以绘制任意半径的五环。

第 3 章 基本数据类型与运算

Python内置了一系列数据类型，其中最主要的内置类型是数值、序列、映射、类、实例和异常。本章主要介绍Python中的字符串与数值型这两种基本数据类型，以及几种常用运算，为后续章节学习相关内容做铺垫。

学习目标

- 掌握字符串类型的概念和使用。
- 掌握字符串的格式化输出方法。
- 掌握数值类型的概念和使用。
- 掌握不同类型数据的转换方法。
- 掌握常用的运算。

3.1 数据与数据类型

数据是对客观事物的性质、状态以及相互关系等进行记载的物理符号或这些物理符号的组合。数据可以是连续的值，如声音、图像；也可以是离散的，如符号、文字等。人们要处理的所有客观对象都要抽象成数据，才能在计算机中进行存储和处理。在计算机中，所有数据最终都以二进制（0,1）的形式存储和表示。

根据需要对数据进行操作和处理时，可以将数据和操作定义成若干种类型。Python解释器内置的12种标准类型如下：

（1）Truth Value Testing(真值测试)：True、False。

（2）Boolean Operations(布尔运算)：and、or、not。

（3）Comparisons(比较运算)：<、<=、>、>=、==、!=、is、is not。

（4）Numeric Types(数值类型)：int、float、complex。

（5）Iterator Types(迭代器类型)：可迭代对象、生成器。

（6）Sequence Types(序列类型)：list、tuple、range。

（7）Text Sequence Type (文本序列类型)：str。

（8）Binary Sequence Types(二进制序列类型)：bytes、bytearray、memoryview。

（9）Set Types(集合类型)：set、frozenset。

（10）Mapping Types(映射类型)：dict。

（11）Context Manager Types(上下文管理器类型)：with。

（12）Other Built-in Types(其他内置类型)：Modules、Classes、Functions、Methods等。

其中最主要的类型有：数值类型，包括整型（int）、浮点型（float）、复数（complex）；序列类型，包括列表（list）、元组（tuple）和range；映射类型（字典）和集合类型等。

Python中的变量在使用前不需要声明，也不需要声明其类型。但每个变量在使用前都必须先赋值再使用，当一个对象被赋值给一个变量后，该变量才会被创建，而这个变量的数据类型就是赋值给它的数据的类型。也就是说，数据类型是变量所指向的内存中存储的对象的类型，常用数据类型如表3.1所示。

表 3.1 常用数据类型

对 象	示 例	说 明
数值（numeric）	1024、3.14e5、1.2+4.2j	整数大小无限制（受内存大小限制）
字符串（string）	'1024'、"Python"	使用成对的单引号、双引号或三引号界定
列表（list）	[1,2,3,4]、[1,2,'a','b']	全部元素用一对方括号界定，元素间用逗号分隔，属可变序列
元组（tuple）	(1,2,3,4)、(1,2,'a','b')	全部元素用一对圆括号界定，元素间用逗号分隔
集合（set）	{1,2,3,4}、{'you','me','he'}	全部元素用一对大括号界定，元素无顺序，集合中元素具有唯一性，元素间用逗号分隔
字典（dictionary）	{'age':40,'name':'zhao' }	用大括号做界定符。每个元素包括包含"键"和"值"两部分，元素间用逗号分隔，属无序可变序列

Python中，数据类型分为可变数据类型和不可变数据类型。

（1）不可变数据类型有3种：numeric（数值）、string（字符串）、tuple（元组）。

（2）可变数据类型有3种：list（列表）、dictionary（字典）、set（集合）。

Python中的不可变数据类型，不允许变量的值发生变化，如果改变了变量的值，相当于新建了一个对象，也就是说其id值或者其引用的内存地址会发生变化。而对于相同的值的对象，在内存中则只有一个对象，内部会有一个引用计数来记录有多少个变量引用这个对象。

可变数据类型，允许变量的值发生变化，即如果对变量进行append、+=等这种操作后，只是改变了变量的值，而不会新建一个对象，变量的id或者说其引用的对象的地址也不会变化，但是对于相同值的不同对象，每个对象都有自己的地址，相当于内存中对于同值的对象保存了多份，这里不存在引用计数，是实实在在的对象。

确定一种数据类型是可变的还是不可变的，只需要在改变其值的同时，使用id()函数查看变量内存地址是否变化就可以知道这种数据类型是可变的还是不可变的。

```
num = 123
print(id(num))    # 输出 140710716826464（注：输出的内存地址与机器相关）
num = 456
print(id(num))    # 输出 1975966402448
s = 'abc'
print(id(s))      # 输出 1977711659976
s = 'def'
print(id(s))      # 输出 1977713462552
```

可以发现，在改变了数值或字符串型的变量值时，其id，也就是其占据的内存地址也发生了变化，所以它们是不可变数据类型。

```
ls = [1,2,3]
print(ls)         # 输出 [1, 2, 3]
print(id(ls))     # 输出 1865811303944
ls.append(4)
print(ls)         # 输出 [1, 2, 3, 4]
print(id(ls))     # 输出 1865811303944
```

而对于列表和字典这样的数据类型，改变其值后，其id值不会发生变化，所以它们是可变数据类型。

3.2　字符串类型

字符串是 Python 中最常用的数据类型，Python 3.x中input()函数接收到的数据都是字符串数据类型。

可以使用一对单引号（' '）、一对双引号（" "）或一对三引号（''' '''或""" """）来创建字符串。

用单引号创建的字符串中可以包含双引号。例如：

```
' 这是字符串，允许包含 " 双引号 " '
```

用双引号创建的字符串中可以包含单引号。例如：

```
" 这是字符串，允许包含 ' 单引号 ' "
```

实际上，用3个引号括起的字符也可以作为字符串来进行处理，其间可以包含单引号、双引号和回车符。

三引号也用于Python的注释，当把三引号引起来的内容赋值给变量或作为函数的参数时，按字符串处理；当三引号作为单独一条语句出现时，按注释处理。例如：

```
import time    # 引入 time 库，后面实现等待的 sleep() 函数属于 time 库
import sys      # 引入 sys 库，下面清空缓冲区的 stdout.flush() 函数属于 sys 库

# 三引号用于字符串可以保留原有格式不变
s = '''
优美胜于丑陋
明了胜于晦涩
简洁胜于复杂
复杂胜于凌乱
扁平胜于嵌套
```

扫一扫

Python 之禅

```
间隔胜于紧凑
可读性很重要
即便假借特例的实用性之名，也不可违背这些规则
不要包容所有错误，除非你确定需要这样做
当存在多种可能时，不要尝试去猜测
而是尽量找一种，最好是唯一一种明显的解决方案
虽然这并不容易，因为你不是 Python 之父
做也许好过不做，但不假思索就动手还不如不做
如果你无法向人描述你的方案，那肯定不是一个好方案；反之亦然
命名空间是一种绝妙的理念，我们应当多加利用
'''
for i in s:
    print(i,end = '')
    #把缓冲区中的字符全部输出，否则一直到回车才开始输出，没有打字机的效果
    sys.stdout.flush()
    time.sleep(0.2)       #等待0.2s再输出下一个字符
```

Python内置了一些字符串常量，当需要构建表3.2右侧的字符集时可以使用与之相对应的字符串常量。例如，string.digits代表'0123456789'，可用于测试一个字符是否属于'0123456789'这个字符集。

表 3.2 字符串常量表

字符串常量	字 符 集
string.ascii_letters	'abcdefghijklmnopqrstuvwxyzABCDEFGHIJKLMNOPQRSTUVWXYZ'
string.ascii_lowercase	'abcdefghijklmnopqrstuvwxyz'
string.ascii_uppercase	'ABCDEFGHIJKLMNOPQRSTUVWXYZ'
string.digits	'0123456789'
string.hexdigits	'0123456789abcdefABCDEF'
string.octdigits	'01234567'.
string.punctuation	'!" #$%&\' ()*+,-./:;<=>?@[\\]^_`{|}~'
string.printable	'0123456789abcdefghijklmnopqrstuvwxyzABCDEFGHIJKLMNOPQRSTUVWXYZ!" #$%&\' ()*+,-./:;<=>?@[\\]^_`{|}~ \t\n\r\x0b\x0c'
string.whitespace	' \t\n\r\x0b\x0c'

3.2.1 字符串的表示

Python 3.x 完全支持中文，默认使用UTF-8编码。这种 UTF-8编码是可变长度的编码，用1~6个字节编码Unicode字符。ASCII字符用一个字节表示，所有其他的Unicode字符转化成UTF-8将需要至少2字节。常用中文字符用UTF-8编码占用3字节，但超大字符集中的大多数汉字要占4字节，某些生僻字可能用6字节表示。这种编码既解决了ASCII编码容量不够的问题，又避免了使用Unicode编码浪费空间的问题，并最大限度地兼容了早期的ASCII编码，使一些早期使用ASCII编码的软件在UTF-8编码中可以继续正常工作。

在UTF-8编码环境下，任何一个数字、英文字母、汉字都按一个字符进行处理。

```
s1 = '湖北省武汉市 '        #6个中文字符
s2 = 'hubei'             #5个英文字符
print(len(s1), len(s2))   #len()是测试长度的函数，可返回括号中字符串的字符数
```

输出：

```
6, 5
```

Python中字符串是一个字符序列，每个字符拥有一个编号，字符串中的编号叫作"索引"。字符串序号体系有两种：正向递增序号和反向递减序号。

正向递增序号以最左侧字符的序号标记为0，向右依次递增，最右侧字符序号为L-1（L为字符串中字符的数量）。

反向递减序号以最右侧字符序号为-1，向左依次递减，最左侧字符的序号为-L。两种序号体系可以同时使用，并且结合两种表示方法可以方便地对字符串进行索引和切片。

图3.1所示为正向递增序号及反向递减序号举例。

图3.1　字符序号

代码如下：

```
s = 'Hello World!'
print(s[4])       # 根据序号索引
print(s[6:8])     # 根据序号 [6:8] 切片，输出不包括结束序号的字符
print(s[:5])      # 从起点开始到序号为 5 的位置结束切片，不包括 5
print(s[6:])      # 从序号 6 向后到字符串结束切片
print(s[-1])      # 按逆向序号索引，常用于判断字符串最后一个字符的值或类型
print(s[-2:])     # 按逆向序号切片
```

输出：

```
o
Wo
Hello
World!
!
d!
```

3.2.2　字符串序列操作

Python提供了一系列支持大多数序列的类型，表3.3中，s 和t是字符串类型，n、i、j、k和x为整数。

表 3.3　字符串操作

操　作　符	描　　述
s + t	拼接两个字符串 s 和 t
s * n 或 n * s	将字符串 s 重复n次生成新字符串
s[i]	索引，返回字符串s的第i项
s[i:j[:k]]	切片，返回字符串 s 从 i 到 j（不包括j）的步长为k的字符生成新的子串，k缺省时，步长为1，返回从i到j的子串

续表

操 作 符	描 述
len(s)	返回字符串s的长度（包含字符的个数）
min(s)	返回字符串 s的最小值（按字符比较）
max(s)	返回字符串 s的最大值（按字符比较）
x in s	如果字符（串）x与字符串s中的任一子串相等，返回True，否则返回False；s也可为列表等其他序列类型，当x与s的元素相等时返回True，否则返回False
x not in s	如果字符（串）x与字符串s中的任何子串都不相等，返回True，否则返回False

"+"可用于将多个字符串拼接起来，形成一个新的字符串；"*"可以将一个字符串重复多次形成新的字符串。

```
s1 = '2018'
s2 = '年'
print('='*10)        # 字符串重复 10 次
print(s1 + s2)       # 字符串拼接操作
print('='*10)
```

输出：

```
==========
2018 年
==========
```

【例3.1】中国的身份证号是一个18个字符的字符串，其各位上的字符代表的意义如下：

① 前1、2位数字表示：所在省份的代码，例如吉林的省份代码是22。

② 第3、4位数字表示：所在地区的代码。

③ 第5、6位数字表示：所在市县的代码。

④ 第7～14位数字表示：出生年、月、日。

⑤ 第15、16位数字表示：所在地的派出所的代码。

⑥ 第17位数字表示性别：奇数表示男性，偶数表示女性。

⑦ 第18位数字是校检码，用来检验身份证的正确性。校检码可以是0~9中的一个数字，或字母X表示。

输入一个身份证号，编程判断其长度是否正确；输出其出生年月日。

分析：可以用len()函数测字符串的长度并判断长度是否为18；用字符串切片的方法获取身份证号码中代表出生年月日的子串，用"＋"拼接后输出。

```
# 例 3.1 从身份证中提取生日.py
# 身份证中提取生日，涉及判断、字符串长度、切片、连接等知识点
id = input()
if len(id) != 18:            # 测试输入的字符串长度是否为 18
    print(' 输入的身份证号位数错 ')
else:
    year = id[6:10]          # 获取字符串 id 中字符序号为 6、7、8、9 的字符串，年份
    month = id[10:12]        # 获取字符串 id 中字符序号为 10、11 的字符串，月份
    day = id[12:14]          # 获取字符串 id 中字符序号为 12、13 的字符串，日期
    print(' 出生于 '+year+' 年 '+month+' 月 '+day+' 日 ') #用 '+' 将几个字符串拼接起来
```

扫一扫 ●

例 3.1 从身份证中提取生日

输入：

```
110111200011111121
```

运行结果：

出生于 2000 年 11 月 11 日

在这个程序中，首先用len(id) 测得用户输入是否是18个字符，然后通过字符串切片，用id[6:10]、id[10:12]、id[12:14]分别获取出生年份、月份和日期。在切片时，切分出来的子字符串包括左边界，但不包括右边界。

语句print('你出生于'+year+'年'+month+'月'+day+'日')的括号里，采用6个'+'将4个字符串和3个字符串变量拼接成一个新的字符串并输出到显示设备。

【例3.2】判断回文字符串。

一个字符串，如果各字符反向排列与原字符串相同，则称为回文，如"12321""上海自来水来自海上"，用户输入一个字符串，判断该字符串是否为回文，如是回文输出True，否则输出False。

分析：判断输入的字符串是否是回文，可以从前到后将字符串的每一个字符与从后向前每一个字符一一比较，如果都一一相同，则是回文。else与for匹配，当循环未遇到break正常结束时，执行else中语句块的代码。如果for循环过程中遇到break提前中止循环，则不执行else中的语句。

例 3.2　判断回文

```
# 例 3.2 判断回文 .py
# 涉及判断、字符串长度、循环、字符串索引、break、for...else用法
s = input()                #输入一个字符串
l = len(s)                 #返回字符串长度
for i in range(l):
    if s[i] != s[l-1-i]:   #取字符串正序和倒序位置相同的字符比较是否相同
        print('False')
        break
else:   #此 else 与 for 匹配，当循环未遇到 break 正常结束时，执行 else 中语句块的代码
    print('True')
```

Python在处理字符串方面有更灵活的方法，此处也可以利用切片方法（s[i:j[:k]]），令k值为-1，从最后一个字符开始，到字符串开始字符结束进行切片，步长为-1，即构造切片s[-1::-1]，可直接获得反转后的字符串。再比较反转后的字符串与原字符串是否相同，相同则是回文。

```
s = input()
if s == s[-1::-1]:   #s[-1::-1] 正好将字符串反转，判断反转后的字符串是否与原字符串相等
    print('True')
else:
    print('False')
```

输入：

上海自来水来自海上

输出：

```
True
```

输入：

```
123454321
```

输出：

```
True
```

【例3.3】输出用户输入的字符串中字符的个数，并分别统计字母、数字和其他字符的个数。

分析：x in s和x not in s经常被用于做存在性测试，x可以是字符也可以是字符串，根据x是否在s中存在决定后续的操作。x in s返回True与s.find(x) != -1功能相当。'x' 和 's' 不需要相同的类型，例如，u'ab' in 'abc' 也会返回True。空字符串（不是空格）是任何字符串的子字符串，所以，'' in 'abc' 会返回True（注：''是两个单引号，中间无空格）。

```python
# 例 3.3 分类统计字符个数 .py
# 本例实现统计用户输入的字符串中数字、字母和其他字符的个数
# 涉及循环、分支、字符串长度、字符串常量、存在性测试、输出格式控制等知识
s = input()
num = len(s)  # 获取字符串长度赋值给变量 num，即用户输入字符的个数
letters = 0
digits = 0
other = 0
for ch in s:  # 循环将字符串 s 中的字符依次赋值给变量 ch，每次循环取一个字符
    if ch in 'abcdefghijklmnopqrstuvwxyzABCDEFGHIJKLMNOPQRSTUVWXYZ':
        # 测试变量 ch 中的字符是否是字母
        # 可以用字符串常量 string.ascii_letters 代替 in 后面的字符串
        letters = letters + 1
    if ch in '0123456789':
        # 测试变量 ch 中的字符是否是数字
        # 可以用字符串常量 string.digits 代替 in 后面的字符串
        digits = digits + 1
print(' 输入的字符个数为: {} 个 '.format(num))
print(' 字母个数为: {} 个 '.format(letters))
print(' 数字个数为: {} 个 '.format(digits))
print(' 其他字符数为: {} 个 '.format(num - letters - digits))
```

输入：

```
What's New In Python 3.6.5
```

输出：

```
输入的字符个数为: 26 个
字母个数为: 16 个
数字个数为: 3 个
其他字符数为: 7 个
```

在这个例子中，在语句s = input()中，将input()函数接收到用户输入的一个字符串赋值给变量s；num = len(s) 获取字符串长度，即用户输入字符的个数，并赋值给变量num；if ch in '0123456789'是一个存在性测试，测试变量ch中的字符是否是数字，如果ch中存的是数字，则结果为True，将执行if分支下面语句块中的语句。

3.2.3　常用字符串处理方法

Python内置的字符串处理方法非常多，这里只介绍一些常用的方法，如表3.4所示。

表3.4　常用字符串处理方法

方　法　名	描　　　述
str.upper()	转换字符串str中所有字母为大写
str.lower()	转换字符串str中所有字母为小写
str.strip()	用于移除字符串头尾指定的字符（缺省时去掉空字符，包括\t、\n、\r、\x0b、\x0c等）
str.split()	通过指定分隔符对字符串进行切片，将一个字符串分裂成多个字符串列表，缺省时根据空格切分，可指定逗号或制表符等
str.join(seq)	以 str 作为分隔符，将序列 seq 中所有的元素合并为一个新的字符串
str.find()	搜索指定字符串
str.replace(old, new[, count])	把 str 中的 old 替换成 new，如果 count 指定，则替换不超过 count 次，否则有多个 old 子串时全部替换为new
for <var> in <string>	对字符串string进行遍历，依次将字符串string中的字符赋值给前面的变量var进行循环

str.upper()和str.lower()分别用于将其前面的字符串转换成大写字母或小写字母，如input().upper()可以将用户输入的字符串中的小写字母都转换成大写字母。例如，上网时经常可以看到输入验证码时是不区分大小写的，其后台的程序一般会将用户的输入和图片中的字符都统一转成大写字母（或统一转成小写字母），再去一一比较是否一致。

【例3.4】用户在网络上注册或登录各平台时，经常需要输入验证码。这些验证码采取随机生成的方式产生，包含大小写字母和数字。用户输入验证码时，一般不区分大小写。假设当前随机生成的验证码为Qs2X，请编写程序对用户输入的验证码进行验证。

分析：用户输入时不区分大小写，在验证前可以将用户输入的字符串和验证码中的大写字母都转为小写字母；或反过来，将所有小写字母都转换为大写字母，再进行匹配验证。

扫一扫

例 3.4　验证码校验

```
# 例 3.4 验证码校验 .py
# 涉及分支、大小写转换、字符串比较等知识
str = input()
if str.upper() == 'Qs2X'.upper():
    print(' 验证码正确 ')
else:
    print(' 验证码错误，请重新输入 ')
```

strip()函数用于移除字符串头尾指定的字符。例如：

```
s = '0089840'
print(s)
s = s.strip('0')   #去除字符串首尾的指定字符，参数为空时，去除所有空白字符
print(s)
```

输出：

```
0089840
8984
```

当参数缺省时，默认去掉字符串首尾的空白字符（不可见字符），包括"\t（制表符）"、"\n（换行符）"、"\r（回车符）"等。

【例3.5】有一个dos.csv文件中有以下两行数据，每行数据又包括两个数字，中间用逗号分隔。

40.94,4357.28

41.04,2178.64

在读取数据时，一行数据会被作为一个字符串处理，可以得到以下两个字符串：

s1 = "40.94,4357.28\n"

s2 = "41.04,2178.64\n"

请将其行末的换行符去除，转换成两个列表输出。

分析：这是一个包含多个数据的字符串，处理起来不方便，可以利用split()方法将其切分成包含多个字符串的列表。在这个列表的最后一个数据中，可以看到有一个"\n"存在，这是一个换行的标记，属于空白字符，隐藏在数据的结尾处。可以用strip()方法去掉末尾的换行符，这样处理，可以使列表中的每个字符串的类型都相同，都是只包含数字的字符串。这时，可以用float()或eval()函数将这些字符串转换成数值类型，以便进行数学运算。

例3.5　strip
去除不可见
字符

```
# 例 3.5 strip 去除不可见字符 .py
s1 = '40.94,4357.28\n'
s2 = '41.04,2178.64\n'
print(s1)                    # 输出: 40.94,4357.28，换行符直接起作用，输出一个空行
print(s1.split(','))         # 输出: ['40.94', '4357.28\n']，切分成多个字符串构成的列表
print(s1.strip().split(','))  # 输出: ['40.94', '4357.28']，去除行末的换行符再
                             # 转为列表
print(s2.strip().split(','))  # 输出: ['41.04', '2178.64']
ls = s2.strip().split(',')    # 切分的结果赋值给列表 ls
print(eval(ls[0]),eval(ls[1]))#ls 是个列表，其中有 2 个元素，可分别用 ls[0] 和
                             #ls[1] 进行索引
```

输出：

```
40.94,4357.28

['40.94', '4357.28\n']
['40.94', '4357.28']
['41.04', '2178.64']
41.04 2178.64
```

本题中，如果数据间是用制表符分隔，读取后会显示为['40.94\t 4357.28\n']，此时，可以用s1.split('\t')将数据切分开。

【例3.6】身份证号和手机号属于个人隐私信息，编写程序，将用户输入的手机号的4~7位和身份证号的7~14位用"*"替换。为简化问题，设置用户输入身份证号或手机号带中文描述，中间不加空格或其他符号，即身份证号+18位数字或手机号+11位数字。例如：

身份证号420111199909091234

手机号13912345678

例3.6　身份
证号隐私处理

　　分析：可以用切片输出与字符串连接方法实现；也可以使用replace()函数完成指定字符的替换。

```
# 例 3.6 身份证号隐私处理 .py
s = input()                          #用户输入一个字符串，赋值给字符串变量 s
if ' 身份证号 ' in s:                 #若 " 身份证号 " 在字符串 s 中在，执行下面语句块
    print(s[:10]+'*'*8+s[-4:])       #用字符串切片和字符串连接的方法实现
    print(s.replace(s[10:18],'*'*8)) #用字符串替换的方法实现，用 8 个 *
                                     #替换切出来的部分
    print(s)                         #未重新赋值给 s，输出 s，查看其值未改变
elif ' 手机号 ' in s:                 #若 " 手机号 " 在字符串 s 中，执行下面语句块
    print(s[:6]+'*'*4+s[-4:])        #用字符串切片和连接的方法实现
    print(s.replace(s[6:10], '****' ,1)) #用字符串替换的方法实现，1 表示只替
                                     #换 1 次
    s = s.replace(s[6:10], '****' ,1) #用替换后的字符串重新给 s 赋值
    print(s)                         #输出新的 s 值
else:
    print(' 不包含身份证号或手机号 ')
```

输入：

身份证号 420111199909091234

输出：

身份证号 420111********1234
身份证号 420111********1234
身份证号 420111199909091234

输入：

手机号 13912345678

输出：

手机号 139****5678
手机号 139****5678
手机号 139****5678

　　分别输入要处理的身份证号和手机号，根据"身份证号"和"手机号"是否在整个字符串中存在决定选用哪段程序对其进行处理。

　　应用切片方法时，先将要替换的字符前面部分和最后4个字符切片输出，再用"'*'*8"将"*"重复8次生成一个字符串"********"，再用"+"将之与切出来的字符串拼接。s[:10]表示从头开始，到序号为9的字符结束；s[-4:]表示从后向前数第4个字符开始，一直到字符串结束。

　　注意：这里不能用s[-4:-1]，因为切片时，不包括右边界，所以这样只能切到序号为-2的字符，不合题意。

　　同样的问题，也可以用替换的方法解决。s.replace(s[10:18],'*'*8)可以直接将字符串变量s中的字符串中序号第10～17的这8个字符替换为"********"。这里需要注意的是，这个替换只是在输出时进行的替换，变量s中存储的字符串并没有变化。如果需要改变变量s中存储的字符串，需要用替换过的字符串重新对变量s进行赋值。

在使用s.replace(s[6:10], '****' ,1)进行替换时，要注意，默认情况下是不指定替换次数的，这时，如果替换的字符后面还存在相同字符串，会被再次替换，例如本题输入13912341234时，用s.replace(s[6:10], '****')进行替换，输出将变成"139********"。所以，当希望只进行一次替换时，需要加上替换次数进行限制。

除了前面讲述的常用的字符串处理方法外，Python 3.x中还内置了大量的字符串处理方法，限于篇幅，不一一详述，可以根据需要查阅文档使用。表3.5~表3.10给出了这些方法的功能描述。

表3.5　字符串大小写转换

方　　法	描　　述
str.upper()	转换字符串str中所有字母为大写
str.lower()	转换字符串str中所有字母为小写
str.capitalize()	把字符串str的第一个字符大写
str.casefold()	返回一个字符串的大小写折叠（casefolded）的复制，casefold()类似于lower()，但是更进一步，因为它移除在字符串中的所有差异。例如，德语的小写字母ß对应于ss，由于它已经是小写，所以lower()将不做任何事，但casefold()会将它转换为ss
str.swapcase()	翻转字符串str中的大小写字母
str.title()	返回"标题化"的字符串str，将所有单词都是以大写开始，其余字母均为小写(见istitle())

表3.6　字符串格式输出

方　　法	描　　述
str.center(width[, fillchar])	返回一个原字符串居中，并使用空格填充至长度 width 的新字符串
str.ljust(width)	返回一个原字符串左对齐，并使用空格填充至长度 width 的新字符串
str.zfill(width)	返回长度为 width 的字符串，原字符串str右对齐，前面填充0
str.expandtabs(tabsize=8)	把字符串str中的 tab 符号转为空格，tab 符号默认的空格数是 8
str.format(*args, **kwargs)	格式化字符串
str.format_map(mapping)	与str.format(**mapping)类似，只是mapping是直接使用的，而不是复制到一个字典

表3.7　字符串搜索定位与替换

方　　法	描　　述
str.count(sub[,start[, end]])	返回 sub 在字符串str中出现的次数，如果start 或者 end 指定则返回指定范围内 sub出现的次数
str.find(sub[,start[, end]])	检测字符串 sub 是否包含在字符串 str 中存在，如果 start 和 end 指定范围，则检查是否在字符串str中指定范围内存在，如果存在，返回字符串sub第一个字符在字符串str中第一次出现的位置的索引值；如果不存在，则返回-1
str.replace(old, new[, count])	把字符串str中的 old 替换成 new，如果 count 指定，则替换不超过 count 次，否则有多个old子串时全部替换为new
str.index(sub[, start[, end]])	返回子串存在的起始位置。跟find()方法一样，只不过如果sub不在字符串str中会报一个异常
str.lstrip()	截掉字符串 str左边的空格

方　法	描　述
str.maketrans(x[, y[, z]])	maketrans()方法用于创建字符映射的转换表，对于接受两个参数的最简单的调用方式，第一个参数是字符串，表示需要转换的字符，第二个参数也是字符串表示转换的目标
str.translate(table[,deletechars])	根据字符串 str给出的表(包含 256 个字符)转换字符串 str中的字符，要过滤掉的字符放到 deletechars参数中
str.rfind(sub[, start[, end]])	类似于 find()函数，不过是从右边开始查找
str.rindex(sub[, start[, end]])	类似于 index()，不过是从右边开始
str.rjust(width[, fillchar])	返回一个原字符串右对齐，并使用空格填充至长度 width 的新字符串
str.rpartition(sep)	类似于 partition()函数，不过是从右边开始查找
str.rsplit(sep=None, maxsplit=-1)	通过sep指定分隔符对字符串进行分割并返回一个列表，默认分隔符为所有空字符，包括空格、换行(\n)、制表符(\t)等。类似于split()方法，只不过是从字符串最后面开始分割。如果指定maxsplit数量max，则最多切分为max次
str.rstrip([chars])	删除字符串str末尾的指定字符（默认为空格）

表3.8　字符串联合与分割

方　法	描　述
str.join(seq)	以字符串 str作为分隔符，将 seq 中所有的元素(的字符串表示)合并为一个新的字符串
str.split(sep)	通过指定分隔符对字符串进行切片，将一个字符串切分成多个字符串列表，缺省时根据空格切分，可指定逗号或制表符等
str.partition(sep)	有点像 find()和 split()的结合体，从第一次出现sep的位置起，把字符串 str 分成一个 3 元素的元组 (string_pre_str,str,string_post_str)，如果字符串 str中不包含sep则返回一个包含字符串本身的3元组，后面跟着两个空字符串(string_pre_str , '', '')
str.splitlines([keepends])	按照行('\r', '\r\n', '\n')分隔，返回一个包含各行作为元素的列表，如果参数 keepends 为 False，不包含换行符，如果为 True，则保留换行符

表3.9　字符串条件判断

方　法	描　述
str.isalnum()	如果字符串str至少有一个字符并且所有字符都是字母或数字则返回 True，否则返回 False
str.isdigit()	如果字符串str只包含数字（包括：Unicode数字，半角数字（单字节），全角数字（双字节），不包括罗马数字和汉字数字）则返回 True 否则返回 False
str.isnumeric()	如果字符串str中只包含数字字符（包括：Unicode数字，半角数字，全角数字，罗马数字，汉字数字，以及①⑮13.等类似数字），则返回 True，否则返回 False
str.isdecimal()	如果字符串str只包含十进制数字（包括：Unicode数字，半角数字，全角数字；但不包括罗马数字和汉字数字）则返回 True 否则返回 False
str.isalpha()	如果字符串str至少有一个字符并且所有字符都是字母则返回 True，否则返回 False

续表

方　　法	描　　述
str.isidentifier()	检测字符串是否是字母开头
str.islower()	如果字符串str中包含至少一个区分大小写的字符，并且所有这些(区分大小写的)字符都是小写，则返回 True，否则返回 False
str.isprintable()	如果字符串str是空串或其中的所有字符都是可打印字符，返回True，否则返回False
str.isspace()	如果字符串str中只包含空格，制表符tab和回车，则返回 True，否则返回 False
str.istitle()	如果字符串str是标题化的(见 title())则返回 True，否则返回 False
str.isupper()	如果字符串str中包含至少一个区分大小写的字符，并且所有这些(区分大小写的)字符都是大写，则返回 True，否则返回 False
str.startswith(prefix[, start[, end]])	检查字符串str是否是以 prefix 开头，是则返回 True，否则返回 False。如果start 和 end 指定值，则在指定范围内检查
str.endswith(suffix[, start[, end]])	检查字符串str是否以 suffix 结束，如果 start 或者 end 指定则检查指定的范围内是否以 suffix 结束，如果是，返回 True,否则返回 False

表3.10　字符串编码

方　　法	描　　述
str.decode(encoding='utf-8', errors='strict')	以 encoding 指定的编码格式解码字符串str，如果出错默认报一个 ValueError的异常，除非 errors 指定的 是 ignore或者replace
str.encode(encoding="utf-8", errors="strict")	以 encoding 指定的编码格式编码字符串str，如果出错默认报一个 ValueError 的异常，除非 errors 指定的是ignore或replace

3.2.4　字符串格式化

在编写Python程序时，经常需要对字符串的格式进行处理。在Python 2.6之前都是用%格式符的方法，自Python 2.6开始，新增了一种格式化字符串的函数str.format()。此函数可以方便快速地处理各种字符串，增强了字符串格式化的功能。

相对于%格式符方法，format()函数有很多优点：不需要理会数据类型的问题；单个参数可以多次输出；参数顺序可以不相同；填充方式十分灵活，对齐方式十分强大。

format()函数是官方推荐用的方式，%格式符方式将会在未来版本被淘汰，本书将重点介绍format()函数并推荐读者使用format()函数格式化字符串。

调用format()方法后会返回一个新的字符串，其使用格式如下：

```
<模板字符串>.format(<逗号分隔的参数>)
```

例如：

```
print("{}, {} 是最受欢迎的语言，年薪 {} 万元。".format("2018年 ","PYTHON",17.4))
print("{2}, {1} 是最受欢迎的语言，年薪 {0} 万元。".format(17.4,"PYTHON","2018年 "))
print("{}{}{}{}".format(" 圆周率 ",3.1415926,"...",' 是无理数 '))
```

输出：

> 2018 年，PYTHON 是最受欢迎的语言，年薪 17.4 万元。
> 2018 年，PYTHON 是最受欢迎的语言，年薪 17.4 万元。
> 圆周率 3.1415926... 是无理数

在模板字符串部分可以使用多个大括号"{}"表示可填充数据的位置，用于接收不同类型的变量或数据。大括号中没有序号时，按照值出现的顺序进行替换；大括号中有序号时，按照序号对应的参数进行替换。

> 注意：参数序号从0开始。

format()方法中<模板字符串>的大括号中除了包括参数序号，还可以包括格式控制信息。此时，位置的内部样式如下：

{< 参数序号 >：< 格式控制标记 >}

其中，<格式控制标记>用来控制参数显示时的格式，包括：

<填充><对齐><宽度><，><.精度><类型>6 个字段，format格式控制标记如表3.11所示。

表 3.11　format格式控制标记

整数	:	<填充>	<对齐>	<宽度>	<，>	<.精度>	<类型>
参数序号	引导符号	填充字符	左对齐:< 右对齐:> 居中: ^	输出宽度	数字千位分隔符	浮点数小数位数或字符串最大输出长度	数字类型: b 二进制，c 字符，d 十进制，o 八进制，x 十六进制，e 浮点数指数形式，E 浮点数指数形式，f 浮点数标准形式

这些字段都是可选的，可以组合使用，下面逐一进行介绍：

<填充>：指<宽度>内除了参数外的字符采用什么方式表示，默认采用空格，可以通过<填充>更换。

<对齐>：指参数在<宽度>内输出时的对齐方式，分别使用"<"、">"和"^"三个符号表示左对齐、右对齐和居中对齐。

<宽度>：指当前位置的设置输出字符宽度，如果该位置对应的format()参数长度比<宽度>设置值大，则使用参数实际长度输出。如果该值的实际位数小于指定宽度，则位数将被默认以空格字符补充。

<，>（逗号）：<格式控制标记>中逗号用于显示数字的千位分隔符。

<.精度>：表示两个含义，以小数点（.）开头。对于浮点数，精度表示小数部分输出的有效位数。对于字符串，精度表示输出的最大长度。

<类型>：表示输出整数和浮点数类型的格式规则。对于整数类型，输出格式包括6种；对于浮点数类型，输出格式包括4 种，浮点数输出时尽量使用<.精度>表示小数部分的宽度，有助于更好地控制输出格式。整数和浮点数类型的格式规则如表3.12所示。

表3.12 整数和浮点数类型的格式规则

符　　号	功　　能
b	输出整数的二进制方式
c	输出整数对应的 Unicode 字符
d	输出整数的十进制方式
o	输出整数的八进制方式
x	输出整数的小写十六进制方式
X	输出整数的大写十六进制方式
e	输出浮点数对应的小写字母 e 的指数形式
E	输出浮点数对应的大写字母 E 的指数形式
f	输出浮点数的标准浮点形式
%	输出浮点数的百分形式

例如：

```
print('{:b}'.format(15))                          #b 表示将整数转为二进制
print( '{:>22,.3f}'.format(15703050635.0) )       #占 22 字符，居右，千位分隔，
                                                  #保留 3 位小数
print("{}{:.2f}{:.4}".format("圆周率",3.1415926, '是无理数的一个典型例子'))
#.2f 表示浮点数截取 2 位小数；.4 表示将传入的字符串截取 4 个字符
print('{:*<20}'.format('开始注释'))               #占位宽度 20 字符，传入的字符居左，
                                                  #其他位置用 * 填充
print('{:*^20}'.format('这是注释'))               #居中
print('{:^20}'.format('无填充字符'))              #居中，无填充
print('{:*>20}'.format('注释结束'))               #居右对齐
```

输出：

```
1111
   15,703,050,635.000
圆周率 3.14... 是无理数
开始注释****************
********这是注释********
        无填充字符
****************注释结束
```

format()函数具有丰富的格式控制方法，可以方便、快速地进行各种格式的输出，一般建议使用format()函数进行输出格式控制。

但由于历史的原因，同时考虑到其他语言程序员的习惯，Python 3.x中目前仍保留了%格式符的用法。下面用一个例子了解一下%格式符的语法：

```
print('Hi, %s, you have $%d.' % ('Michael', 1000000))   #%s 接收字符串
                                                        #%d 接收整数
print('---------%(p).2f'%{'p':1.23456})# 保留 2 位有小数
print('---------%(p)f'%{'p':1.23456})  # 默认精度，保留小数点后 6 位小数
print('***%c***%o***%x'%(65,15,15))    # %c 将数字 65 转成其 unicode 对应的字 A;
                                        #%o 整数 15 转成对应的八进制数 17;
                                        #%x 整数 15 转成对应的十六进制数 f
```

输出：

```
Hi, Michael, you have $1000000.
--------1.23
--------1.234560
***A***17***f
```

字符串格式化符号如表3.13所示。

表 3.13　字符串格式化符号

符　　号	功　　能
%c	格式化字符及其ASCII码
%s	格式化字符串
%d	格式化整数
%u	格式化无符号整型
%o	格式化无符号八进制数
%x或 %X	格式化无符号十六进制数
%f 或 %F	格式化浮点数字，可指定小数点后的精度
%e或 %E	用科学计数法格式化浮点数
%g或 %G	自动选择%f和%e两种格式中较短的格式输出，并且不输出数字后面没有意义的零
%p	用十六进制数格式化变量的地址
%	当字符串中存在格式化标志时，需要用 %%表示一个百分号

格式化操作符辅助指令如表3.14所示。

表 3.14　格式化操作符辅助指令

符　　号	功　　能
*	定义宽度或者小数点精度
-	用于左对齐
+	在正数前面显示加号（+）
<sp>	在正数前面显示空格
\#	在八进制数前面显示零（'0'），在十六进制前面显示'0x'或者'0X'（取决于用的是'x'还是'X'）
0	显示的数字前面填充0而不是默认的空格
%	%%输出一个单一的%
(var)	映射变量（字典参数）
m.n.	m是显示的最小总宽度，n是小数点后的位数（如果可用）

3.2.5　转义字符

反斜杠（\）是一个特殊字符，在字符串中表示转义，该字符与后面相邻的一个字符共同组成一个特定的含义。在格式化输出字符串时，可以用转义字符实现一些特殊的格式控制。

```
print('\t\t 静夜思 \n\t\t 李白 \n床前明月光，疑是地上霜。\n 举头望明月，低头思故乡。\n')
```

输出：

> 静夜思
> 李白
> 床前明月光，疑是地上霜。
> 举头望明月，低头思故乡。

Python中有很多转义字符，常用的转义字符如表3.15所示。

表 3.15　Python中的常用转义字符表

转义字符	描　　述	示　　例
\n	换行	n:newline，用于行末，表示输出时到当前位置本行结束，后面字符在新的一行输出
\r	回车	r:return，回车，Mac OS下表示换下一行
\t	横向制表符	功能与键盘上【Tab】键相同，光标横向移动若干个字符，不同系统或不同解释器的解释有所不同，一般3个字符，也有解析成4个或6个字符的
\(在行尾时)	续行符	为避免一行太长，排版时在前一行末尾加' \ '，解释器会将下一行内容接在前行末尾
\\	反斜杠符号	用于在字符串中输出一个反斜杠 '\'
\'	单引号	用于在字符串中输出一个单引号
\"	双引号	用于在字符串中输出一个双引号
\b	退格（Backspace）	使光标回退一格，清除前面一个字符

3.3　数　值　类　型

Python 3.x 支持的数值类型主要有：整型（int）、浮点型（float）和复数类型（complex）。

3.3.1　整型

整型是不带小数点的整数，包括0、正整数和负整数。整数的4种进制表示如表3.16所示。

表 3.16　整数的4种进制表示

进制种类	引导符号	描述与示例
二进制	0b或0B	由字符0和1组成，遇2进1，如0b1010、0B1111
八进制	0o或0O	由字符0～7组成，遇8进1，如0o107、0O777
十进制	无	由字符0～9组成，遇10进1，如99、156
十六进制	0x或0X	由字符0～9及a、b、c、d、e、f或A、B、C、D、E、F组成，遇16进1，如0xFF、0X10A

例如：123、-45、0b1101（二进制）、0o17（八进制）、0xff（十六进制）。

一般来说，Python 3.x 中整型几乎是没有限制大小的，可以存储内存能够容纳的无限大整数，而且整数永远是精确的。

factorial(n)是math库中计算阶乘的一个函数，利用它可以计算n的阶乘。在其他语言中，大数的阶乘需要用很复杂的算法近百行程序才能够计算。而在Python 中，可以用以下两行语句完成任意大数阶乘的计算，而且所得到的结果是完全准确的，没有任何数字被省略或近似。限于篇幅，这里只给出100阶乘的结果，实际上10000或更大数的阶乘结果也可以很快且准确地计算出来。

```
import math
print(math.factorial(100))
```

输出：

```
933262154439441526816992388562667004907159682643816214685929638952175999
932299156089414639761565182862536979208272237582511852109168640000000000000
00000000000
```

3.3.2　浮点型

浮点型由整数部分与小数部分组成，其小数部分可以没有值，但小数点必须要有，此时相当于小数部分为0。当其没有小数部分且没有小数点时就退化成了整数。

浮点型两种表示方法：十进制和科学计数法。

Python中科学计数法表示为<x>e<n>，等价于数学中的$x\times 10^n$。例如，2.53e3=2.53×10^3=2530。

计算机中数字的表示采用的是二进制的方式，十进制与二进制转换过程中可能会引入误差，所以一般来说，浮点数无法保证百分之百精确。

Python 3.x对于浮点数默认的是提供大约17位数字的精度，占8字节（64位）内存空间，其数值范围为1.7E-308～1.7E+308。

```
print(314159.265358979323846264338327950288419716939937510)
```

输出：

```
314159.26535897935
```

系统会将输入的浮点数只保留16或17位有效数字，其余的截断丢弃，所以在计算机中浮点数经常无法精确表示。

Python默认的是17位小数的精度，当计算需要使用更高的精度（超过17位小数）时，可以使用以下方法进行处理：

1．使用格式化方法指定小数位数

```
print('%.30f' %(3.141592653589793238462643383279502884197716939937510))
```

输出：

```
3.141592653589793115997963468544
```

实际值：

```
3.141592653589793238462643383279
```

结果表明虽然可以显示指定位数的小数部分，但是结果并不准确，超过17位有效数字后面的数字往往没有意义。

2. 高精度使用decimal模块，配合getcontext

语法格式：

```
print(getcontext())
Context(prec=28, rounding=ROUND_HALF_EVEN, Emin=-999999, Emax=999999,
capitals=1, clamp=0, flags=[FloatOperation], traps=[InvalidOperation,
DivisionByZero, Overflow])
```

例如：

```
import decimal
decimal.getcontext().prec = 50     # 设置精度为 50 位
print(decimal.Decimal(3.141592653589793238462643383279502884197169399375105820974944))
```

输出：

```
3.1415926535897931159979634685441851615905576171875
```

默认的context的精度是28位，可以设置为50位甚至更高。这样在利用浮点数进行高精度数学运算时，可以控制计算结果的精度。

context中有一个rounding=ROUND_HALF_EVEN 参数。当rounding值被设置为ROUND_HALF_EVEN时，当需要取舍的数字为5时，取舍的依据是使前一位的值靠近偶数。

实际应用中，一般会指定浮点数的小数位数，可以由round()函数来实现保留n位小数。

语法格式：

```
round(number[, n])
```

round()函数的作用是把浮点数number转换成保留n位小数的形式，n为整数，缺省值为0，也就是说，当省略参数n时，将浮点数的整数部分作为返回值。例如：

```
print(round(3.1415926,3))    # 设置精度为小数点后 3 位
print(round(3.1515926))      # 默认精度为小数点后 0 位，输出整数部分
```

输出：

```
3.142
3
```

3.3.3 复数类型

复数(complex)由实数部分和虚数部分构成，可以用a + bj，或者complex(a,b)表示，复数的实部a和虚部b都是浮点型。可以用real和imag分别获取复数的实部和虚部，用abs(a+bj)获得复数的模。例如：

```
print((3.0+4.0j).real)
print((3.0+4.0j).imag)
print(abs(3.0+4.0j))
```

输出：

```
3.0
4.0
5.0
```

Python支持复数类型和运算，但当前学习阶段使用和接触较少，读者有一个概念即可，此处不做具体或更深入的讲解。

3.3.4　数值类型转换

在程序设计过程中，经常需要对数值类型进行转换。不同数值类型的转换，可以将数据类型作为函数名，将要转换的数值作为函数的参数即可完成转换。

（1）int(x)：将浮点数x或整型字符串转换为一个整数。

（2）float(x)：将整数x或浮点数类型字符串转换为一个浮点数。

（3）complex(x)：将浮点数x转换为一个复数，实数部分为 x，虚数部分为 0。

（4）complex(x[, y])：将x 和y 转换为一个复数，实数部分为 x，虚数部分为 y。x 和y 是数值表达式，x可以是一个可以转换为数值或复数的字符串，此时不可再有参数y。
例如：

```
print(int(3.14))          # 浮点数转整数，只保留整数部分
print(float(3))           # 整数转浮点数，增加小数位，小数部分为 0
print(complex(3))         # 整数转复数，虚部为 0
print(complex(3,4))       # 整数转复数
```

输出：

```
3
3.0
(3+0j)
(3+4j)
```

实际上，int()函数不仅可以进行浮点数与整数间的转换，也可以进行字符串与数值型的转换。

语法格式：

```
int(x, base=10)
```

当x是一个数值且没有参数base时，int()函数可以将这个浮点数转换成十进制整数。当x不是数值或给定了参数base时，x必须是一个整型的字符串，此时int()函数将这个整型的字符串转成整数，base为整数的进制，如2、8、10、16分别代表二进制、八进制、十进制和十六进制。

```
print(int(3.14))        #x 为数值，无参数 base，浮点数转整数，取整部分，输出 3
print(int('1024'))      #x 为整数类型的字符串，base 缺省时默认将其转为十进制整数 1024
print(int('11111111',base=2)) # base 为 2，将二进制构成的字符串转成十进制整数，输出 255
print(int('11111111',2))      #base 可省略，二进制 11111111 转成十进制整数是 255
print(int('1111'+'1111',2))   # 字符串 x 可由多个字符串连接而成，输出 255
```

缺省情况下base=10，是将一个十进制的整型字符串转成十进制的整数。base可以取的值包括0、2～36中的整数值。当base取值为0时，系统根据字符串前的进制引导符号确定该数的进制。例如：

```
print(int('0o107',base = 8))    #'0o' 表示这是八进制的整数，输出 71
print(int('0x107',base = 16))   #'0x' 表示这是十六进制的整数，输出 263
print(int('0b1001',base = 2))   #'0b' 表示这是二进制的整数，输出 9
```

需要说明的是，int()函数只能将浮点数或整型的字符转成整数，不能将浮点型的字符串转成整数。例如，尝试将字符串'3.14'转成整数时，系统会返回一个错误：

```
print(int('3.14',base = 10))
```

输出错误：

```
Traceback (most recent call last):
  File "<pyshell#12>", line 1, in <module>
    print(int('3.14',base = 10))
ValueError: invalid literal for int() with base 10: '3.14'
```

float()函数除了可以完成整数与浮点数的转换以外，还可用于数字构成的字符串到浮点数的转换。例如：

```
print(float('3.14'))                # 将字符串 '3.14' 转为浮点数，输出 3.14
```

【例3.7】用户输入 π 的值，计算半径为3的圆的面积。

分析：按习惯，只要用公式直接进行计算就可以得到结果。代码如下：

```
# 计算圆的面积 .py
pi = input()       # 注意：Python 中 input() 函数读到的任何内容全部作为字符串处理
area = pi * 3 ** 2
print(area)
```

扫一扫 ●

例 3.7 计算
圆的面积

输入：

```
3.14
```

输出：

```
3.143.143.143.143.143.143.143.143.14
```

发现输出是将用户输入的"3.14"复制了3的2次方次（幂运算的优先级高，先计算），没有按我们期望的那样将3.14直接用于数学运算。这是因为input()函数接收到的用户输入都以字符串类型进行处理，若想将其用于数学运算，必须先将字符串转换成数值类型。

虽然int()和float()函数都可以实现字符串到数值的转换，但int()函数只能将整型字符串转成数值。因为这里不确定用户输入的是整数还是浮点数，所以此处不可以用int()函数进行转换，只能用float()函数进行转换。

实际上，Python中还提供了一个eval()函数，也具有将数值型字符串转成数值的功能，但是出于安全性和效率方面的考虑，建议尽可能使用float()函数。

```
pi = float(input())        # 将字符串转成浮点数据类型
#pi = eval(input())        # 可用 eval() 函数实现字符串到浮点类型的转换
area = pi * 3 ** 2
#area = float(pi) * 3 ** 2 # 如输入时未转换类型，可以在参加数学运算前转换数据类型
print(area)
```

输入：

```
3.14
```

输出：

```
28.26
```

3.4　迭代器类型

可以直接作用于for循环的数据类型有以下两种：

（1）集合数据类型，如列表（list）、元组（tuple）、字典（dict）、集合（set）、字符串（str）等。

（2）生成器（Generator）。

Python支持基于容器的迭代的概念。这些可以直接作用于for循环的对象，统称为可迭代对象。其中，生成器不但可以用于for循环，还可以被next()函数不断调用并返回下一个值，直到最后抛出StopIteration错误表示无法继续返回下一个值。

这种可以被next()函数调用并不断返回下一个值的对象称为迭代器（Iterator）。Python的迭代器对象表示的是一个数据流，可以把这个数据流看作是一个有序序列，但却不能提前知道序列的长度，只能不断通过next()函数按需计算下一个数据，直到没有数据时抛出StopIteration错误。

迭代器的计算是惰性的，只有在需要返回下一个数据时才会计算。迭代器甚至可以表示一个无限大的数据流，例如全体自然数。生成器都是迭代器对象，但list、tuple、dict、set、str等虽然是可迭代对象，却不是迭代器，不过可以通过iter()函数获得一个迭代器对象。

3.5　常　用　运　算

运算符是一些特殊符号的集合，数学中接触的加（+）、减（-）、乘（*）、除（/）等都是运算符。

表达式是用运算符将对象连接起来构成的式子，程序设计中，表达式的写法与数学中的表达式稍有不同，需要按照程序设计语言规定的表示方法构造表达式。

运算符和表达式在程序设计中是比较常见的，几乎所有程序都涉及运算符和表达式。

Python 3.x支持7种运算：数值运算、赋值运算、比较（关系）运算、成员运算、逻辑运算、身份运算、位运算。

在程序设计中，真值测试也有比较广泛的应用，在Python 3.7中这种运算作为独立的数据类型。

3.5.1　数值运算

Python 内置了7个基本的数值运算操作符，在运算过程中可以直接使用，这些操作符包括+、-、*、/、%、**、//等，分别被用于加、减、乘、除、取模、幂、整除运算，具体功能如表3.17所示。

表3.17　数值运算操作符（表中设a = 8　b = 5）

运　算　符	功　能　描　述	实　　例
+	加：两个对象相加	print(a + b)　#结果为13

续表

运 算 符	功 能 描 述	实 例
-	减：得到负数或者一个数减去另一个数	print(a - b) #结果为3
*	乘：两个数相乘	print(a * b) #结果为40
/	除：两个数相除	print(a / b) #结果为1.6
%	取模：返回除法的余数	print(a % b) #结果为3
**	幂：返回x的y次幂	print(a ** b) #结果为32768

//	整除：返回商的整数部分	print(a // b) #结果为1
		print(-10// 4) #结果为-3

这里的加、减、乘与数学上同类运算意义相同，比较好理解。

Python 3.x中的除法有两种：

（1）精确除法（/）：不论参与运算的数是整数还是浮点数，是正数还是负数，都直接进行除法运算，得到浮点数的运算结果。

（2）整除（//）：采用的是向下取整的算法。所谓向下取整，是在计算过程中，向负无穷大的方向取整。例如，10/4=2.5，采用向下取整的算法计算，10//4=2；-10/4=-2.5，采用向下取整的算法计算时，要取负无穷大方向最接近-2.5的那个整数，也就是-3，所以-10//4=-3。

在Python 中，%运算符是取模运算，意为a减去a整除b余下的数值。模运算在数论和程序设计中都有着广泛的应用，从奇偶数的判别到素数的判别都会用到模运算。

其计算方法为：

（1）求整数商：c = a // b。

（2）计算模： r = a - c*b

合并两个式子，r = a – (a // b) * b

在a、b符号相同时，除运算的结果为正，此时模运算与数学中的取余运算结果相同；但当a、b符号不同时，一正一负时，除法的结果是负数。由于Python 3.x中 整除（//）运算采用的是向下取整算法，所以此时得到的整商与数学上的整除运算（向0取整）结果不同，这就导致了当两个数符号不同时，取模运算和数学上的取余结果不同。

例如：a = -11，b = 4，计算a 对 b取模和取余的值。

分析：取模运算时，向负无穷方向取整，整数商c = -3；取余运算时，向0方向取整，整数商c = -2；因c的值不同，计算模和余数时，r计算结果也不同。

取模运算时，r = -11 - (-3) *4 = 1

取余运算时，r = -11 - (-2) *4 = -3

```
print(-11%4)      # 输出: 1
print(-11%-4)     # 输出: -3
print(11%4)       # 输出: 3
print(11%-4)      # 输出: -1
print(3.5%-2)     # 输出: -0.5
print(4%2)        # 输出: 0
```

从这个例子中可以发现：当a和b符号一致时，求模运算和求余运算所得的c的值一致，因此结果一致。当a和b符号不一致时，结果不一样。求模运算结果的符号和b一致，求余运算结果的符号和a一致。

可以得到Python模运算符%的一个规律：模要么与除数同号，要么是零（能整除的情况下）。其本质是由Python采取的向下取整算法决定的。

由于Python中整除（//）的取整算法采用的是向下取整的方法，不同于C、C++、Java中的向0取整的算法，所以在Python中的取模（%）运算的结果与C、C++、Java中取模运算结果不同，后者的运算结果与数学上的取余相同。在使用取模（取余）运算时要注意，当除数和被除数出现异号的情况时，程序移植时要特别小心，因为不同语言对取模和取余的定义可能是不同的。

取模运算（%）主要应用于具有周期性规律的场景，如可用x%2的结果是0还是1判断整数x的奇偶性；利用日期对7取模可判断是星期几。

● 扫一扫

例3.8　根据身份证号判断性别

【例3.8】根据身份证号判断性别。

分析：我国18位身份证号中的第17位是性别表示位，奇数为男性，偶数为女性。这样性别判断问题就转为判别一个正整数是奇数还是偶数的问题。奇偶数的判别是模运算最基本的应用。一个整数n对2取模，如果余数为0，则表示n为偶数，否则n为奇数。

```python
# 例3.8 根据身份证号判断性别.py
id = input('请输入一个18位的身份证号: ')
if  int(id[16]) % 2 == 0:  # 将身份证号第17位转为整数，对2取模，判断其奇偶性
    print('性别: 女')
else:
    print('性别: 男')
```

输入：

110111200011111121

输出：

性别: 女

Python中幂运算与数学上的形式也不同，不是a^b，而是a**b，用两个星号"**"代表幂运算。幂运算优先级比取反高，如-3**2先进行幂运算，再取反，最终的值为-9。但是，为了避免优先级问题，可以在合适的地方加括号以保证运算顺序。-(3**2)先幂运算再取反，结果为-9；(-3)**2则先取反，再进行幂运算，结果为9。

在复杂表达式中适当加括号是较好的编程习惯，既可确保运算按自己预定的顺序进行，又可提高程序的可读性和可维护性。

注意：Python 2.x中整数除整数，结果仍为整数，如果要得到小数，需要把两个数中的一个加小数点或乘1.0使之变成浮点数。Python 3.x中增加了整除（//），所以不论是整数还是浮点数，其除法（/）的结果都为浮点数。

【例3.9】现有一个一元二次方程：$5x^2 + 8x + 3 = 0$，编程求其实根。

分析：此题中，判别式b^2-4ac=8*8-4*5*3=4>0，该方程有解，一元二次方程求根公式

的数学表达或转换为程序中的表达式如下：

$$x1 = (-b + (b * b - 4 * a * c)**(1 / 2)) / (2 * a)$$

$$x2 = (-b - (b * b - 4 * a * c)**(1 / 2)) / (2 * a)$$

扫一扫

例3.9　一元
二次方程求解

> 注意：表达式中的乘号不可以省略，分母中的2 * a的括号不能省略，否则因乘除的优级相同，会按先后顺序进行运算，结果就是乘2再除a。如果一定要去掉括号，可以将2 * a中的乘号改为除号（/）以保持数学上的运算顺序。

```
# 例 3.9 一元二次方程求解 .py
#注意表达式的写法、运算的顺序
a = 5
b = 8
c = 3
x1 = (-b + (b ** 2 - 4 * a * c) ** (1 / 2))/(2 * a)
x2 = (-b - (b ** 2 - 4 * a * c) ** (1 / 2))/(2 * a)
print(x1)
print(x2)
```

输出：

```
-0.6
-1.0
```

Python 内置了一系列与数学运算相关的函数可以直接使用，表3.18列出了这些函数的功能描述与示例，供读者查阅和学习。

表3.18　常用数学运算函数

函　　数	功　能　描　述	示　　　例	
abs(x)	返回 x的绝对值，x可以是整数或浮点数，当x为复数时返回复数的模	print(abs(-3)) print(abs(-3.45)) print(abs(3+4j))	#输出3 #输出3.45 #输出5.0
divmod(a, b)	(a // b, a % b)，以整数商和余数的二元组形式返回	print(divmod(10,3))	#输出(3, 1)
pow(x, y[, z])	返回 x的y次幂，当z存在时，返回 x的y次幂对z取余	print(pow(2,3)) print(pow(2,3,3))	#输出8 #8%3=2输出2
round(number[, ndigits])	返回保留小数点后ndigits位的数值	print(round(1.25,1)) print(round(1.35,1))	#输出1.2 #输出1.4
max(iterable)	从多个参数或一个序列中返回其最大值	print(max(80, 100, 1000)) print(max(range(20)))	#输出1000 #输出19
min(iterable)	从多个参数或一个序列中返回其最小值	print(min(80, 100, 1000)) print(min(range(20)))	#输出80 #输出0
eval(source)	计算指定表达式的值。 source：必选参数，可以是字符串，也可以是一个任意的代码对象实例。常用于将字符串转为数值	print(eval('4'+'5')) print(eval('4+5')) n = eval(input())	#输出45 #输出9 #将输入的字符串转为 #数值

续表

函　　数	功　能　描　述	示　　例

int(x, base=10)	base缺省为10，当其省略时：
	　当x为浮点数或整数字符串时返回整型数字；当x为浮点数字符串时会返回异常。
	　当base为其他值时可将字符串x作为base进制字符串，并将其转成十进制数字
		n = int(input())
		#将字符串转为整数赋值给n
		print(int(12.34))#输出12
		print(int('123'))#输出123
		print(int('1100',2))
		#二进制1100转十进制值为12

float([x])	从一个数值或字符串x返回浮点数值	n = float(input()) #将字符串转为浮点数赋值给n print(float('+1.23')) #结果为1.23

　　pow(x, y[, z])函数在进行幂运算的同时可以进行模运算，可以使某些计算得到简化。例如，想知道3333的5555次幂的末位是什么，如果直接把pow(3333,5555)的结果计算出来，计算量太大，但利用pow(3333,5555,10)直接求模，问题就简化了，可以在极短时间内得到结果为7。

　　round(x[,n])函数可用于返回一个保留n位小数的浮点数，当n缺省时，返回离它最近的整数。当需要取舍的数字是5时，当5后面存在非0数字时进位，5后面为0时原则上按使5前面数字变成偶数的规则进行进位或舍弃。例如：

```
# 银行家算法，取舍位为 5 时，使前一位为偶数
print(round(0.5))            # 前一位为偶数，舍去 0.5，输出  0
print(round(1.5))            # 前一位为奇数，进位，输出 2
```

　　但由于十进制与二进制转换的过程中，机器可能已经做出过截断处理，使取舍位为5时的情况变得较为复杂。例如，2.675这个数在机器中保存的比2.675小一点点，比如实际上保存的可能是2.674999713897705，这时取舍位为4，那么会被舍弃掉，使输出结果变成2.67。如果这个数是2.6750000000000003，就会按前述规则进行取舍，将输出2.68。例如：

```
# 浮点数在计算机中转成二进制存储，可能存在误差，末位为 5 时取舍可能与预期不符
print(round(2.674999,2)) # 输出 2.67
print(round(2.675,2))     # 预期结果应为 2.68，实际输出 2.67
print(round(2.675001,2)) # 输出 2.68
```

3.5.2　赋值运算

　　赋值运算是指将一个具体的值或表达式的值传给一个变量的操作，可以近似地将赋值运算理解为两部分操作：一是将具体的对象存储在内存某地址处；二是将变量名与这个地址关联起来，相当于给这块内存区域加上一个标签，以后就用变量名（标签）来访问这块内存中存储的对象。

　　Python中的赋值运算符包括 = 、+= 、-= 、*= 、/= 、%=，具体描述如表3.19所示。

表3.19 赋值运算符

运 算 符	描 述	实 例
=	简单的赋值运算符	c = 100　#将数值100赋值给c c = a + b　#将 a + b 的运算结果赋值给 c
+=	加法赋值运算符	c += a　#等效于 c = c + a
-=	减法赋值运算符	c -= a　#等效于 c = c - a
*=	乘法赋值运算符	c *= a　#等效于 c = c * a
/=	除法赋值运算符	c /= a　#等效于 c = c / a
%=	取模赋值运算符	c %= a　#等效于 c = c % a
**=	幂赋值运算符	c **= a　#等效于 c = c ** a
//=	取整除赋值运算符	c //= a　#等效于 c = c // a

3.5.3 比较运算

比较运算符用于比较两个值，并确定它们之间的关系结果是一个逻辑值，不是True，就是False。

Python中有8个比较运算符，它们的优先级相同，比布尔运算优先级高。比较运算符可以连续使用，例如，x < y <= z 等价于 x < y and y <= z。

Python所有的内建类型都支持比较运算，不同的类型比较方式不一样，数值类型会根据数值大小和正负进行比较，而字符串会根据字符串序列值进行比较。除不同种数值类型以外，不同类型的对象不能进行比较运算。

is与is not用于比较两个对象是否为同一对象，也就是比较两个对象的存储单元是否相同。x is y，相当于 id(x) == id(y)，如果引用的是同一个对象，则返回 True，否则返回False。x is not y ，相当于 id(a) != id(b)，如果引用的不是同一个对象，则返回结果 True，否则返回 False。比较运算符的描述如表3.20所示。

表3.20 比较运算符

运 算 符	描 述	实例（a = 5, b = 10）
==	等于：比较a、b两个对象是否相等	(a == b) 返回值 False
!=	不等于：比较a、b两个对象是否不相等	(a != b) 返回值 True
>	大于：返回a是否大于b	(a > b) 返回值 False
<	小于：返回a是否小于b。返回1表示真，返回0表示假。这分别与特殊的变量True和False等价	(a < b) 返回值 True
>=	大于等于：返回a是否大于等于b	(a >= b) 返回值 False
<=	小于等于：返回a是否小于等于b	(a <= b) 返回值 True
is	is 是判断两个标识符是否引用自一个对象	c = 10 print(c is b) 返回值 True
is not	is not 是判断两个标识符是否引用自不同对象	print(a is not b) 返回值 True

```
x = eval(input())
y = eval(input())
# 比较 x 和 y 的大小，输出两个数中较大的值
if x > y :
    print(x)
else:
    print(y)
```

输入：

```
5
10
```

输出：

```
10
```

3.5.4 成员运算

Python支持成员运算符，可以用于判断一个元素是否在某一个序列中。例如，可以判断一个字符是否属于某个字符串，可以判断某个对象是否在某个列表中等。成员运算符的描述如表3.21所示。

表3.21 成员运算符

运　算　符	描　　述	实　　例
in	如果对象在某一个序列中存在返回 True，否则返回 False	print('u' in ['U','u','USD']) #True
not in	如果对象在某一个序列中不存在返回 True，否则返回 False	print('r' not in ['U','u','USD'])#True

Python中成员运算使用语法如下：

```
obj [not] in sequence
```

这个运算返回值是True或者False。

【例 3.10】美元的货币符号是USD或usd，人民币的货币符号是CNY或cny，用户输入一个带货币符号的金额数，编程判断用户输入的是哪种货币？假设当前美元兑换人民币汇率为6.77，请将全部数额都换成相对应的另一种货币并输出。

例如。

扫一扫

例 3.10 汇率转换

```
# 例 3.10 汇率转换 .py
# 掌握成员运算，复习字符串切片、类型转换，了解分支语句
USD2RMB = 6.77                        # 方便修改汇率
s = input(' 请输入货币（以 CNY,cny,USD,usd 结尾）金额 ') # 输入带货币符号的金额
unit = s[-3:]                         # 取输入字符串最后三位，获取货币单位
currency = eval(s[0:-3])# 取输入字符串最后三位以前的部分并转换为数值类型，以便进行数学运算
if unit in ['USD','usd']:             # 判断 unit 的值是否与列表中的一个元素相同
    cny = currency * USD2RMB
    print(' 人民币金额是: {} 元 '.format(round(cny,2)))   # 输出人民币金额，保留 2 位小数
elif unit in ['CNY','cny']:           # 如果输入的是人民币
    usd = currency / USD2RMB
    print(' 美元金额是: {} 美元 '.format(round(usd,2))) # 输出美元金额，保留 2 位小数
else:
    print(' 请检查货币符号 ')
```

输入：

请输入货币（以 CNY,cny,USD,usd 结尾）金额：100CNY

输出：

美元金额是：14.77 美元

输入：

请输入货币（以 CNY,cny,USD,usd 结尾）金额：123.33USD

输出：

人民币金额是：834.94 美元

3.5.5　逻辑运算

Python语言支持逻辑运算符，包括 and（与）、or（或）、not（非）运算。3种运算的表达式与功能描述如表3.22所示，按优先级升序排序。

表3.22　逻辑运算符

运　算　符	逻辑表达式	功　能　描　述
or	x or y	或：如果x为真，返回x，否则返回y
and	x and y	与：如果x为假，返回x，否则返回y
not	not x	非：用于反转操作数的逻辑状态，如果 x 为 True，返回 False；如果 x 为 False，返回 True

and两边的x和y可以是数值、变量或表达式。当且仅当x和y都为真时整个逻辑运算的结果才为真。解释器首先对and左边的表达式进行运算，当其值为True时才对右侧的表达式进行运算，此时右侧表达式的值决定整个逻辑运算表达式的值。也就是说，当左侧表达式的值为True时，整个逻辑运算表达式的值为右侧表达式的值，如果其值非0非空，则为True，否则结果为False。当左侧表达式的值为False时，不需要对右侧表达式进行运算就可以确定整个表达式的值为False，此时立刻返回左侧表达式的值，而右侧的表达式不会被运算。

这种特性称为短路特性或惰性求值。当发生短路之后，该语句短路处之后的所有代码都不会被执行。

这种特性对于or来说也同样适用。在表达式x or y中，x为True时，它不计算y的值，直接返回x的值；当x的值为False时，y的值决定整个表达式的值，也就是说此时返回y值。

短路特性可以有效地避免执行无用的代码，可以作为一种技巧使用。假设用户应该输入出生日期，但也可以选择直接回车什么都不输入，这时可以使用默认值"保密"。这种表达方法与使用if语句效果相同，但更简洁。

```
birthdate = input('请输入出生日期：') or '保密'
print(birthdate)    # 不输入，直接回车时，输出 '保密'
```

如果input语句的返回值为真（不是空字符串），那么它的值就会赋给birthdate，否则将默认的"保密"赋值给birthdate。也就是说，用户不输入任何字符直接回车时，会将or后面的值作为返回值。

3.5.6　身份运算

身份运算符用于比较两个对象的存储单元是否相同。可用id()函数获取对象内存地址，两个对象的内存地址如果相同，则为同一个对象；内存地址如果不同，则是不同对象。身份运算符的描述如表3.23所示。

表 3.23　身份运算符

运　算　符	描　　述	实　　例
is	is 用于判断两个标识符是否引用自一个对象	x is y，相当于 id(x) == id(y)，如果引用的是同一个对象则返回 True，否则返回 False
is not	is not 用于判断两个标识符是否引用自不同对象	x is not y，相当于 id(x) != id(y)。如果引用的不是同一个对象，则返回结果 True，否则返回 False

例如：

```
# 掌握身份运算符 is，了解分支语句和对象创建规则
x = 10     #Python 同一程序中，等值整数使用的都是同一个对象
y = 10
if x is y:
    print("x 和 y 是同一个对象 ")
else:
    print("x 和 y 是不同对象 ")
if id(x) == id(y):
    print("True")
else:
    print("False")
y = 20
if x is y:
    print("x 和 y 是同一个对象 ")
else:
    print("x 和 y 是不同对象了 ")
```

输出：

```
x 和 y 是同一个对象
```
True
```
x 和 y 是不同对象了
```

Python中同一个对象可以有多个标识，数值10是一个对象，存储后，可以通过x、y等多个标识对其进行访问。y重新赋值20后，20是一个新的对象，此时的操作相当于把y这个标签从10这个对象上取下来放到20这个对象上。

3.5.7　位运算

位运算是程序设计中对位模式或二进制数的一元和二元操作，简单地说，按位运算就是把数字转换为机器语言——二进制的数字来运算的一种运算形式。

在一些旧架构的微处理器上，位运算比加减运算略快，通常比乘除法运算要快很多。但在现代架构的微处理器中，位运算的运算速度通常与加法运算相同，快于乘法运算，经常被用于提高运算效率。

Python中的按位运算符有：左移运算符（<<）、右移运算符（>>）、按位与（&）、按位或（|）、按位异或（^）和按位翻转（～），如表3.24所示。这些运算符中只有按位翻转运算符是单目运算符，其他的都是双目运算符。

表 3.24　位运算符

运 算 符	含 义	运 算 规 则
&	按位与	0&0=0；0&1=0；1&0=0；1&1=1；参与运算的两个数对应的二进制位同时为"1"，结果为"1"，否则结果为"0"
|	按位或	0|0=0；0|1=1；1|0=1；1|1=1；参与运算的两个数对应的二进制位只要有一个为1，其值为1，否则为0
∧	按位异或	0|0=0；0|1=1；1|0=1；1|1=0；参与运算的两个数对应的二进制位数值不同（为异），则该位结果为1，否则为0
～	取反	~1=0；~0=1；单目运算符，用来对一个二进制数按位取反，即将 0 变 1，将 1 变 0
<<	左移	将一个数的各二进制位全部向左移n位，右边补0。每左移1位，相当于该数乘以2
>>	右移	将一个数的各二进制位全部向右移n位，正数左边补0，负数左边补1，移到右端的低位被舍弃。每右移1位，相当于该数除以2取整

例如：

```
print(30&45)            # 输出  12
print(30|45)            # 输出  63
print(30^45)            # 输出  51
print(~45)              # 输出  -46
print(45<<2)            # 输出  180
print(45>>2)            # 输出  11

30=(011110)2
45=(101101)2
30 & 45 = (011110)2&(101101)2 =(001100)2 = 12
30 | 45 = (011110)2 |(101101)2 =(111111)2 = 63
30 ^ 45 = (011110)2 ^(101101)2 =(110011)2 = 51
~45 =~(00101101)2=(11010010)2(补码)=-(1010001)2(反码)=-(0101110)2(原码)=-46
45<<2 = (10110100)2 = 180
45>>2 = (001011)2 = 11
```

位运算与二进制及补码等概念相关，此处不再详述，有兴趣的读者可参考其他资料进行学习。

3.5.8　真值测试

利用if或while条件表达式或通过逻辑运算，任何对象都能被用于真值测试。真值测试的结果只有True和False，分别对应于数值1和0，True 和 False 可以直接参与算术运算。

True和False的值可用以下方法测试：

```
print(True == 1)        # 返回 True
print(False == 0)       # 返回 True
print(1 == True)        # 返回 True
```

```
print(0== False)              # 返回 True
print(5+True)                 # 5 + 1, 返回值为 6
print(True+False)             # 1 + 0, 返回值为 1
print(True*5 + False*2)       # 1 * 5 + 0 * 2, 返回值为 5
```

Python中，除以下情形外的定义均为真值：

（1）定义常量为 None 或者 False。

（2）任何数值类型的0，包括 0、0.0、0j、Decimal(0)、 Fraction(0, 1))。

（3）空序列、空字典、空集合、空对象等，如 ()、[]、{}、set()、range(0)。

Python中一切都是对象， True和False是每个对象都具有的一种属性。Python视空的对象为False（假），相反所有不是空的对象则为True（真）。

None是一个特殊的常量，起到空的占位作用，它有自己的数据类型NoneType。None不是False、不是0、不是空字符串，但None和任何其他的数据类型比较永远返回False。

```
from  decimal import Decimal
from fractions import Fraction
print(bool(Fraction(0, 1)))   # Fraction(0, 1) 表示分子为 0 的分数, 即 0/1
print(bool(Decimal(0)))
print(bool('hello'))          # 非空字符串, True
print(bool(100))              # 非 0 数值, True
print(bool(0.0))              # 数字 0, False
print(bool(' '))              # 空格是非空字符串, True
print(bool(''))               # 空字符串, False
print(bool([]))               # 空列表, False
print(bool(None))             #None, False
```

3.5.9　运算优先级

不同运算符的优先级别不同，在设计程序时要注意各运算符的优先级别。程序运行时按优先级从高到低进行运算，优先级相同的运算符按自左到右的顺序进行运算，不同的计算顺序将会导致结果不同。运算符优先级的描述如表3.25所示。

表3.25　运算符的优先级

运　算　符	描　　述	运　算　符	描　　述
()	括号，运算优先级最高			按位或
**	幂运算	<、<=、>、>=、!=、==	比较
~	按位翻转	is、is not	同一性测试
+x、-x	正负号	in、not in	成员测试
*、/、%	乘法、除法与取余	not	逻辑运算符
+、-	加法与减法	and	逻辑运算符
<<、>>	移位	or	逻辑运算符
&	按位与	lambda	lambda函数运算优先级最低
^	按位异或		

例如：

```
print(4*2**3)        # 先计算幂再计算乘
print(3+4*-2)        # 先取反、相乘再做加法
print(3+4*2/2)       # 有除法参与运算，得到结果为浮点数
print(3<<2+1)        # 加法优先级比移位高，先执行加法，再左移，11(3)变成11000(16+8)
```

输出：

```
32
-5
7.0
24
```

进行程序设计时，不需要一味强调技术，强调优先级。因为括号的优先级最高，可以强制表达式按照需要的顺序求值。利用这个特点，大部分时候可以通过加入括号"()"的方法来提供弱优先级的优先执行，加了括号，无须猜测和核对哪个优先级更高，使程序和表达式更加易读。

3.6 数 学 库

在数学运算之中，除了加、减、乘、除运算之外，还有其他更多的运算，如乘方、开方、对数运算等，要实现这些运算，可以使用Python中的math模块。

模块（module）在Python中非常重要，可以将其理解为Python的扩展工具。Python默认情况下提供了一些可用的函数，但是一些情况下不能满足编程实践的需要，于是就有人专门制作了另外一些工具，称为"模块"。

安装好Python之后，默认安装了一些模块，称为"标准库"。"标准库"中的模块不需要安装，就可以直接使用。没有纳入标准库的模块，需要安装之后才能使用。模块可以使用pip安装。

math是一个内置的、标准库中的模块，不需要安装就可以导入使用的数学函数库。导入math库的方法如下：

```
import math
```

或

```
from math import  *
```

可以利用math库中的pi的值计算圆的面积，代码如下：

```
import math              # 导入 math 模块
r = 5
area = math.pi * r * r   # 计算半径为 5 的圆的面积
print(math.pi)           # 输出 math 模块中的 pi 值
print(area)              # 输入圆的面积
```

输出：

```
    3.141592653589793
    78.53981633974483
```

math库中包括16个数值表示函数、8个幂和对数函数、8个三角函数、6个双曲函数、2

个角度转换函数、4个特殊函数和5个常数。这些函数一般都是对C语言库中同名函数进行简单封装，仅支持整数和浮点数，不支持复数运算。如果需要支持复数，可以使用cmath模块。

本章仅需要掌握常数中的pi和 e；数值函数中的fabs()、fsum()、factorial()；幂函数中的pow()、exp()、sqrt()；三角函数中的sin()、cos()、tan()。其他函数在需要时通过查文档了解其用法即可，表3.26~表3.31所示为部分常用函数。

表3.26　数值表示函数

函　　数	功 能 描 述	示　　例
math.fabs(x)	以实数形式返回x的绝对值	print(math.fabs(-6)) 6.0
math.factorial(x)	返回x的阶乘，要求x为正整数，x为负数或非整数时返回错误	print(math.factorial(6)) 720
math.fsum(iterable)	返回浮点数迭代求和的精确值，避免多次求和导致精度损失	print(sum([.1, .1, .1, .1, .1, .1, .1, .1, .1, .1])) 0.9999999999999999 print(math.fsum([.1, .1, .1, .1, .1, .1, .1, .1, .1, .1])) 1.0
math.gcd(a, b)	当a和b非0时，返回其最大公约数，gcd(0, 0)返回0	print(math.gcd(88,44)) 44
math.floor(x)	返回不大于x的最大整数	print(math.floor(9.8)) 9
math.ceil(x)	返回不小于x的最小整数	print(math.ceil(9.8)) 10

表3.27　幂和对数函数

函　　数	功 能 描 述	示　　例
math.exp(x)	返回e^x	print(math.exp(2)) 7.38905609893065
math.log2(x)	返回以2为底的x的对数，其值通常比log(x, 2)值更精确	print(math.log2(9)) 3.169925001442312
math.log10(x)	返回以10为底的x的对数，其值通常比log(x, 10)值更精确	print(math.log10(9)) 0.9542425094393249
math.pow(x, y)	pow(1.0, x) 和pow(x, 0.0) 总返回1.0	print(math.pow(2,3)) 8.0
math.sqrt(x)	返回x的平方根	print(math.sqrt(100)) 10.0

表 3.28　三角函数

函　　数	功 能 描 述
math.cos(x)	返回 x的余弦函数，x为弧度
math.sin(x)	返回 x的正弦函数，x为弧度
math.tan(x)	返回 x的正切函数，x为弧度

续表

函　数	功 能 描 述
math.acos(x)	返回 x的反余弦函数，x为弧度
math.asin(x)	返回 x的反正弦函数，x为弧度
math.atan(x)	返回 x的反正切函数，x为弧度
math.atan2(y, x)	返回 y/x的反正切函数，x为弧度
math.hypot(x, y)	返回坐标(x,y)到原点（0，0）距离

表 3.29　角度转换函数

函　数	功 能 描 述	示　例
math.degrees(x)	弧度值转角度值	print(math.degrees(math.pi/4)) 45.0
math.radians(x)	角度值转弧度值	print(math.radians(90)) 1.5707963267948966

表3.30　双曲函数

函　数	功 能 描 述
math.sinh(x)	返回x的双曲正弦函数值
math.cosh(x)	返回x的双曲余弦函数值
math.tanh(x)	返回x的双曲正切函数值
math.asinh(x)	返回x的反双曲正弦函数值
math.acosh(x)	返回x的反双曲余弦函数值
math.atanh(x)	返回x的反双曲正切函数值

表3.31　数学常数

函　数	功 能 描 述	示　例
math.pi	返回圆周率常数 π 值	print(math.pi) 3.141592653589793
math.e	返回自然常数e值	print(math.e) 2.718281828459045
math.tau	返回数学常数 τ (tau)，其值等于 2π 　有科学家认为用 τ 做圆周率可以简化面积计算	print(math.tau) 6.283185307179586
math.inf	浮点数的正无穷大，负无穷大为-math.inf	print(math.inf) inf
math.nan	浮点的not a number (NaN)，等效于输出float('nan')	print(math.nan) nan print(float('nan')) nan

小　结

本章介绍了Python中的数据与数据类型，简单介绍了真值测试、布尔运算、比较运算，介绍了True和False及其值；迭代器可用于生成一个可迭代对象，用next()访问其中的元素；介绍了字符串和数值这两种基本数据类型；字符串支持双向索引，0表示正向第一个字符，-1表示逆向第一个字符，可以使用负数作为下标访问其中的字符；应用切片的方法，不仅可以返回字符串中的部分字符，还可以通过替换的方法向字符串中增加、修改或删除字符；成员运算in可用于列表，返回某对象是否在列表中存在，常用于遍历；简单了解运算符、运算符的优先级与表达式的写法。

练　习

1. 用户在三行中分别输入一个字符串s和两个整数m、n，输出字符串s中位于m和n（包括m但不包括n）之间的子字符串。例如，输入"python programming"，2，5，输出tho。

2. 用户输入一个字符串，在一行中连续输出其序号为奇数位置上的字符，例如输入python programming，输出yhnpormig。

3. 编写程序，用户输入一个字符串，将其中小写字母全部转换成大写字母，把大写字母全部转换成小写字母，其他字符不变输出。

4. 编写程序，从用户给定字符串中查找某指定的字符。输入一个待查找的字符c和一个以回车结束的非空字符串s。如果字符c在字符串s中存在，按照格式"index = 下标"输出该字符在字符串中所对应的最大下标（下标从0开始），否则输出Not Found。

5. 输入一个18位身份证号，用8个"*"替换其中代表出生年月日的字符后输出。

6. 输入一个0~9间的数字a，再输入一个1~9之间的数字n，在一行内输出a,aa,aaa…aa…a(n个a)，例如，输入1,5，输出：1,11,111,1111,11111。

7. 输入一个三位数，输出其每位上的数字的立方和，例如，输入123，输出36。

第④章 程序流程控制

进行程序设计时，复杂问题的求解通常需要通过流程进行控制。程序的流程控制可归纳为3种：顺序结构、分支（选择）结构和循环结构。可以说每一个结构化的程序都是由这3种结构组合或嵌套而成。这种程序设计方法，使程序具有良好的可读性和可维护性。

Python用if语句实现分支结构，用for和while语句实现循环结构。

学习目标：

- if分支结构的流程控制。
- for循环结构的流程控制。
- while循环结构的流程控制。
- 迭代和列表解析。

4.1 程序控制结构的描述

结构化的程序设计方法经常用流程图来进行描述，基本流程控制结构如图4.1所示。

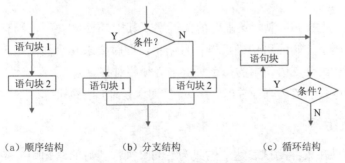

（a）顺序结构　　　　（b）分支结构　　　　（c）循环结构

图 4.1 3种基本流程控制结构

顺序结构是结构化程序设计中最简单和直接的一种结构，依照解决问题的先后顺序写出相应的语句，程序按语句出现的先后顺序依次执行。在实际应用中，为了实现特定的业务逻辑和算法，不可避免要用到大量的分支结构和循环结构，这3种控制结构的流程图描述如表4.1所示。

表4.1　结构化程序的流程图表示

图　　形	名　称	说　明
	起始、结束	圆角矩形，表示程序的起始或结束，每个程序只能有一个起始和一个结束
	输入、输出	平行四边形，表示数据的输入或经过处理后结果的输出，输入可有0个或多个，输出至少有1个
	处理	矩形，表示确定的处理或步骤，可有多个
	判断	菱形，允许有一个入口，2个或2个以上出口
	连接点	圆形，用于将不同的流程连接起来
	功能调用	表示调用一个处理过程
	流程线	表示算法中处理流程的走向

4.2　分支结构

Python用if…elif…else语句或其组合来选择要执行的语句。分支语句的基本结构如下：

```
if 条件测试表达式1：
    语句块 1
elif 条件测试表达式2：
    语句块 2
elif 条件测试表达式3：
    语句块 3
    …
else：
    语句块 n
```

if、elif和else是Python中分支语句的关键字，其中elif和else可以没有，也可以有多个elif。由这3个关键字开始的语句最后以冒号结束，同时要求其后面满足该条件时要执行的语句块缩进。同一组分支语句中的每个关键字必须要对齐。

条件测试表达式的值为真（非0数字，非空对象，非False）时执行对应的语句块。

4.2.1　单分支结构

单分支结构只在条件测试表达式结果为True时执行其后的语句块，条件表达式结果为False时不做处理，这是最简单的分支结构。

【例 4.1】在登录系统时经常要输入用户名和密码进行验证，简化这个过程，只对用户名进行验证，当用户名为"admin"时，显示"用户名正确"。

```
# 例 4.1 单分支方法验证用户名 .py
username = input()
```

●…扫一扫

例 4.1　单分支方法验证用户名

```
if username == 'admin':   #单分支，只在符合条件时进行处理，其他情况直接结束程序
    print("用户名正确")
```

程序执行时，首先比较用户输入的字符串是否与字符串"admin"相等，如果相等则输出"用户名正确"，否则不做任何处理。

单分支结构可以重复应用，以实现多个条件表达式的判断。

【例 4.2】用单分支结构实现百分制转五分制，用户输入一个整数，按其所在区间 [0,60)、[60,70)、[70,80)、[80,90)、[90,100]，分别输出E、D、C、B和A。

```
# 例 4.2 百分制转五分制单分支方法 .py
score = int(input())        #int() 函数的作用是将输入的整数字符串转换成整型
if 90 <= score <=100:       #Python 允许连续比较运算
                            # 等价于 score>=90 and score<=100
    print('A')
if 80 <= score < 90:
    print('B')
if 70 <= score < 80:
    print('C')
if 60 <= score < 70:
    print('D')
if 0 <= score < 60:
    print('E')
if score < 0 or score > 100:  # 判断输入的整数是否在 0-100 之间
    print('请输入 0 ～ 100 之间的整数！')
```

扫一扫

例 4.2 百分制转五分制单分支方法

应用单分支结构解决问题时，要注意每个分支覆盖的区间不能交叠，本例中将整个区间准确地划分为 (-∞, 0)、[0,60)、[60,70)、[70,80)、[80,90)、[90,100]、(100,∞)，其中方括号表示闭区间，圆括号表示开区间，开区间与闭区间交替，使之正好可以覆盖整个区域。

此例中if 70 <= score < 80不能够用if score < 80 或if score >= 70代替，score < 80覆盖了小于80的全部区间 (-∞, 80)，score >= 70覆盖了大于等于70的全部区间[70,∞)，这样应用会造成区间交叠，导致出现错误的处理结果。

单分支结构程序执行时，系统对第1个if语句中的条件表达式进行判定后，不管其值是"真"还是"假"，都要对其后的每条if语句中的表达式进行判定，系统运算开销较大。

4.2.2 二分支结构

与单分支结构不同的是，二分支结构不仅在条件测试表达式结果为True时执行特定语句块进行处理，同时还要对条件表达式结果为False时进行处理，执行另一组语句块，这是最典型的分支结构。

【例 4.3】输入用户名，当用户名为"admin"时，显示"用户名正确"，当用户名不等于"admin"时，输出"用户名错误"。

```
# 例 4.3 二分支方法验证用户名 .py
username = input()
if username == 'admin': #二分支，两种情况下都给出处理
    print("用户名正确")
else:
    print("用户名错误")
```

扫一扫

例 4.3 二分支方法验证用户名

二分支结构可以嵌套使用，每个else和它前面与之相对齐的if匹配。

```
if 条件1:
    if 条件2:
    else:
        这个else 和条件2 匹配
else:
    这个else和条件1 匹配
```

因为Python根据缩进量来判断层次结构，所以使用嵌套分支结构时务必严格控制各级别代码块的缩进量，这决定各代码块的从属关系以及各代码块能否被正确的执行。

【例4.4】 用二分支结构实现百分制转五分制。

扫一扫

例4.4 百分制转五分制二分支方法

```
# 例 4.4 百分制转五分制二分支方法 .py
score = int(input())
if score > 100 or score < 0:    # 如果数据不在0～100之间，不执行else下面的语句
    print(' 请输入0～100之间的整数！')
else:                           # 此分支下 0 =< score <= 100
    if score >= 90:             # 上一组if语句把异常数据排除，区间为 90 =< score <= 100
        print('A')
    else:                       # 此分支 score < 90
        if score >= 80:         # 此分支在 score < 90 的分支下，区间为 80 =< score < 90
            print('B')
        else:                   # 此分支 score < 80
            if score >= 70:     # 此分支在 score < 80 的分支下，区间为 70 =< score < 80
                print('C')
            else:
                if score >= 60:     # 区间为 60 =< score < 70
                    print('D')
                else:               # 区间为 0 =< score < 60
                    print('E')
```

每一个else与它前面的与之对齐的if配对，将区间一分为二。第一组if...else将整个区间划分为两部分：一部分是非法数据，包括（-∞，0）间的数据和 (100,∞)间的数据；另一部分是合法数据，即 [0,100]之间的数据。第二组if...else同样将整个区间划分为两部分：一部分是[90,100]之间的数据；另一部分是合法数据中的剩余部分，即 [0,90）之间的数据。同理，后面的每一组二分支结构依次将区间分为[80,90）和[0,80）、[70,80）和[0,70）、[60,70）和[0,60）。

二分支结构程序执行时，只有if语句中有条件表达式，系统对其进行判定后，如果结果为"真"就执行其后的语句块，当结果为"假"时，不需要再进行判断，直接执行else中的语句块，相对单分支结构，节约了表达式判定的时间，系统效率远高于前者。

4.2.3 多分支结构

多分支语句由一个if、一个或多个elif和一个或零个else组成。实际上，嵌套的二分支结构都可以用多分支结构来实现。此时if、elif和else为一组分支语句，在同一层次对齐。

【例4.5】 用多分支结构实现百分制转五分制。

扫一扫

例4.5 百分制转五分制多分支方法

```
# 例 4.5 百分制转五分制多分支方法 .py
score = int(input())
```

```
if score > 100 or score < 0:
    print('请输入 0 ～ 100 之间的整数！')
elif score >= 90:        # 区间为 90 =< score <= 100
    print('A')
elif score >= 80:        # 区间为 80 =< score < 90
    print('B')
elif score >= 70:        # 区间为 70 =< score < 80
    print('C')
elif score >= 60:        # 区间为 60 =< score < 70
    print('D')
else:                    # 区间为 0 =< score < 60
    print('E')
```

4.2.4　条件表达式

【例 4.6】用二分支结构程序将用户输入的2个数中的较大者赋值给max并输出。

```
例 4.6 输出较大值 .py
m,n = map(int,input().split())
# 将用空格分隔的两个输入分开，并映射成整型，赋值给 m 和 n
if m > n:
    max = m
else:
    max = n
print(max)
```

对于这种二分支结构的程序，可以用条件表达式语句进行简化，将二分支的四条语句简化成一条语句：

```
m,n = map(int,input().split())
max = m if m > n else n
# 如果 m>n 结果为真，将 m 赋值给 max，否则将 n 赋值给 max
print(max)
```

if…else将if m > n max = m else max = n语句分成三部分，每部分一个操作数，因此，这是一个三元操作符的条件表达式，应用条件表达，可以用一条语句完成一个二分支结构的程序。

语法格式：

```
a = x if 条件 else y
```

当条件表达式的值为"真"时，返回if左侧的运算结果；当表达式结果为"假"时返回else右侧的运算结果。

可以用以下条件表达式语句对例4.3的程序进行优化。

```
username = input()
if username == 'admin':
    print("用户名正确 ")
else:
    print("用户名错误 ")
```

优化后的程序：

```
#用条件表达式进行优化
username = input()
print("用户名正确 ") if username == 'admin'  else print("用户名错误 ")
```

对百分制转五分制的程序进行优化，先构造一个字符串' EEEEEEDCBAA '，再根据用户输入的分数整除10，去掉其个位上的数字，其结果正好对应第i个分数段，可以直接输出字符串中对应的第i个字符。例如，输入85，85//10的结果为8，输出字符串中序号为8的字符'B'。

```
# 用字符串进行优化
score = int(input())
degree = 'EEEEEEDCBAA'                    # 字符序号 0, 1, 2, 3, 4, 5, 6, 7, 8, 9, 10
if score > 100 or score < 0:      # 排除异常数据
    print('请输入 0 ~ 100 之间的整数！')
else:
    i = score//10      # // 为整除，去掉个位的数字
    print(degree[i])   # degree[i] 是索引操作，返回 degree 中序号为 i 的字符
```

利用条件表达式对其再次优化，可以用三行代码实现其功能。

```
# 用条件表达式进行优化
score = int(input())
degree = 'EEEEEEDCBAA'
print('Data error!') if (score > 100 or score < 0) else print(degree[score//10])
```

例4.3程序可以继续完善，允许登录的用户名为 admin，密码为123456，即当用户输入的用户名和密码与允许登录的用户名和密码分别相同时，提示"登录成功"，否则提示"登录失败"。这里可以用逻辑运算符and把两个比较运算连接起来，当两个比较运算的结果都为True时，逻辑运算的结果为True。

```
# 优化
username = input()
password = input()
if username == 'admin' and password == '123456':
    print("登录成功")
else:
    print("登录失败")
```

逻辑运算符有3个关键字，其优先级not最高，or最低，按升序排序为or＜and＜not。例如：

```
print(1 or 0 and 2 )
```

由于or优先级最低，所以可以用or把表达式分为两段，等价于加上括号：

```
print(1 or (0 and 2))
```

表达式中，or的左边为1，非0，结果为True，右边不再计算，总的结果就是1。

同理：

```
print(0 or 1 and 2 )
```

相当于

```
print(0 or (1 and 2))
```

or的左边为0，继续计算其右边，括号中and表达式中左边为1（非0，真），继续判断右边，右边值为2（非0，真），应该返回最后一个为"真"的值，所以and表达式的值为2。

一般来说，为了避免引起误读，在同一个表达式中必须同时出现and和or时，建议用加小括号的方法确定顺序，这样可以更准确地表达逻辑顺序，同时提高程序的可读性和易维

护性。

例如，用户登录的例子中，要求当用户名为"admin"或"administrator"，且密码为"123456"时，显示"登录成功"，否则显示"登录失败"。

```
# 再优化
username = input()
password = input()
if (username=='admin' or username=='administrator')  and password == '123456':
#or 优先级低，为保证与要求相符，需要括号改变优先级
    print("登录成功")
else:
    print("登录失败")
```

此例中，如果不加括号，由于or的优先级低于and，表达式的解析顺序将变成：

```
username=='admin' or (username=='administrator' and password == '123456')
```

此时将先计算or的左边，当用户输入为"admin"时，or的左边表达式结果为True，此时，短路计算起作用，将不再计算or右边的表达式，直接输出"登录成功"。

用优先级更高的括号将or两边的表达式括起来，使整个表达式的计算顺序与要求相符，先计算括号里面的or两边表达式，得到or运算的结果；再计算and表达式，只有and表达式两边都为True时，结果才是True，才会输出"登录成功"。

4.2.5 pass

pass相当于一个空语句，它不会执行任何操作，一般作为占位符或者创建占位程序、保证格式完整、保证语义完整等。

```
username = input()
if username == 'admin':
    print("用户名正确")
else:
    pass
```

这样可以保证二分支结构的完整性，也可以在else处先占个位置，方便在有需要时给else部分加处理语句。

4.3 循 环 结 构

在问题求解过程中，很多时候需要重复做一件事情很多次。这时，可以选择重复使用这些语句来解决问题，也可以使用循环控制结构来完成。

循环结构可以把需要重复做的工作放在一个语句块中反复执行。人重复做某件事情次数越多，出错的概率越大，所以数学家们研究了各种等差数列、等比数列的求和公式、求积公式，把重复n次的工作变成一个表达式的求解，以降低出错的概率。计算机与人不一样，可以快速精准地完成重复性的工作，而循环结构的使用，既可减少代码行数，又可简化业务逻辑，提高程序的可读性。

Python中有两种循环，分别是for循环和while循环。

for循环一般用于循环次数可确定的情况下，一般也被称为遍历循环。while循环一般用于循环次数不确定的情况下，一般通过判断是否满足某个指定的条件来决定是否进行下一次循环。

4.3.1　for循环

for 循环可以依据可遍历结构中的子项，按它们的顺序进行迭代。这些可遍历结构包括：range()、字符串、文件和列表等组合数据类型。

其基本结构如下：

```
for 循环变量  in 可遍历结构:
    语句块
else:
    语句块
```

程序执行时，从可遍历结构中逐一提取元素，赋值给循环变量，每提取一个元素执行一次语句块中的所有语句，总的执行次数由可遍历结构中元素的个数确定。

else 部分可以省略，这部分语句只在循环正常结束时被执行，如果在循环语句块中遇到break语句跳出循环，或遇到return语名结束程序，则不会执行else 部分。

根据可遍历结构的不同，常见的for循环使用方法有以下4种：

```
# 其中 "i、line、c、item" 都是普通变量, 并无特殊意义

# range(n) 为生成 0 ~ n-1 的序列,  i 依次被赋值 0 ~ n-1 序列中的数
for i in range(n):
    语句块

#file 为文件对象, 文件中的行数为循环次数, line 每次被赋值为文件中的一行
for line in file:
    语句块

#string 为字符串, 其字符数或长度为循环次数, c 依次被赋值为字符串中的一个字符
for c in string:
    语句块

#ls 为列表, 其元素个数或长度是循环次数, item 依次被赋值为列表中的一个元素
for item in ls:
    语句块
```

上述4种循环结构中，应用最广泛的是第一种，应用range()函数控制循环次数。

4.3.2　range()函数

range是一个生成器对象。在需要使用一个可迭代的数值序列时，可以使用range()函数方便地完成，它用来创建算数级数序列。

range(start, stop[, step])返回的是一个可迭代对象，而不是列表类型。range()函数相对于列表和元组的优点在于占用内存固定，且较小，它仅存储start、stop和step值，在需要时通过计算生成序列中的每个值。

range(5)可以生成0，1，2，3，4这样一个序列，但因为range()是一个对象，所以直接

执行print(range(5))时输出的是range(0, 5)，而不会输出列表。可以使用for对其进行遍历，也可以用list()函数把range()返回的可迭代对象转为一个列表。例如：

```
print(range(5))               # 输出 range(0, 5)
print(list(range(5)))         # 输出 [0, 1, 2, 3, 4]
```

range()函数语法：

```
range(stop)
```

或

```
range(start, stop[, step])
```

range()具有以下特性：

（1）start、stop、step都必须是整数，否则抛出TypeError异常。

（2）如果start参数缺省，默认值为0；如果step参数缺省，默认值为1；当试图设置step为0时，会抛出ValueError异常。

（3）当step是正整数时，产生的序列递增；当step为负整数时，生成的序列递减。

（4）range()函数产生一个左闭右开的序列，如range(4)生成一个序列0, 1, 2, 3。

（5）要全部输出range()生成的序列，可以用print(list(range(n))) 或 print(tuple(range(n)))的方法，将生成的序列转换成列表或元组的形式输出。

```
print(list(range(10)))       # 结果为 [0, 1, 2, 3, 4, 5, 6, 7, 8, 9]
print(tuple(range(0,-10,-1))) # 结果为 (0, -1, -2, -3, -4, -5, -6, -7, -8, -9)
print(list(range(1, 11)))    # 结果为 [1, 2, 3, 4, 5, 6, 7, 8, 9, 10]
print(list(range(0, 40, 5))) # 结果为 [0, 5, 10, 15, 20, 25, 30, 35]
```

range()常与for一起使用，用于遍历range()生成的对象并控制循环的次数。

【例 4.7】编程计算1+2+3+…+n的前n项的和。

```
# 例 4.7 前 n 项和 .py
# 输入一个正整数 n，求从 1 加到 n 的和
n = int(input())              # 将输入的字符转成整型
sumN = 0                      # 设置初值，用于累加
for i in range(1,n+1):        # 遍历 range() 生成从 1 到 n 的序列，i 被依次赋值为 1 到 n
    sumN = sumN + i           # 每次循环将新的 i 值加到 sumN 上
print(sumN)
```

扫一扫 ●········

例 4.7　前 n 项和
●··········

range(1,n+1)会生成一个1，2，3，…，n的序列，每次循环时，i按顺序被赋值为1，2，3，…，n中一个值，再加到变量sumN上，变量sumN在循环体里的赋值号右侧出现，所以在进入循环之前应该先赋一个初值0。否则，运行时会抛出错误：name 'sumN' is not defined(变量名sumN在使用前没有定义)。

Python中的变量不需要声明，变量的赋值操作既是变量声明和定义的过程，在未赋值之前，变量是不存在的，所以在引用变量之前，变量必须经过赋值。

修改这个程序，将range(1,n+1)修改为range(1,n+1,m)就可用于计算项间差值为m的等差数列；修改sumN = sumN + i为sumN = sumN * i 就可以计算前n项的积，当然，如果用于求前n项的积时，变量sumN的初值应该赋值为1。

【例 4.8】 编程计算n的阶乘（n!）。

```
# 例 4.8 计算 n 的阶乘 .py
# 输入非负整数 n，计算 n 的阶乘
n = int(input())                    # 将输入的字符转成整型
fact = 1                            # 设置初值，用于累乘
if n == 0:                          #0 的阶乘等于 1，单独计算
    print(1)
else:
    for i in range(1,n+1):#遍历 range() 生成从 1 到 n 的序列，i 被依次赋值为 1 到 n
        fact = fact * i    # 每次循环将新的 i 值乘到 fact 上
    print(fact)
# 或用 math 库，用 math.factorial(n) 直接返回阶乘结果
import math
print(math.factorial(n))
```

循环结构也可以用于turtle绘图之中，如利用循环的方法可以方便地实现正n边形的绘制。

【例4.9】 编程绘制任意边数的正n边形，输入边的数量和边长（整数，边长为像素数），绘制正多边形。

```
# 例 4.9 绘制任意边数的正 n 边形 .py
import turtle

n = int(input())                    # 边数量，输入的整数字符转成整型
width = int(input())                # 边长，输入的整数字符转成整型
''' 接收两个正整数参数，分别为边的数量和边长，绘制正多边形 '''
for i in range(n):
    turtle.forward(width)           # 绘制正 n 边形的边长的距离
    turtle.left(360/n)              # 绘制正 n 边形需左转 360/n 度，也可用 right 右转绘制
turtle.hideturtle()                 # 隐藏画笔
turtle.done()
```

当用户输入的n值为4时，range(4)产生序列[0,1,2,3]，i依次取值0、1、2、3实现控制循环体程序块运行4次，可绘制一个正方形。当用户输入的n值为6时，range(6)产生序列[0,1,2,3,4,5]，i依次取值0、1、2、3、4、5实现控制循环体程序块运行6次，可绘制一个正六边形。

【例 4.10】 张贴一些广告时经常会带有手机号码，将手机号码竖排打印可以方便撕取，编程实现手机号码的竖排打印。

分析：print()函数输出时，缺省end参数的情况下，每个输出后默认以"\n"结束，即会输出一个换行符，将手机号中的字符每次一个进行输出，可以实现竖排输出。

```
# 例 4.10 竖排输出 .py
phonenumber = input()
for i in range(len(phonenumber)):   #len() 函数可返回字符串中字符的个数
    print(phonenumber[i])           #end 参数缺省时，每次执行 print() 后换行
```

输入：

```
13988776677
```

输出：

```
1
3
9
8
8
7
7
6
6
7
7
```

实际上，for可以与字符串、列表、元组等可遍历对象结合使用控制循环，修改例4.10的代码，直接遍历存储在变量phonenumber中的电话号码，可实现相同功能。

```
phonenumber = input()
for i in phonenumber:          # 直接遍历字符串，每次 i 按顺序取字符串中的一个字符
    print(i)                   # end 参数缺省时，每次执行 print() 后换行
```

实际上，张贴广告上的手机号码易撕条上同时有多个手机号码竖向打印，只用一重循环只能打印一列，这时，可以用二重循环来实现。外层的for对电话号码进行遍历，内层循环控制输出的次数，为了排版效果，每行输出9个数字，每个数字间用两个制表符（\t）进行分隔。每行9个数字输出后，内层循环结束，继续向下执行内层循环外、外层循环内的下一条语句，用print()输出一个换行，再进行外层循环的下一次循环。

```
phonenumber = input()
print("{0: ^60}".format('房屋出租')) # 横向输出
print("  有意者请拨打电话: ")
for i in phonenumber:              # 遍历电话号码中的每个数字
    for j in range(9):            # 输出 9 列电话号码
        print(i+'\t\t',end = '')  # 每个数字间隔两个制表符宽度
    print()
```

输入：

```
13988776677
```

输出：

```
房屋出租
有意者请拨打电话:
1    1    1    1    1    1    1    1    1
3    3    3    3    3    3    3    3    3
9    9    9    9    9    9    9    9    9
8    8    8    8    8    8    8    8    8
8    8    8    8    8    8    8    8    8
7    7    7    7    7    7    7    7    7
7    7    7    7    7    7    7    7    7
6    6    6    6    6    6    6    6    6
6    6    6    6    6    6    6    6    6
7    7    7    7    7    7    7    7    7
7    7    7    7    7    7    7    7    7
```

for循环可以多重嵌套使用，最内层循环体内的语句执行的次数为多重循环次数相乘。

【例4.11】 我国古代数学家张丘建在《算经》一书中提出的数学问题：鸡翁一值钱五，鸡母一值钱三，鸡雏三值钱一。百钱买百鸡，如果要求鸡翁、鸡母、鸡雏都不为零，问鸡翁、鸡母、鸡雏各几何？

扫一扫

例 4.11 百钱百鸡

分析：这是一个百钱买百鸡的问题，1只鸡翁（公鸡）5文钱、1只鸡母（母鸡）3文钱、3只鸡雏（小鸡）1文钱。每种鸡的数量都大于0且小于等于100，可用range(1,101)产生所有可能的鸡的数量的序列；鸡的总数和钱的总数都为100，且小鸡数量是3的倍数，那么，可以构造三重循环求解。

```
# 例 4.11 百钱百鸡 .py
for x in range(1,101):                # 每种鸡数量都不为 0，且小于等于 100
    for y in range(1,101):
        for z in range(1,101):
            if z % 3 == 0 and 5 * x + 3 * y + z / 3 == 100 and x + y + z == 100:
            # 小鸡数量是 3 的整数倍；总数为 100，总钱数为 100
                print(x,y,z)      # 遇到满足条件的数字组合就输出
```

这是一个三重循环，最内层的if语句的执行次数为100 * 100 * 100 =100万次，这是一个很大的数字，计算时间开销也很大，表明这个算法的效率不高。

重新分析问题，可以发现，当公鸡和母鸡数量x、y确定的情况下，小鸡的数量可由100-x-y计算，并不需要用循环进行遍历。可将其用两重循环实现求解，此时，最大循环次数为10 000次，效率提高100倍。

继续分析题目，一只公鸡5文钱，那么所有的钱全买公鸡最多也只能买20只，同理，母鸡最多只能买33只，继续优化算法，两重循环一共执行660次就可以找到全部可能的解。

扫一扫

例 4.11 百钱百鸡优化

```
# 例 4.11 百钱百鸡优化 .py
for x in range(1,21):
    for y in range(1,34):
        z = 100 - x - y            # 小鸡数量可由公鸡和母鸡数量计算得到，不需要再遍历
        if z%3 == 0 and 5 * x + 3 * y + z / 3==100: # 先满足条件 z%3==0，保证 z/3 可整除
            print(x,y,z)
```

输出：

```
4 18 78
8 11 81
12 4 84
```

从结果中可以发现这样一个规律：公鸡是4的倍数，母鸡是7的递减率，小鸡是3的递增率，为了确认这一规律，推导一下这个不定方程：

$$x + y + z = 100$$

$$5x + 3y + z/3 = 100$$

消去z可得：$7x + 4y = 100$

由此可得：

$$y = 25 - (7/4)x$$

$$z = 75 + (3/4)x$$

因为0<y<100，且是自然数，则可得知x必为4的倍数的正整数，且x最大值必小于16，所以x值只能取4、8、12。这样只循环3次就可以找到所有可能的解，下面继续优化代码。

```
# 例 4.11 百钱百鸡再优化 .py
for i in range(1,4):
    x = 4 * i
    y = 25 - 7 * i
    z = 75 + 3 * i
    print(x,y,z)
```

扫一扫

例 4.11　百钱百鸡再优化

尽可能减少循环或分支的层数可以减少嵌套，让代码趋于扁平，使逻辑更简单，更容易理解代码，便于维护。需要多重循环求解时，可以将内层循环的功能定义成函数，将二重循环转换为两个一重循环，使代码逻辑更清晰。

4.3.3　while循环

for循环一般用于确定次数循环时使用，但有些情况无法确定程序应该执行多少次，这时用while循环就比较方便。while循环也可以嵌套使用，也允许while循环和for循环嵌套一起使用。

while循环的语法如下：

```
while 判断条件:
    执行语句
```

执行的语句可以是单条语句或语句块，执行的判断条件可以是任何表达式，任何非0或非空的值均为True。当判断条件的结果为True时，执行循环体中的语句块，当判断条件的结果为False时结束循环。

在循环体的语句中，一定有一条语句会使循环判断条件的结果发生变化，使之在经过有限次运行后能够变"假"，从而结束循环。也可在循环体中设置一个边界条件，当条件满足时，执行break语句直接终止当前循环。

【例4.12】用 $\pi/4 = 1 - 1/3 + 1/5 - 1/7 + \cdots + 1/(2n-1)$ 公式求 π 的近似值，直到最后一项的绝对值小于 10^{-6} 为止。

分析：每一项的分母数字正好相差2，符号正负交替，可以利用循环结构求解，因循环次数未知，用while关键字实现。

扫一扫

例 4.12　while 求前 n 项和

```
# 例 4.12 while 求前 n 项和 .py
pi = 0                    # 设置初值
i - 1
f = 1
while 1 / i > 10e-6:  # 当最后一项大于 10⁻⁶ 时执行循环体中的语句，小于或等于 10e-6 时终止循环
    pi = pi + f * 1 / i      # 累加，每次循环加上最后一项
    f = -f                   # 每循环一次改变一次符号，实现正负项交替
    i = i + 2                # 每个分母的数字相差 2
print(pi * 4)             # 公式是 π/4，乘 4 得以 π 的计算值
```

输出：

```
3.1415726535897814
```

增加计算的项数可以提高计算精度，例如将终止条件设为 10^{-10} 时可以得到以下值：

3.141592651589258

在循环体中，每次循环改变i值，使1/i不断变小，使循环控制条件1/i > 10e-10的结果由"真"逐渐变为"假"，从而使循环可以在有限次数内结束。

while关键字也常用于构造无限循环，while后面加一个结果为"真"的表达式，使循环判断条件永远为"真"，此时循环可以无限地执行下去，除非在循环体内遇到break语句或return语句才能终止循环。

例 4.13　批量实现百分转五分

【例 4.13】编程实现百分制到五分制的转换，要求用户可以重复输入成绩，每次输入一个百分制的成绩，输出对应的五分制成绩，当用户输入负数或超过100的数字时提醒用户"请输入0～100之间的整数!"，并回到输入处等待用户重新输入，当用户直接输入回车时结束程序运行。

分析：实现重复输入，但不确定次数，可以用while构建无限循环；输入回车结束，可以判断输入是否为空，输入为空时用break终止循环；由于题目要先判断输入是否为空，所以不能在输入处将其转为数值类型，题目未明确要求输入上整数，所以在后续处理中将输入的分数转为浮点型，浮点数整除运算的结果仍为浮点数，不能用于索引，要将其转换为整型才可以用于字符串的索引。

```python
# 例 4.13 批量实现百分转五分 .py
# 循环进行百分制转五分制，输入回车结束
degree = 'EEEEEEDCBAA' #构造一个字符串用于转换成绩
while True:                                    # 无限循环，可实现多次输入
    score = input('请输入一个正数（0 ~ 100）: ') # 提示用户输入数字类型
    if score == '':      # 判断输入是否为回车，输入回车时结束循环
        print('结束输入，退出程序! ')
        break                                 # 结束循环，退出程序
    # 判断输入数据是否是合法分数 ,float() 可将输入的字符串转成浮点型数字类型
    elif float(score) > 100 or float(score) < 0:
        print('请输入 0 ~ 100 之间的整数 !')
    else:
        # 浮点数整除 10 的结果仍为浮点数，用于索引的 i 要求为整数，用 int() 转换为整型
        i = int(float(score)) // 10
        # degree[i] 是索引操作，返回 degree 中序号为 i 的字符
        print('五分制分数为: {}'.format(degree[i]))
```

测试与输出如下：

```
请输入一个正数（0～100）: 101
请输入 0 至 100 之间的整数！
请输入一个正数（0～100）: 100
五分制分数为: A
请输入一个正数（0～100）: 76
五分制分数为: C
请输入一个正数（0～100）: 59
五分制分数为: E
请输入一个正数（0～100）: 0
五分制分数为: E
请输入一个正数（0～100）: -5
请输入 0 至 100 之间的整数！
请输入一个正数（0～100）: 88
```

```
五分制分数为：B
请输入一个正数（0～100）：
结束输入，退出程序！
```

【例4.14】约瑟夫环是一个很有意思的算法。已知有41个人围坐在一张圆桌周围，从第1个人开始报数，数到3的那个人出列，他的下一个人又从1开始报数，数到3的那个人又出列；依此规律重复下去，直到圆桌周围的人数少于3时结束，输出剩下的人的序号。

扫一扫

例 4.14　约瑟夫环问题

分析：每数到3的人出列，那么最后只剩2人时结束。41个人围成一个圈可以用一个列表来表示，每次将列表的第3个元素去除，同时将前2个元素移动到列表的末尾，这样就可以循环执行，直至列表长度小于3为止。

```python
例 4.14 约瑟夫环问题.py
# 环长 41，数到 3 出列
ls = list(range(1,42))          # 构造一个元素为 1 到 41 的列表
while len(ls) >= 3 :            # 当列表长度大于 2 时执行循环里的语句
    ls = ls[3:] + ls[:3-1]     # 将列表前 2 个元素接到列表第 3 个元素以后的部分，
                               # 去掉第 3 个元素
print(ls)                      # 输出列表中剩下的元素
```

这个问题可以扩展为一圈共有n个人，从1开始报数，报到m的人出列，然后重新开始报数，剩余人数小于m时停止，输出每次出列的人的序号。

```python
# 例 4.14 约瑟夫环问题.py
# 环长为 n，数到 m 出列
n,m = map(int,input().split())
ls = list(range(1,n + 1))       # 构造一个元素 1 到 n 的列表
while len(ls) > m - 1:          # 当列表长度大于 m-1 时执行循环里的语句
    ls = ls[m:] + ls[:m-1]      # 将列表前 m-1 个元素接到列表第 m 个元素以后的部分
                               # 去掉第 m 个元素
    print(ls)                  # 每个循环输出一次，可以看到每次出列的人的序号
```

4.3.4　break

在循环的使用过程中，经常会有在循环次数未达到设置次数或未达到循环终止条件时跳出循环的需求。例如枚举时，找到一个满足条件的结果就终止循环。在Python中，跳出循环使用break 语句，它应用在while或for循环结构中，一般常与if语句结合使用，当满足某个条件时被触发。break语句被执行时，跳过循环体中其他未执行的语句并提前结束该层循环。

【例4.15】素数又称质数，指在大于1的自然数中，除了1和它本身以外不再有其他因数的数字。请编程输出100以内的所有素数。

分析：这个问题需要分两部分，一部分是产生100以内所有的整数，需要用一层循环完成；另一部分是判断一个数字是否是素数，需要用一层循环完成，素数的判定是要掌握的重点。

扫一扫

例 4.15　判断素数

题目明确素数大于1，所以外层循环可以从2开始，到99结束。内层循环将外层循环传入的数i对2～i-1中的每一个数取模，查看是否能整除，如果存在数字j使模为0，则说明存在除1和数字i本身以外的因子，i不是素数，此时可以用break结束循环，不需要继续测试。

如果内层循环未遇到break正常结束，说明i是素数，应该输出i。内层循环可以搭配else子句，如果内层循环未遇到break正常结束，则会执行else子句中的语句输出该素数。

```
# 例 4.15 判断素数.py
for i in range(2, 100):    # 遍历 100 以内的数，1 不是素数
    for j in range(2, i):    # 查看能否被 2~i-1 中的数整除，正常结束循环时执行 else 分支
        if (i % j == 0):    # 如果存在可被整除的其他因子，说明不是素数
            break    # 中断继续测试，直接退出内层循环，同时跳过 for 对应的 else 语句
    else:    # 此 else 与 for 配对，当 for 循环中未执行到 break 语句，正常结束时执行 else 语句
        print(i, end=' ')
```

输出：

```
2 3 5 7 11 13 17 19 23 29 31 37 41 43 47 53 59 61 67 71 73 79 83 89 97
```

第2条语句用于测试从2~i-1中的每一个数是否是i的因子，以确定i是否是素数。实际上，可以将测试集缩小到range(2,int(sqrt(i))+1)，这样可以减少循环次数，提高算法的效率。

```
# 例 4.15 判断素数.py
for i in range(2,100):
    for j in range(2,int(i ** 0.5) + 1):    # 范围缩小
        if(i % j == 0):
            break
    else:
        print(i,end = ' ')
```

素数的判定应用非常广泛，求反素数、回文素数、哥德巴赫猜想等很多问题都会用到素数的判断。对于这种应用广泛的程序，可以将其定义成一个函数，以供随时调用。

```
def isPrime(n):    # 判断素数的函数 isPrime()，括号中的 n 是要判定是否为素数的数字
    if n < 2:    #0和1以及负数都不是素数
        return False    #False 为假，代表不是素数，此值返回到调用函数之处
    for i in range(2, int(n ** 0.5) + 1):
        if n % i == 0:    # 当存在能被整除的数时，不是素数
            return False
        else:
            return True    #True 为真，代表是素数，此值返回到调用函数之处

for i in range(2,100):    # 遍历 100 以内的数，1 不是素数
    if isPrime(i):    #isPrime(i) 返回值为 True 时，输出 i 值
        print(i,end = ' ')
```

【例 4.16】 数学领域著名的"哥德巴赫猜想"的大致意思是：任何一个大于2的偶数总能表示为两个素数之和。例如，24=5+19，其中5和19都是素数。设计一个程序，验证"哥德巴赫猜想"。在一行中按照格式N = i + j输出N的素数分解，其中i ≤ j均为素数。又因为这样的分解不唯一（例如24还可以分解为7+17），要求必须输出所有解中i最小的解。

分析：本题需要完成几项测试，从小到大测试i、j是否为素数；当i、j是素数时测试i+j是否等于N；输出满足这两个条件的解中i最小的那一个；用break终止循环。此题需要三重循环，为使逻辑清晰，先定义判断素数的函数，直接调用。

扫一扫

例 4.16 哥德巴赫猜想

```
# 例 4.16 哥德巴赫猜想.py
import math    #sqrt() 属于 math 库，需要先导入

def isPrime(n):    # 判断素数的函数 isPrime()，括号中的 n 是要判定是否为素数的数字
```

```
    if n < 2:                      #0和1以及负数都不是素数
        return False               #False 为假，代表不是素数，此值返回给调用函数之处
    for i in range(2, int(math.sqrt(n))+1):        # 如无 math 库可用，可用
                                                   #int(n**0.5+1) 代替

        if n % i == 0:
            return False
    else:
        return True                #True 为真，代表是素数，此值返回给调用函数之处

N = int(input())                   # 接收用户输入并转成整数
flag = False
if N % 2 == 0:                     # 判断输入是偶数
    for i in range(N):
        for j in range(N):
            if isPrime(i) and isPrime(j)  and i+j==N:    #i 和 j 同时是素数，
                                                         # 且 i+j 等于 N
                print("N = {} + {}".format(i,j))         # 输出 N=i+j
                flag = True        #设置找到满足条件的解的标志为 True
                break              # 退出内层循环
        if flag:                   # 当标志 flag 的值为 True 时，退出外层循环
            break
else:
    print(' 请输入一个偶数 ')
```

　　如果使用多重循环时，每个break语句仅能终止它所在的那一层循环，并开始其外层循环的下一次执行。例4.16要求仅输出一个i值较小的N的素数分解，当找到这个解时，要同时结束两重循环。这时，可以找到一组解后，在内层循环里增加一个标记，根据这个标记的值来决定是否终止外层循环。

　　从逻辑的角度来讲，这种方法会增加逻辑复杂度，更好的方法是想办法减少嵌套层数，让程序趋于扁平化。此题中，当i值确定后，不需要再枚举j的值，只需要判断N-i是否是素数即可，将二重循环简化为一重循环，同时减少了循环次数。此时，用一个break就可以终止程序。优化代码如下：

```
import math                     #sqrt() 属于 math 库，需要先导入

def isPrime(n):        # 判断素数的函数 isPrime()，括号中的 n 是要判定是否为素数的数字
    if n < 2:                   #0和1以及负数都不是素数
        return False           #False 为假，代表不是素数，此值返回给调用函数之处
    for i in range(2, int(math.sqrt(n))+1):        # 可用 int(n**0.5+1) 代替
        if n % i == 0:
            return False
    else:
        return True            #True 为真，代表是素数，此值返回给调用函数之处

N = int(input())                          # 接收用户输入并转成整数
if N % 2 == 0:
    for i in range(N):                    # 只用一重循环实现
        if isPrime(i) and isPrime(N - i): # 隐式满足 i+j=N 这个条件
            print("N = {} + {}".format(i,N-i))
            break                         # 一个 break 就可以跳出循环
else:
    print(' 请输入一个偶数 ')
```

4.3.5 continue

Python语言中continue语句用在while和for循环中。其作用是跳过当前循环中continue后面剩余的语句的执行，直接进入下一次循环。

【例 4.17】一个正整数，如果它能被7整除，或者它的十进制表示法中某一位的数字为7，则称其为与7相关的数，编程输出所有小于n（n<100）的与7无关的正整数。

扫一扫

例 4.17　与7
无关的数

```
# 例 4.17 与 7 无关的数 .py
# 输入一个小于 100 的整数，输出小于它的与 7 无关的数
n = int(input())
while n >= 100:        # 输入大于 100 的整数时重新输入
    print('请输入一个小于 100 的整数: ')
    n = int(input())
for i in range(n):
    if i%7==0 or i%10 == 7 or i//10==7:
        # 如果 3 个表达式中的一个结果为真，执行 continue 语句
        continue       # 跳过本语句后面的其他语句，直接继续下一轮循环
    print(i, end=' ')
```

如果要求程序能处理任意大的整数，只需替换条件判断语句，将其改为：

```
# 优化代码
n = int(input())
for i in range(n):
    if i%7==0 or '7' in list(str(i)):
    # 借助字符串将 i 中的数字转为列表，如 171 转为 ['1','7','1']
        continue   # 跳过本语句后面的其他语句，直接继续下一轮循环
    print(i, end=' ')
```

输入：

```
30
```

输出：

```
1 2 3 4 5 6 8 9 10 11 12 13 15 16 18 19 20 22 23 24 25 26 29
```

程序执行时，当i值为7的整数倍数时，或i的值个位数字是7，或i的十位数字是7，则执行continue，此时会跳过当前循环中continue语句后面的print()语句的执行，程序运行的输出结果是只输出0～30中的不能被7整除、也不含有7的数字。

continue与for/else结构组合可用于跳出二重循环，例4.15程序修改如下：

```
def isPrime(n):
    # 省略，参考例 4.17
N = int(input())
if N%2==0:
    for i in range(N):
        for j in range(N):
            if isPrime(i) and isPrime(j)  and i+j==N:
                print("N = {} + {}".format(i,N-i))
                break
        else:    # 内层循环未执行到 break 时执行 else 中的语句
            continue  # 跳过当前循环中 break 语句，执行下一次循环
        break    # 内层循环遇 break 时跳过 else，执行此语句终止外层循环
```

for循环的else分支触发条件是循环正常结束。如果循环内被break终止，就不执行else。所以这个逻辑是：如果循环内遇break，不触发else，则执行下一句外层循环中的break；如果正常结束，执行else分支中的continue，直接跳转到外层循环的下一轮，跳过了第二个break。

虽然这种方法可以实现同时跳出两层循环，但逻辑不清晰，更一般的写法是借助一个布尔量或其他标记来实现这个功能，或借助函数减少嵌套层次，使逻辑上更加清晰。

4.3.6 else

Python的for…else和while…else语法是一种不太常用、又比较容易误解的语法特性。Python中的for、while循环都有一个可选的else分支，在循环迭代正常完成之后执行。换句话说，如果以正常方式退出循环，那么else分支将被执行。也就是说，在循环体内没有执行到break语句、没有执行到return语句、也没有遇到其他任意异常时，else语句会被执行。

一个简单的例子：

```
list = [1,-2,3,4]
for i in list:
    print(i, end = ' ')
else:
    print()
    print(" 所有的数都是正数 ")
```

循环先完成对列表的遍历，输出其中所有的元素，正常结束循环，然后会继续执行else后面的语句块。所以运行结果是：

```
1 -2 3 4
所有的数都是正数
```

再看下例：

```
list=[1,-2,3,4]
for i in list:
    if i < 0:
        break
    print(i, end = ' ')
else:
    print()
    print(" 所有的数都是正数 ")
```

程序在遍历列表时，第二个值为-2，小于0，此时会执行break语句，一旦循环体内的break语句被执行，那么else后面的语句就不会被执行，所以程序只输出第一个元素1后就结束。

判断素数的程序利用这个特性，可以获得一些特殊的效果。例如：

```
# 判断素数的程序优化
# 输入一个正数，判断其是否是素数
num = int(input())              # 接收用户输入并转成整数
if num < 2:
    print(' 不是素数 ')           # 0 和 1 不是素数
else:
    for i in range(2, num):
        if num % i == 0:
```

```
            print(' 不是素数 ')
            break
    else:
        print(' 是素数 ')
```

程序巧妙地利用这一特性判断是否为素数，素数是只能被1和其本身整除的正整数，那么尝试从2到该数减1中的每个数是否会被整除，如果能被其中任何一个数整除，则该数必然不是素数，找到一个可以整除的数就不需要继续判断了，用break跳出循环。

而一旦break语句被执行，循环就不是正常结束，else后的语句就不会被执行。只有循环遍历正常结束，其间所有数都不能被整除，表明该数只能被1和其本身整除时，else后的语句才能被执行，输出"是素数"。

除了break以外，函数中的return语句也会起到相同的作用。例如，说定义一个判断素数的函数，当n能被[2,n-1]中的某个数整除时，会执行return False语句，return语句一定是函数中最后一条语句，一旦执行到return语句，程序就会把函数值返回给主调程序，并跳过return语句后面的所有语句结束函数的调用。

```python
# 判断素数的函数
import math
def isPrime(n):                 # 判断 n 是否为素数
    if n < 2:
        return False
    for i in range(2,int(math.sqrt(n))+1):
        if n % i == 0:
            return False
    else:
        return True
```

while…else应用得不多，其用法类似于for…else，仅当while因条件为假而退出（即没有被break中断）时运行else分支下的语句块。

【例4.18】猜数游戏，随机设置一个数字，由用户去猜。用户有3次机会，如果猜中提示"猜中了！"并结束程序。如果猜的数比设置的小，提示"你猜的数小了！"，如果猜的数比设置的数大，提示"你猜的数大了！"，如果没能在3次之内猜中数字，提示"尝试次数过多！"并结束程序。

•……• 扫一扫

例 4.18 猜数游戏

```python
# 例 4.18 猜数游戏 .py
num = 18
count = 0
while count < 3:
    number = int(input("请输入你猜的数字 : "))
    if num == number:
        print("猜中了 !")
        break
    elif number > num:
        print("你猜的数大了 !")
    else:
        print("你猜的数小了 !")
    count = count + 1
else:
    print("尝试次数过多 !")
```

首先尝试执行3次都没有猜中的情况，当第4次猜测时，count < 3的值为False，循环正常结束，此时会执行else后面的语句块。

输出：

```
请输入你猜的数字：12
你猜的数小了！
请输入你猜的数字：24
你猜的数大了！
请输入你猜的数字：20
你猜的数大了！
尝试次数过多！
```

再看非正常退出的情况，当用户在3次以内猜中时，会执行到break语句，此时，循环非正常结束，不会执行else后面的语句块。

输出结果：

```
请输入你猜的数字：12
你猜的数小了！
请输入你猜的数字：18
猜中了！
```

4.4　随　机　数

随机数在统计、密码学等领域有非常广泛的应用。真正的随机数是使用物理现象产生的，例如，掷钱币、骰子、转轮、使用电子元件的噪声、核裂变等，这样的随机数发生器叫作物理性随机数发生器，它们的缺点是技术要求比较高。在计算机中，一般采用梅森旋转算法生成伪随机数。所谓伪随机数，是指所返回的随机数字其实是一个稳定算法所得出的稳定结果序列，而不是真正意义上的随机序列。

Python中使用random模块产生各种分布的伪随机数。seed是这个算法开始计算的第一个值，如果seed是一样的，后续所有"随机"结果和顺序也都是完全一致的。当希望得到的随机数据可预测时，可以设置用相同的种子，使后续产生的随机数相同。

Python与其他语言不同的是，当不设置随机数种子时，解释器会用系统时间作为种子，使每次生成的随机数不同。而在C或其他语言中，当希望得到不同的随机数时，必须明确指定不同的随机数种子。随机数函数描述如表4.2所示。

表 4.2　随机数函数

函　　数	描　　述	示　　例
random.seed(a=None, version=2)	初始化随机数生成器，缺省时用系统时间做种子	random.seed(10) print (random.random()) #输出0.5714025946899135
random.randint(a, b)	产生[a,b]之间的一个随机整数，包括b	print(random.randint(1,3)) #输出3
random.random()	产生[0.0,1.0)之间的一个随机浮点数	print(random.random()) #输出0.5310751534247455

续表

函　　数	描　　述	示　　例
random.uniform(a, b)	产生[a,b]之间的一个随机浮点数	print(random.uniform(2.5, 10.0)) #输出7.6271425563874775

random.randrange(stop) random.randrange(start, stop[,step])	从[0-stop)（不包括stop）中随机产生一个整数；
	从[start-stop)，步长为step的序列里随机产生一个整数
		print(randrange(10))
		#输出7
		print(randrange(0,101,2))
		#输出26

random.choice(seq)	从非空序列seq中随机产生一个元素，当序列为空时，抛出索引错误	print(random.choice(['win', 'lose', 'draw'])) #输出'draw'
random.shuffle(x[,random])	将序列顺序打乱	deck=['ace','two', 'three', 'four'] random.shuffle(deck) print(deck) #输出['four','three','ace','two']
random.sample(population, k)	从列表、元组、字符串、集合、range对象等分布式序列中随机选取k个元素，以列表形式返回。	print(random.sample([10, 20, 30, 40, 50], k=4)) #输出[50, 40, 10, 20]

在使用随机数函数时，需要先导入random模块，方法如下：

```
import random
```

【例4.19】微软产品一般都有一个25位的、用于区分每份微软产品的产品序列号。产品序列号由五组被"-"分隔开，由字母、数字混合编制的字符串组成，每组字符串由5个字符串组成。例如：

3CVX3-BJWXM-6HCYX-QEK9R-CVG4R

每个字符取自于以下24个字母及数字之中的一个：

B C E F G H J K M P Q R T V W X Y 2 3 4 6 7 8 9

采用这24个字符的原因是为了避免混淆相似的字母和数字，如I 和1、O 和0等，减少不必要的麻烦。

```
# 例 4.19 模拟生成微软序列号 .py
import random                # 导入随机数函数库

keySn = ''                   # 两个单引号，创建一个空字符串，用于容纳序列号
for i in range(5):
    s = ''                   # 两个单引号，创建一个空字符串，用于容纳序列号的一节
    characters = 'BCEFGHJKMPQRTVWXY2346789'       # 限定字符集合
    for j in range(5):                            # 每5个字符为一个字符串
        s = s + random.choice(characters)         # 每次循环产生一个字符
    if i == 0:                                     # 判断是否为第一个字符串
        keySn = keySn + s
    else:
        keySn = keySn +'-' + s   # 非第一个字符串时，用 "-" 连接字符串
print(keySn)
```

也可以借助列表，并使用join()方法实现字符串的连接：

```
import random                          # 导入随机数函数库

keySn = []                            # 创建一个空列表，用于容纳序列号
for i in range(5):
    s = ''
    characters = 'BCEFGHJKMPQRTVWXY2346789'        # 限定字符集合
    for j in range(5):
        s = s + random.choice(characters)
    keySn.append(s)                   # 将生成的字符串加入到列表，作为其一个元素
print('-'.join(keySn))                # 用 '-' 将列表中的元素连接起来输出
```

小　结

本章主要讲解程序设计的基本流程控制结构：用if...elif...else关键字进行分支控制；用for和while关键字进行循环控制；用break结束当前循环；用continue跳过本次循环中剩余语句进行下一次循环。for循环在循环体内没有执行到break语句，没有执行到return语句，也没有遇到其他任何异常时，会执行到与其匹配的else分支中的语句。

在设计流程时，尽量简化逻辑，减少分支和循环的嵌套层数，使程序尽可能扁平化。

练　习

1. 一元二次方程$ax^2+bx+c=0$，a、b、c的值由用户在三行中输入，根据用户输入的数值求解方程的实数解：

（1）如果a值为0，根据b值判断方程是否有解并输出，如果a与b同时为0，则输出Data error!

（2）如果方程无实数解，输出"该方程无实数解"。

（3）如果方程有两个相同的实数解，输出一个解。

（4）如果方程有两个不同的实数解，分两行按从大到小顺序输出方程的两个解。

2. 输入3个数a、b、c,判断能否以它们为3个边长构成三角形。若能，输出三角形面积（结果保留2位小数），否则输出"不能构成三角形"。

（注：三角形面积可由海伦公式求出：$S=\sqrt{p(p-a)(p-b)(p-c)}$，$p=(a+b+c)/2$）

3. 判断闰年条件：非整百年数除以4，无余为闰，有余为平；整百年数除以400，无余为闰，有余为平。输入一个正整数，代表年份，输出该年有多少天？

4. 输入一个字符串，分别统计其中小写字母、大写字母、数字、空格和其他字符的个数，并在一行内输出小写字母、大写字母、数字、空格和其他字符的个数。

5. 《孙子算经》中就记载了一个有趣的问题：今有雉兔同笼，上有三十五头，下有九十四足，问雉兔各几何？意思是有若干只鸡兔同在一个笼子里，从上面数，有35个头，从下面数，有94只脚，问笼中各有多少只鸡和兔？

　　请编一个程序，用户输入两个整数，代表头和脚的数量，编程计算笼中各有多少只鸡和兔，假设鸡和兔都正常，无残疾，如无解则输出 "Data Error!"。

　　6. 水仙花数也被称为超完全数字、不变数、自恋数、自幂数、阿姆斯壮数或阿姆斯特朗数，是指一个 n 位数，它的每位上的数字的 n 次幂之和等于它本身（如 $1^3 + 5^3 + 3^3 = 153$）。编程寻找并输出 n 位的水仙花数，n 由用户输入，每行输出一个数字。

　　7. 令 sum=A+AA+AAA+…+$AA…A$（N 个 A），输入一个数字 A（$1 \leqslant A \leqslant 9$）以及一个非负整数 N（$0 \leqslant N \leqslant 100000$），编程求解 sum，例如 A=1，N=3 时，sum=1+11+111=123。

第5章 函数和代码复用

　　函数是可以重复使用的、具有单一或相关联功能的一组程序语句，可以通过函数名进行调用。函数是程序模块化的基础，不仅可以实现代码的重用，还可以保证代码的一致性和可扩展性。

　　Python提供了一些内置函数，把输入、输出等常用功能的语句封装成函数提供给用户使用。用户在用到这些功能时，不需要再重复编写代码来实现，直接通过函数的调用和参数的传递来实现相关的功能。

学习目标：

- 掌握函数的定义和调用方式。
- 学习函数的参数和返回值。
- 了解变量的作用域。
- 了解递归调用的方法。
- 了解匿名函数lambda及其用法。

5.1　函数的定义

　　在程序设计中，函数是指用于进行某种计算或具有某种功能的一系列语句的有名称的组合。定义函数时，需要明确指定函数名称、可接受的参数以及实现函数功能的程序语句。完成函数定义后，可以通过函数名称调用该函数。

　　在前面的学习中，经常用到一些系统内置函数，如input()、print()、abs()等，这些函数把输入、输出和求绝对值等功能语句封装，以函数的形式提供给用户使用。用户在用到这些功能时，不需要再重复编写代码来实现，直接通过函数的调用和参数的传递来实现相关的功能。

　　在实际的程序设计过程中，有很多操作是完全相同或非常相似的，可以由一段代码来实现。在需要这个功能的地方复制该代码段就可以实现功能的复制。但从程序设计的角度上讲，这样直接复制代码段并不明智。大量的重复代码不仅会增加程序的代码行数，也会使程序的逻辑变得更加复杂。在面向过程的程序设计方法中，解决这个问题的一个有效的方法是设计函数。将可能需要反复执行的代码封装为函数，在需要执行该功能的地方调用该函数，可以实现代码的复用。应用函数的方法也可以保证代码的一致性，对函数的修改可以同时作用到所有调用该函数的位置。

Python程序中函数的使用要遵循先定义后调用的规则。也就是说，函数的调用必须位于函数定义之后，一般的作法是将函数的定义放在程序的开头部分，每个函数之间、函数与主程序之间各留一个空行。

Python中的函数定义格式如下：

```
def 函数名 (" [参数列表] "):
    ''' 文档注释 '''
    函数体
    return 返回值
```

【例5.1】 定义一个计算整数n的阶乘的函数fact(n)。

```
# 例 5.1 定义计算整数阶乘的函数 .py
def fact(n):
    ''' 接收一个正整数为参数，计算正整数 n 的阶乘 '''
    result = 1
    for i in range(2, n + 1):
        result = result * i
    return result
```

例 5.1　定义
计算整数阶
乘的函数

（1）def是用于函数定义的关键字，是单词define的缩写。该语句必须以冒号（:）结束，def后的空格接函数名。

（2）fact是函数名，必须由字母、下划线、数字组成，不能是关键字，不能以数字开头，一般建议函数名要有一定的意义，能够简单说明函数的功能。例如，factorial有阶乘的含意。函数名一般应该为小写，需要用多个单词时，可以单词首字母大写或用下划线分隔单词以增加可读性，如addNumber、Find_Number等。函数名后跟一个小括号，括号里面为参数列表。

（3）函数名后面的括号和冒号必不可少。

（4）括号中的对象名不需要先赋值，称为形式参数，其值由函数调用时传入。

（5）函数体内尽量写文档注释，方便查看代码功能。

（6）函数的调用：函数名（参数）。调用函数时，这个参数必须有具体值，称为实际参数。

参数列表中的参数可以是0个、1个或多个。当参数个数为0时，表明函数体内的代码无须外部传入参数就可以执行，此时函数也称为无参函数；当参数个数大于或等于1时，表明函数体内的代码必须依赖于外部传入的参数值才可以执行，此时称为有参函数。

文档注释是Python独有的注释方式，用三引号引起来的注释语句作为函数中的第一条语句，注释内容可以通过对象的__doc__成员被自动提取，并且被pydoc所用。文档注释的内容主要包括该函数的功能、可接受参数的个数和数据类型、返回值的个数和类型等。

文档注释不是必需的，但在定义函数时加上一段用三引号引起来的注释，可以为用户提供更友好的提示和使用帮助。例如，上面函数定义后，在调用该函数时，输入左侧括号后，解释器会立刻得到该函数的使用说明，提示用户参数的个数、类型和函数的作用等信息，如图5.1所示。

```
File  Edit  Format  Run  Options  Window  Help
def fact(n):
    '''接受一个正整数为参数，计算正整数n的阶乘'''
    result = 1
    for i in range(2, n + 1):
        result = result * i
    return result

print(fact(
              (n)
              接收一个正整数为参数，计算正整数n的阶乘
```

图 5.1 文档注释信息

函数体是函数要实现的功能的程序语句，相对于def缩进一档。

函数的返回值语句由return关键字开头，返回值没有类型限制，也没有个数限制。当返回值个数为0时，返回None；返回值是多个时，默认以元组形式返回。

return是函数在调用过程中执行的最后一条语句，每个函数可以有多条return语句，但在执行过程中，只能有一条被执行。一旦某条return语句被执行，函数调用即结束，将值返回给调用函数的位置。

Python支持函数的嵌套定义，在一个函数里可以定义另一个函数。在定义和调用时也要遵循先定义后调用的规则，每个函数的定义都要出现在它被调用之前。

【例 5.2】函数的嵌套定义。

```
# 例 5.2 函数的嵌套定义 .py
def x(n):              # 接受传入参数，n = 5
    def y(i):          # 接受传入参数，i = 5
        i = 10 * i     #i = 10 * 5
        return i       # 返回函数 y(i) 的运算结果 y(5) = 50 给调用语句
    s = 2 * y(n)       # 将 y(5) 运算结果 50 代入表达式，s = 2 * 50
    return s           # 返回函数 x(n) 的运算结果 x(5) = 100 给调用语句
m = 5
print(x(m))            # 将 m = 5 传递给函数 x()，函数调用结束后，输出结果 100
```

扫一扫 例 5.2 函数的嵌套定义

主程序中调用了函数x()，所以函数x()的定义要出现在它之前；在函数x()中又定义了另一个函数y()，那么函数y()的调用也必须在它的定义之后。由于主程序中只定义了函数x()，所以也只能调用函数x()。在未调用函数x()之前，函数y()没有定义，不能调用函数y()。

5.2 函数的调用

函数是一段实现具体功能的代码，通过名字来进行调用。函数调用时，括号中给出与函数定义时数量相同的参数，而且这些参数必须具有确定的值。这些值会被传递给预定义好的函数进行处理。

扫一扫

例 5.3 调用
阶乘函数计
算整数阶乘

【例 5.3】调用预定义的阶乘函数计算整数的阶乘。

```python
# 例 5.3 调用阶乘函数计算整数的阶乘 .py
def factorial(n):
    ''' 接收一个正整数为参数，计算正整数 n 的阶乘 '''
    result = 1
    for i in range(1,n + 1):
        result = result * i
    return result #n=0 时直接返回 result 值 1，n 为其他正整数时，返回循环运算后的结果
# 调用函数，需要给函数传递参数
n = int(input())
print(factorial(n)) # 将 n 值传递给函数 factorial(n)，函数调用结束后，将结果返回，输出
```

factorial()函数调用时，程序会根据函数名找到预先定义的函数体，然后执行。如果函数定义时，括号中有一个或多个参数，则在调用时，就需要在调用函数的括号中给出相同数量的参数，而且这些参数必须都有确定的值。例如，factorial(5)，此时5会被传递给函数定义中的参数n，用于函数体中的运算。

在程序中，如果有的函数名被重复定义，则函数调用时，调用离它最近的一个函数定义。

扫一扫

例 5.4 函数
的重复定义
实例

【例 5.4】函数的重复定义实例。

```python
# 例 5.4 函数的重复定义实例 .py
# 定义函数 f(n)
def f(n):
    n=2*n
    return n

# 定义同名函数 f(n)
def f(n):
    n=10*n
    return n

m=5
print(f(m))        # 调用最近定义的函数 f(n)
```

输出：

```
50
```

进行函数定义时，可以定义两个或多个形式参数，调用函数时使用数量相同的实际参数。

扫一扫

例 5.5 定义
幂函数

【例 5.5】定义一个用于计算x的n次方的幂函数。

```python
# 例 5.5 定义幂函数 .py
def power(x, n):                    # 定义 x 的 n 次幂，n 为正整数
    result = 1
    for i in range(n):             # 循环 n 次
        result = result * x
    return result                  # 返回计算结果
a,m = map(int,input().split()) # 将用空格分隔的输入映射为正整数，实现同时输入两个数
print(power(a, m))             # 调用函数计算 a 的 m 次幂
```

power()函数定义时要求两个参数，那么调用这个函数时也要按顺序给出两个值，按顺

序传递给函数定义中的两个参数。在调用函数时，如果再加上输入语句，由用户输入x和n的值，那么这个函数就可以计算任意整数的正整数次幂。

```
x,n = map(int,input().split())    # 将用空格分隔的输入切分开，映射成整型赋值给变量
print(power(x,n))
```

输入：

```
2 10
```

输出：

```
1024
```

5.3 函数的参数传递

Python 中一切皆为对象，数字是对象，列表是对象，函数也是对象。而变量是对象的一个引用（又称名字或者标签），对象的操作都是通过引用来完成的。Python函数调用过程中，传递的是对象。

在定义函数时提供的参数称为形式参数，简称形参；在函数调用时提供的参数称为实际参数，简称实参。形参在函数定义时可以没有值或设置默认值；函数调用时使用的实参必须有具体的值，这个值将会传递给函数定义中的形参。Python中，参数的传递本质上是一种赋值操作，而赋值操作是一种名字到对象的绑定过程。

Python中函数传递参数的形式主要有以下5种：位置传递、关键字传递、默认值传递、包裹传递和解包裹传递。

5.3.1 位置传递

位置固定，参数传递时按照形式参数定义的顺序提供实际参数。其优点是使用方便；缺点是当参数数目较多时，函数调用容易混淆。

```
def fun(name, city, hobby):
    return '我的名字是{}，来自{}，我的爱好是{}。'.format(name, city, hobby)

n,c,h = input().split()    # 将用空格分隔开的输入切分开，分别赋值给 i,j,k
print(fun(n,c,h))  # 根据实参变量n、c、h的顺序传递参数或值给形参name、city、hobby
```

输入：

```
夏琪    武汉    羽毛球
```

输出：

```
我的名字是夏琪，来自武汉，我的爱好是羽毛球。
```

5.3.2 关键字传递

在调用函数时，提供实际参数对应的形式参数名称，根据每个参数的名称传递参数，关键字并不需要遵守位置的对应关系。其优点是明确标示实际参数和形式参数的对应关系，参数书写顺序更灵活。缺点是增加了函数调用时的代码书写量。

```
def fun(name, city, hobby):
    return '我的名字是{}，来自{}，我的爱好是{}'.format(name, city, hobby)

n,c,h = input().split()    # 将输入切分开，分别赋值给n,c,h
print(fun(hobby = h,city = c,name= n))
# 根据关键字name，city，hobby传递参数或值
```

输入：

　　　夏琪　　武汉　　羽毛球

输出：

　　我的名字是夏琪，来自武汉，我的爱好是羽毛球。

关键字传递和位置传递可以混用，但要注意按位置传递的参数要出现在按关键字传递的参数前面，否则，编译器无法明确知道除关键字以外的参数出现的顺序。

```
def fun(name, city, hobby):
    return '我的名字是{}，来自{}，我的爱好是{}'.format(name, city, hobby)

n,c,h = input().split()    # 将输入切分开，分别赋值给n,c,h
print(fun(n, hobby = h,city = c))
# n是位置传递，对应函数的第一个形参
```

5.3.3　默认值传递

在定义函数时，使用形如city='武汉'的方式，可以给参数赋予默认值（default）。在调用函数时，如果该参数得到传入值，按传入值进行计算，如果没有被传递值，将使用该默认值。

默认值参数必须放在必选参数之后，也就是说，当函数的参数有多个时，默认值参数必须在后面，非默认值参数在前面，一旦出现了带默认值的参数，后面的参数都必须带默认值。有多个默认参数时，调用的时候，既可以按顺序提供默认参数，也可以不按顺序提供默认参数。

例如，可以定义fun(name, city, hobby='唱歌')、fun(name, city='武汉', hobby='唱歌')，但不能定义形如 fun(name='夏琪', city, hobby='唱歌')形式的函数，否则会报SyntaxError: non-default argument follows default argument的错误。

```
def fun(name, city, hobby='唱歌'):
    return '我的名字是{}，来自{}，我的爱好是{}'.format(name, city, hobby)

n,c = input().split()          # 将输入切分开，分别赋值给n,c
print(fun(n, city = c))
# 没有给带默认值的参数传递具体值时，使用该默认值
```

输入：

　　　夏琪　　武汉

输出：

　　我的名字是夏琪，来自武汉，我的爱好是唱歌。

默认参数的优点是可以降低调用函数的难度。

【例 5.6】利用Python中支持默认值传递的特性，修改幂函数的程序，使其默认计算平方。

```
# 例 5.6 定义默认计算平方的幂函数 .py
def power(x, n = 2):    # 默认值参数的值为 2，缺省时计算平方
    ''' 接收两个正整数 x 和 n，返回 x 的 n 次幂，当传入参数只有一个时，返回该数的平方 '''
    result = 1
    if  x == 0:
        return 1
    else:
        for i in range(n):
            result = result * x
        return result

a = int(input())
print(power(a))
```

输入：

    5

输出：

    25

默认参数指向不可变对象，如整型、字符串、浮点型、数值型、元组等，不能指向字典型和列表型等可变对象。例如：

```
def fun(x, ls = []):
    ls.append(x)
    return ls

print(fun(1))                    # 输出 [1]
print(fun(3))                    # 输出 [1, 3]
print(fun(5))                    # 输出 [1, 3, 5]
```

按函数调用规则，每次调用函数时，形参都会被重新赋值，在三次调用中，形参x分别被赋值为1、3、5，带缺省值的形参ls每次被重新赋值为空列表。但程序的运行结果表明，在多次调用过程中，ls并没有被重新赋值为空列表，导致ls中的元素累积下来。

分析其原因，ls是可变对象，在定义函数时被创建，其后所有函数调用都引用这个列表对象。Python规定参数传递都是传递引用，也就是传递给函数的是原变量实际所指向的内存空间。而append()方法并不会改变列表的内存空间，也就是说不会重新创建列表对象，只是向其中增加元素。所以每次调用该函数时，一直引用函数定义时创建的列表对象ls，导致元素累积。

如果一定要用这种方法，可以做如下修改：

```
def fun(x, ls = None):           # 定义函数时将列表 ls 置为 None
    if ls is None:               # 若 ls 值为 None，说明是重新调用，将列表置为空
        ls = []
    ls.append(x)
    return ls
print(fun(1))                    # 输出 [1]
print(fun(3))                    # 输出 [3]
print(fun(5))                    # 输出 [5]
```

5.3.4　包裹传递

包裹传递也称为不定参数传递，用于在定义函数时不能确定函数调用时会传递多少个参数时。函数每次调用时，传递的参数数量可以不同，所有传入参数被收集打包，再传递给函数。

当传入参数是位置传递时，将这些参数根据位置合并成一个元组，这就是包裹位置传递。

```
def add(*number):               # "*" 表示传入的是位置参数，后面数据为元组
    sum = 0
    for i in number:            # 遍历输入的数，对其求和
        sum = sum + i
    return sum                  # 返回计算结果

print(add(1, 3, 5))             # 传入 3 个参数，计算其加和，输出 9
print(add(2, 4, 6, 8, 10))      # 传入 4 个参数，计算其加和，输出 30
```

在add()函数的调用语句中，分别传入参数1、3、5和2、4、6、8、10，两次调用传入的参数数量并不相同。两次调用都基于同一个函数add()的定义。在调用过程中，number得到的传入值分别为（1，3，5）和（2，4，6，8，10），其数据类型为元组。

如果传入参数是关键字传递，则根据关键字合并成一个字典，称为包裹关键字传递。

```
def func(**dict):        # 传入关键字参数时，用 "**" 表示后面的数据是字典
    print(dict)          # 传入参数被收集后，合并成一个字典
    print(sum(dict.values()))  # dict.values() 返回字典中所有值，再用 sum() 求和

func(a=1, b=9)           # 传入 2 个关键字参数
func(m=2, n=1, c=11)     # 传入 3 个关键字参数
```

不定参数传递的关键是在函数定义时，在相应的元组或字典前加"*"或"**"。

5.3.5　解包裹传递

"*"或"**"也可以在函数调用时使用，此时称为解包裹传递。

```
def add(a,b,c):          # 定义一个函数，接收 3 个数字为参数
    return a+b+c         # 返回参数之和

num1 = (1,3,5)
print(add(*num1))        # 将元组 num 解包裹，拆分成 3 个元素，按位置分别传递给 a、b、c
num2 ={'a': 2, 'b': 4, 'c': 6}
print(add(**num2))       # 将字典 num 解包裹，拆分成 3 个元素，按关键字分别传递给 a、b、c
```

5.4　变量作用域

变量的作用域就是指变量的有效范围，变量按照作用范围分为两类：全局变量和局部变量。

在Python程序中创建、改变、查找变量名时，都是在一个保存变量名的空间中进行，称为命名空间，也称为作用域。Python的作用域是静态的，在源代码中变量名被赋值的位置决定了该变量能被访问的范围，即Python变量的作用域由变量所在源代码中的位置决定。

在Python中并不是所有的语句块中都会产生作用域。只有当变量在Module（模块）、Class（类）、def（函数）中定义时，才会有作用域的概念。

本节只讨论与函数相关的变量作用域。可以简单地说，在函数外部声明的变量是全局变量，其作用域是整个文件（或模块）；在函数内部声明的变量是局部变量，其作用域是声明这个变量的函数内部，在函数外部不可以访问。

5.4.1 局部变量

局部变量是在函数中定义的变量，包含在def关键字定义的语句块中，函数每次被调用时都会创建一个新的对象。局部变量仅仅是暂时存在的，依赖创建该变量的函数是否处于活动的状态，调用函数时创建，函数调用结束后销毁该变量并释放内存。例如：

```
def myName():
    name = '赵云'
    print(name)              # 输出赵云

myName()                     # 函数调用
print(name)                  #NameError: name 'name' is not defined
```

函数myName()内部定义变量name，属于局部变量，只能在函数内部访问，在函数外部访问时会返回NameError异常。

5.4.2 全局变量

全局变量是在模块（文件）层次中定义的变量，每一个模块都是一个全局作用域。也就是说，在模块文件顶层声明的变量都是全局变量，其作用域是当前模块文件内，包括函数外部和函数内部。全局变量在模块运行的过程中会一直存在，占用内存空间，一般建议尽量少定义全局变量。例如：

```
def myName():
    print(name)              # 输出全局变量 name 的值 '赵云'

name = '赵云'                # 定义全局变量 name
myName()                     # 函数调用
print(name)                  # 输出全局变量 name 的值 '赵云'
```

在函数内部，当全局变量名出现在赋值符号右边时，可以直接访问和引用全局变量的值，但不能直接改变全局变量的值。也就是说，全局变量在函数内部不能出现的赋值符号的左边。一旦一个变量名出现在赋值符号左边，系统会认为这是重新创建了一个局部变量对象。此外，其值变为在函数体内重赋的新值，同时屏蔽外层作用域中的同名变量。例如：

```
def myName():
    name = '张飞'
    print("局部变量的内存地址: {}".format(id(name)))
    print("局部变量 name 的值: {}".format(name))

# 输出局部变量 name 的值 '张飞'
name = '赵云'
print("全局变量的内存地址: {}".format(id(name)))
```

```
myName()   # 调用
print(" 全局变量 name 的值: {}".format(name))
# 输出全局变量 name 的值 ' 赵云 '
```

输出:

```
全局变量的内存地址: 2459599652888
局部变量的内存地址: 2459599652624
局部变量 name 的值: 张飞
全局变量 name 的值: 赵云
```

在这个例子中, name 本是个全局变量, 分配的内存地址为: 2459599652888。在函数 myName()中被放到赋值符号左侧重新赋值为"张飞", 这个操作相当于重新创建了一个对象"张飞", 并为这个对象贴上一个标签name, 其内存地址为: 2459599652624。虽然两个对象的名称一样, 但分配的内存地址不同, 所以是不同的两个对象。

因为这个对象和标签都是在函数内部创建的, 所以是一个新的局部变量, 其作用域是这个函数体。也就是说, 在函数体内访问name, 访问的是局部变量, 其值是"张飞"; 在函数体外访问变量name时访问的是全局变量, 其值是"赵云"。

这个规则适用于所有全局变量值为固定数据类型的情况, 如全局变量值为数值型、字符型和元组等。此时, 函数体内试图改变全局变量值时, 都会创建一个新的局部变量。

在函数内部的变量声明, 除非特别的声明为全局变量, 否则均默认为局部变量。

当需要在函数体内声明一个可以在函数体外访问的全局变量的值时, 可以使用global关键字来声明变量的作用域为全局。global的作用就是把局部变量提升为全局变量。例如:

```
def myName():
    global name          # 声明一个全局变量 name
    name = ' 张飞 '        # 为全局变量 name 赋值
    print(" 新全局变量 name 的内存地址: {}".format(id(name)))
    print(" 新全局变量 name 的值: {}".format(name)) # 输出局部变量 name 的值 ' 张飞 '

name = ' 赵云 '
print(" 原全局变量 name 的内存地址: {}".format(id(name)))
print(" 原全局变量 name 的值: {}".format(name)) # 输出全局变量 name 的值 ' 赵云 '
myName()                                       # 调用
print("name 的值: {}".format(name))            # 输出全局变量 name 的值 ' 张飞 '
print("name 的内存地址: {}".format(id(name)))
```

输出:

```
原全局变量 name 的内存地址: 1975354476568
原全局变量 name 的值: 赵云
新全局变量 name 的内存地址: 1975354476304
新全局变量 name 的值: 张飞
name 的值: 张飞
name 的内存地址: 1975354476304
```

从输出结果可以发现, 调用函数时, 函数体内声明的变量是一个新的变量(内存地址不同), 与函数体外的变量声明无关。在调用函数后, 再次访问变量name时, 访问的是最近在函数内部声明的全局变量name。

当全局变量值为列表等可变数据类型时，当函数内部需要修改列表值时，不需要使用global关键字进行声明，直接可以使用，这是因为列表等可变数据类型的值的修改是在原内存进行的，只有显式声明才会重新创建对象。

```
def myName():
    lsx.append(1)              # 改变全局变量 lsx 的值，未重新创建对象
    lsy = [2,3,4]              # 重新创建对象 [2,3,4]，赋值给局部变量 lsy
    print(id(lsx),id(lsy))     #2805303286536 2805252817928
    print(lsx,lsy)             # lsx 的值为 [1] , lsy 的值为 [2, 3, 4]

lsx = []
lsy = []
print(id(lsx),id(lsy))         # 2805303286536 2805303242376
myName()
print(lsx,lsy)                 # lsx 的值变为 [1]，lsy 值仍为 []，未发生变化
```

可以发现，函数内外的lsx的id值相同，说明二者是相同的对象，函数内只是修改了lsx并未重新创建对象。而函数内部和外部的lxy的id值不同，说明二者是不同的对象，函数内部lsy = [2,3,4]这条语句重新创建对象[2,3,4]，并赋值给变量lsy。

5.5 函数的返回值

对于函数定义来说，每个函数都会实现一定的功能，其处理结果可以直接输出。例如，可以定义如下函数用于计算阶乘，在函数中直接输出处理结果：

```
def fact(n):                   # 定义一个函数 fact()，接收一个参数
    ''' 函数接收一个非负整数 n 为参数，返回该数的阶乘 n！'''
    result = 1                 # 变量赋初值 1，一般用于累乘运算

    for i in range(1,n+1):     # 循环 n 次
        result = result * i    # 将每次产生 的 i 值乘到 result 上，得到阶乘值
    print(result)              # 将计算结果输出
fact(5)                        # 调用 fact() 函数，将数值 5 传递给参数
```

在更多的情况下，定义函数时希望可以将函数的处理结果返回给调用处进行更进一步的处理，此时可以使用return语句向外提供该函数的处理结果。对于函数调用来说，是否可以使用函数中的处理结果，就在于函数定义时是否使用了return语句返回了对应的处理结果。函数的返回值没有类型限制，也没有个数限制，当函数返回值为多个时，以元组形式返回。

【例5.7】编程求解0!+1!+2！+3!+…+10！。

分析：可以利用前面定义的阶乘函数，但需要对每次调用计算的阶乘结果进行加和，这时可以将函数定义中的输出改为return语句，将处理结果返回给调用函数。

```
# 例 5.7 编程求解阶乘和 .py
def fact(n):                   # 定义一个函数 fact()，接收一个大于等于 0 的整数
    ''' 函数接收一个非负整数 n 为参数，返回该数的阶乘 n！'''
    result = 1                 # 变量赋初值 1，用于累乘，也可使 n=0 时返回 1
    for i in range(1,n+1):     # 循环 n 次
        result = result * i    # 将每次产生的 i 值乘到 result 上，得到阶乘值
```

例 5.7 编程
求解阶乘和

```
        return(result)                  # 将计算结果返回给调用语句
sum = 0                                 # 变量赋初值 0，一般用于累加运算
for j in range(0,11):                   # 循环 10 次，(1,2,3…9,10)
    sum = sum + fact(j)                 # 重复调用 fact() 函数计算 j 的阶乘，并将返回值累加
print(sum)
```

例5.7中，将计算阶乘部分功能封装在一个函数中单独进行运算，不仅可以使程序的逻辑变得更清晰，而且将一个原本需要用二重循环实现的功能巧妙地转化为两个一重循环，降低了编程的难度。

Python语言有一个特性是可以同时将多个值从函数返回。例如：

```
def f(x, y):
    a = x // y                          # 计算 x 除以 y 的商
    b = x % y                           # 计算 x 除以 y 的余数
    return a, b                         #  将商和余数返回给调用处
c, d = f(13, 3)                         # 将返回值按顺序赋值给 c 和 d
print(c,d)                              # 输出 c、d 的值 4、1
print(f(13,3))                          # 输出 f() 函数的返回值 (4, 1)
                                        # 函数多返回值时默认是元组类型
```

从形式上看，函数f()返回了两个值，但实际上，这两个值是以元组的形式返回的，而元组可以看成是一个对象

函数的值只能返回一次，也就是说在一个函数中，return语句可以有多条，但只有一条能被执行到，一旦某个return语句被执行后，其后的所有语句都不再执行，直接终止函数的调用，将这个return后面的值返回给调用函数处。一般来说，多个return需要与分支语句if组合使用。

例4.16中用函数优化"哥德巴赫猜想"时，判断素数函数中有3个return语句存在于if语句和与for匹配的else语句中，但这3个return只有一个可以被执行到。

```
# 定义判断素数的函数
def isPrime(n):
    ''' 判断素数函数，接收一个正整数 n 为参数，是素数时返回 True，否则返回 False'''
    if n < 2:
        return False                    # 0、1 以及负数都不是素数
    for i in range(2, n):
        if n % i == 0:                  # 能被 2 到自身减 1 的数整除的数不是素数
            return False
    else:
        return True                     # for 循环未遇到 return 时执行 else 语句

# 哥德巴赫猜想的主程序
N = int(input())                        # 接收用户输入并转成整数
if N % 2 == 0:                          # 判断 N 是否为偶数，要符合哥德巴赫猜想的基本条件
    for i in range(N):
        if isPrime(i) and isPrime(N - i):   # 判断 i 和 N-i 是否同时是素数，同
                                            # 时保证两个数加和为 N
            print("N = {} + {}".format(i, N - i))
            break                       # 找到一个符合条件的数就结束循环
```

return语句不是必须存在的，当函数的处理结果不需要再继续参加运算或处理时，可以

在函数体中直接用print()输出处理结果时，这时不需要再加return语句。

```
def f(x, y):
    a = x // y              # 计算 x 除以 y 的商
    b = x % y               # 计算 x 除以 y 的余数
    print(a,b)              # 输出商和余数

print(f(13,3))              # 输出 f() 函数的返回值,None
```

此例中，由于函数的定义中直接用print()把计算结果输出了，没有用return返回处理结果，所以函数的返回值为None。

5.6 匿 名 函 数

匿名函数即是一个没有函数名字的临时使用的函数，在Python中使用lambda创建匿名函数。

lambda函数的语法：

```
lambda 参数列表 : 表达式 (或条件表达式)
相当于函数定义:
def fun( 参数列表):
    return 表达式
```

这里参数可以是一个，也可以是多个。匿名函数调用方法是直接赋值给一个变量，然后再像一般函数调用。例如：

```
x =2
fun = lambda x : x**2       # 参数为 x, 返回值为 x 的平方
print(fun(x))               # 输出 4

x,y,z = 2,3,4
fun = lambda x,y,z : x+y+z  # 参数为 x、y、z，返回它们的和
print(fun(x,y,z))           # 输出 9
```

lambda函数拥有自己的命名空间，不能访问自有参数列表之外或全局命名空间的参数。lambda表达式不需要return来返回值，表达式本身的计算结果就是函数的返回值。

【例 5.8】中国18位身份证号的倒数第2位用于表示性别，奇数为男性，偶数为女性，定义一个函数根据身份证号判断性别。

```
# 例 5.8 定义判断性别的函数 .py
def gender(id):
    ''' 根据身份证号判断性别，输入参数为 18 位身份证号 '''
    if int(id[16]) % 2 == 0:  # 身份证号中序号为 16 的数字代表性别
        return '女性'
    else:
        return '男性'

# 主程序
idNumber = input()          # 输入身份证号
print(gender(idNumber))     # 输出性别
```

使用函数的定义方式实现非常直观，容易理解。在二分支结构中直接给返回值的函

扫一扫

例 5.8 定义
判断性别的
函数

数，可以用条件运算来实现：

```
'女性' if int(idNumber[16]) % 2 == 0 else '男性'
```

这种条件运算可以用lambda函数实现，简化函数定义的书写形式，使代码更为简洁。

扫一扫

例 5.9 应用匿名函数判定性别

【例5.9】优化例5.8的程序，应用匿名函数判定性别。

```
# 例 5.9 应用匿名函数判定性别.py
idNumber = input()
gender = lambda idNumber:'女性' if int(idNumber[16]) % 2 == 0 else '男性'
print(gender(idNumber) )
```

lambda的主体是一个表达式，而不是代码块，仅能在表达式中封装有限的逻辑，不允许包含其他复杂的语句，最多只能用于类似条件表达式这样的三元运算。

lambda就是用来定义一个匿名函数的，如果还要绑定一个名字，就会显得有点画蛇添足，通常是直接使用lambda函数，主要应用在函数式编程中。

Python提供了很多函数式编程的特性，如sorted()、map()、reduce()、filter()等，这些函数都支持函数作为参数，lambda函数也可以应用在函数式编程中。

扫一扫

例 5.10 列表排序

【例5.10】现在列表ls= [3,8,-3,-1,0,-2,-9]，请将列表ls中的元素排序输出，再按照绝对值大小进行升序排序输出。

分析：列表的排序输出可以使用sorted()函数，其语法如下。

```
sorted(iterable, cmp=None, key=None, reverse=False)
```

其中，key接收函数返回值，表示此元素的绝对值，sorted()函数将按照绝对值大小进行排序。reverse参数接收False 或者True 表示是否逆序。

```
# 例 5.10 列表排序.py
ls = [3,8,-3,-1,0,-2,-9]
#普通方法：
def get_abs(x):
    '''接受一个数值型数据，返回其绝对值'''
    return abs(x)

print(sorted(ls))                    # 无关键字排序
print(sorted(ls,key=get_abs))        #key 接收函数返回值，表示此元素的绝对值，按照
                                     # 绝对值大小进行排序
# 匿名函数方法，Pythonic（极具 Python 特色的代码）：
print(sorted(ls,key=lambda x : abs(x)))
```

map()函数的作用是对序列中每个元素进行映射，然后生成新的序列。映射规则由一个函数制定。map()有两个参数：函数类型和序列。map()函数返回的是一个惰性序列，所以要查看生成的新序列，需要用list()函数获得所有结果并返回列表。例如：

```
ls = [0,1,2,3,4,5,6,7,8,9]
m = map(lambda x : x **2,ls)          # 将 ls 中的每个元素映射为其平方
# m = map(lambda x : x **2,range(10))  # 序列可以直接由 range() 生成
print(list(m))                        # 用 list() 函数将映射结果转为列表输出
```

输出：

```
[0, 1, 4, 9, 16, 25, 36, 49, 64, 81]
```

【例 5.11】用户输入一个整数n，输出所有n位水仙花数。

分析：寻找水仙花数的过程中，需要比较各位上数字的n次幂的和是否与这个数字相等，可以借助lambda函数完成。

```
# 例 5.11 输出 n 位水仙花数的优化 .py
n = int(input())
for i in range(10**(n-1),10**n):
    if i == sum(map(lambda x : int(x) ** n , list(str(i)))):
    #list(str(i)) 生成序列，map() 将其映射为数字的 n 次幂，再求和
        print(i,end = ' ')
```

输入：

```
4
```

输出：

```
1634 8208 9474
```

例 5.11 输出 n 位水仙花数的优化

【例 5.12】寻找100以内与7相关的数，所谓与7相关的数是指能被7整除或数字中包含"7"的数。

分析：可以使用filter()与lambda函数结合，把与7相关的数过滤出来，一行代码就可以实现该功能。

```
print(list(filter(lambda x :x % 7 == 0 or x % 10 == 7 or x // 10 == 7 ,
range(100))))
```

例 5.12 寻找与7相关的数优化

在Python中，可以将一些逻辑拿到函数外面，定义一个裁减过的 lambda 函数以实现目标功能。这种方式更为高效、优雅，而且可以减少异常错误。lambda的使用大量简化了代码，使代码简练清晰。不过，这种方法会在一定程度上降低代码的可读性。

关于lambda在使用在Python社区也存在争议，Python程序员对于到底要不要使用lambda意见不一致。支持者认为使用lambda编写的代码更紧凑。反对者认为，lambda函数能够支持的功能十分有限，不支持多分支程序和异常处理程序。并且，lambda函数的功能被隐藏，对于编写代码之外的人员来说，理解lambda代码需要耗费一定的时间成本，使用for循环等来替代lambda是一种更加直白的编码风格。在实际中，是否使用lambda编程取决于程序员的个人喜好。

5.7 递归调用

递归，又译为递回，在数学与计算机科学中，是指在函数的定义中使用函数自身的方法。递归的基本思想是把规模大的问题转化为规模小的相似的子问题来解决。在函数实现时，因为解决大问题的方法和解决小问题的方法往往是同一个方法，所以就产生了函数调用它自身的情况。这个解决问题的函数必须有明显的结束条件，这样就不会产生无限递归的情况。

在函数内部，可以调用其他函数。如果一个函数在内部调用函数本身，这个函数就是递归函数。递归可以用同样的解题思路来回答除了规模大小不同之外其他完全一样

的问题。例如，阶乘、Fibonacci数列等，用递归方法解决这类问题，往往几行代码就可以完成。

下面以阶乘的计算为例说明递归的过程，如图5.2所示。

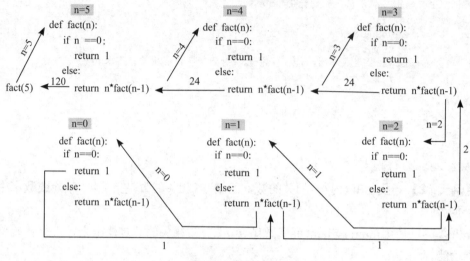

图 5.2　递归过程

【例 5.13】阶乘的递归实现。

例 5.13　阶乘的递归实现

```
# 例 5.13 阶乘的递归实现 .py
def fact(n):
    if n==0:                        # 当 n=0 时，返回 1，终止函数递归调用
        return 1
    return n * fact(n - 1)          # 每调用一次，问题规模减小 1
print(fact(5))
===> fact(5)
===> 5 * fact(4)
===> 5 * (4 * fact(3))
===> 5 * (4 * (3 * fact(2)))
===> 5 * (4 * (3 * (2 * fact(1))))
===> 5 * (4 * (3 * (2 * (1 * 1))))
===> 5 * (4 * (3 * (2 * fact(1)))))
===> 5 * (4 * (3 * (2 * 1))))
===> 5 * (4 * (3 * (2 * 1)))
===> 5 * (4 * (3 * 2))
===> 5 * (4 * 6)
===> 5 * 24
===> 120
```

函数fact(5)开始调用时，传入的数值为5，返回值为5* fact(4)，此时fact()函数的传入值为4，返回值为4* fact(3)，依此类推，函数每调用一次，问题的规模减小1，直至遇到函数的结束条件，终止函数的调用，再逆向运算出结果。

递归函数特性：

（1）必须有一个明确的递归终止条件。递归在有限次调用后要进行回溯才能得到最终的结果，那么必然应该有一个明确的临界点，程序一旦到达这个临界点，就不用继续函数的调用而开始回溯，该临界点可以防止无限递归。

（2）给出递归终止时的处理办法。在递归的临界点应该直接给出问题的解决方案。

（3）每次进入更深一层递归时，问题规模相比上次递归都应有所减少或更接近于解。

递归问题必须可以分解为若干个规模较小、与原问题形式相同的子问题，这些子问题可以用相同的解题思路来解决。从程序实现的角度而言，需要抽象出一个简单的重复的逻辑，以便使用相同的方式解决子问题。

递归函数的优点是定义简单，逻辑清晰。理论上，所有的递归函数都可以写成循环的方式，但循环的逻辑不如递归清晰。

递归的缺点是效率不高，而且使用递归函数需要注意防止栈溢出。

在计算机中，函数调用是通过栈（stack）这种数据结构实现的，每当进入一个函数调用，栈就会加一层栈帧，每当函数返回，栈就会减一层栈帧。由于栈的大小不是无限的，所以，递归调用的次数过多，会导致栈溢出。一般默认递归长度在1 000左右，使用Python写的递归程序如果递归太深，极有可能因为超过系统默认的递归深度限制而出现错误。

解决这个问题有3种方法：

（1）人为设置递归深度，方法如下：

```
import sys
sys.setrecursionlimit(3000)     # 括号中的值为递归深度
```

递归深度同时受操作系统栈的深度限制，不同系统环境下，支持的最大递归深度不同。在64位Windows 10环境下，最大递归深度约为3 900次左右。

（2）递归程序改成非递归实现，例如用循环的方法实现。

（3）尾递归优化：这是解决递归调用栈溢出的一种方法。尾递归是指在函数返回时，调用自身，并且return语句不能包含表达式。这样，编译器或者解释器就可以对尾递归进行优化，使递归本身无论调用多少次，都只占用一个栈帧，不会出现栈溢出的情况。

在传统的递归中，典型的模式是执行第一个递归调用，然后接着调用下一个递归来计算结果。这种方式中途得不到计算结果，直到所有的递归调用都返回为止。这样虽然很大程度上简化了代码编写，但是随着递归的深入，之前的一些变量需要分配堆栈来保存，会导致效率降低。

相对传统递归，尾递归是一种特例。在尾递归中，先执行某部分的计算，然后开始调用递归，所以可以得到当前的计算结果，而这个结果也将作为参数传入下一次递归。也就是说，函数调用出现在调用者函数的尾部，所以其有优越于传统递归之处，即无须保存任何局部变量，减少内存消耗，提高性能。

下面以递归计算阶乘的实例进行说明。

普通递归调用：

```
def fact(n):
    if n == 0:
        return 1
```

```
    else:
        return n * fact(n - 1)
```

调用这个函数fact(5)，解释器会执行：

```
fact(5)
5* fact(4)
5*4* fact(3)
5*4*3*fact(2)
5*4*3*2*fact(1)
5*4*3*2*1*fact(0)
5*4*3*2*1*1
120
```

这种运算模式下解释器会分配递归栈来保存中间结果，导致进程内存占用量增大。这样执行一些递归层数比较深的代码时，除了造成内存浪费，还有可能导致堆栈溢出错误。

尾递归实现：

```
def tail_fact(n, fac=1):
    if n==0:
        return fac
    else:
        return tail_fact(n - 1, n * fac)
```

此时，编译器做的工作：

```
tail_fact(5,fac = 1)
tail_fact(4,5*1)
tail_fact(3,5*4*1)
tail_fact(2,5*4*3*1)
tail_fact(1,5*4*3*2*1)
tail_fact(0,5*4*3*2*1*1)
120
```

当前时刻的计算值作为第二个参数传入下一个递归，使得系统不再需要保留之前的计算结果。理论上讲，没有产生中间变量来保存状态的尾递归，完全可以复用同一个栈帧来实现所有的递归函数操作。这种形式的代码优化就叫作尾递归优化，但遗憾的是Python本身不支持尾递归（没有对尾递归进行优化），而且对递归的次数有限制，当递归深度超过1 000时，同样会抛出异常。

5.8 代码复用

第2章中学习了绘制正多边形的方法，发现绘制正方形、正五边形、正六边形的方法非常相似，其差别只是旋转的角度不同。实现这种相同或相近功能时，可以把这段代码复制到目标位置，再做少许改变。但这样做有两个缺点：一是多次复制相同代码使源码文件变得冗长，不利于阅读和维护；二是当需要修改功能时，每处都要修改，一旦其中一处漏改就容易导致产生错误。

一个较好的方法是将这段代码封装成一个函数，在需要实现该功能的地方直接调用这个函数并对其传入合适的参数，以实现目标功能。例如，可以将绘制正多边形的程序封装成一个函数：

```
import turtle

def drawSquare(n):
    turtle.pendown()
    for i in range(n):
        turtle.forward(60)
        turtle.left(360/n)
    turtle.penup()
```

调用drawSquare()函数时，传入不同的正整数，就可以绘制出不同边数的正多边形（见图5.3），极大地简化了编程工作，也使代码变得更简洁。

```
drawSquare(4)
drawSquare(5)
drawSquare(6)
```

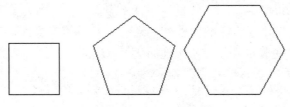

图 5.3 绘制正多边形

如果需要绘制不同效果的正多边形，只需要修改drawSquare()函数就可以实现，例如，将填充颜色、多边形的边长、线条颜色等也作为函数的参数，当函数接收不同的传入参数时，可以完成不同效果的图形绘制。

【例5.14】定义一个绘制正n边形的函数，调用函数绘制边长分别为4、5、6的正多边形，并分别用蓝、黄和红色填充，效果如图5.4所示。

```
# 例 5.14 绘制正多边形并填充.py
import turtle

def drawSquare(n,width,lineColor,fillColor):
    turtle.pensize(3)
    turtle.pendown()
    turtle.color(lineColor,fillColor)
    turtle.begin_fill()
    for i in range(n):
        turtle.forward(width)
        turtle.left(360/n)
    turtle.end_fill()
    turtle.penup()

drawSquare(4,40,'red','blue')
turtle.forward(100)
drawSquare(5,50,'blue','yellow')
turtle.forward(100)
drawSquare(6,50,'green','red')
turtle.hideturtle()
turtle.done()
```

扫一扫

例 5.14 绘制正多边形并填充

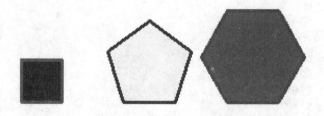

图 5.4　绘制正多边形并填充

通过定义函数的形式将功能封装起来，可以实现程序设计的模块化。

模块：用来从逻辑上组织Python代码，本质就是.py结尾的Python文件（如文件名test.py，对应的模块名test）。

Python本身内置了很多非常有用的模块，只要安装完毕，这些模块就可以立刻使用。

这些模块包括：标准库、开源模块和自定义模块。

Python中除了内置大量的标准库以外，还有十几万第三方库，这些库可以直接使用import导入后调用其中的功能模块，极大地简化了编程的难度。

```
import math                      # 导入 math 库
print(math.pow(2,3))            # 引用 math 库中的 pow 函数
```

许多时候自己定义的函数，需要经常调用时，就可以定义一个模块，将常用的函数写入模块中，下次使用常用函数时直接导入模块，就可以使用函数。

引用的格式如下：

```
from 目录名 import 模块 as 模块别名
```

当自定义的模块与当前程序文件在相同目录下时，可以简写为：

```
import 模块 as 模块别名
```

扫一扫

例 5.15　用户自定义幂函数模块

【例 5.15】修改前面自定义的幂函数的程序，作为用户自定义的模块，保存成my_pow.py，使之可以被自己的其他程序所调用。

分析：欲实现题目的功能，只需要在自定义的my_pow.py模块中，把输入和输出放到if __name__ == '__main__':下面即可。

当my_pow.py直接运行时，它的__name__属性为__main__，会执行到分支语句中的输入和输出部分。当my_pow.py作为模块的角色被导入到某个文件中使用时，它的__name__属性为模块名，此时，不执行if分支语句中的输入/输出语句。用这样的方法编写程序，可以使自己的程序方便地被其他程序作为模块导入。

简而言之，if __name__ == '__main__'语句的意思是当.py文件被直接运行时，if __name__ == '__main__'之下的代码块将被运行；当.py文件以模块形式被导入时，if __name__ == '__main__'之下的代码块不被运行。

```
#my_pow.py
def power(x,n):
    po=1
    for i in range(n):
        po=po*x
```

```
        return po
if __name__ == '__main__':
    x,n = map(int,input().split())
    print(power(x,n))
```

调用自定义模块方法如下：

```
import my_pow

print(my_pow.power(3,4))    # 输出结果为：81
```

编写一个大工程时，离不开多个模块的组合运用，其中也不乏模块导入，此时便要考虑好模块之间的关系搭建和运用，同时遵循一些基本的思想：

（1）模块耦合度要降到最低，尽量少使用全局变量，它会使模块的独立性降低。

（2）最大化模块的黏合性，最小化耦合性，尽可能不依赖外部的变量名。

（3）每个模块中应该尽量少修改其他模块的变量。

尽量通过函数参数返回值这类机制去传递结果，而不是进行跨模块修改，这样做便于规范化，不易出错，容易理解，有利于后期的维护。

程序模块化，就是将整个程序，包含该程序需要用到的所有函数、变量、文件、模块等，当作一个整体。只要整个程序内部的相对路径不改变，将程序移植到其他路径执行，也不会报错。

5.9 内置函数

Python 3.7.0内置了69个函数可以直接使用，这些函数如下：

abs()	delattr()	hash()	memoryview()	set()
all()	dict()	help()	min()	setattr()
any()	dir()	hex()	next()	slice()
ascii()	divmod()	id()	object()	sorted()
bin()	enumerate()	input()	oct()	staticmethod()
bool()	eval()	int()	open()	str()
breakpoint()	exec()	isinstance()	ord()	sum()
bytearray()	filter()	issubclass()	pow()	super()
bytes()	float()	iter()	print()	tuple()
callable()	format()	len()	property()	type()
chr()	frozenset()	list()	range()	vars()

classmethod()	getattr()	locals()	repr()	zip()
compile()	globals()	map()	reversed()	__import__()
complex()	hasattr()	max()	round()	

这些函数中的大部分会在本书的各章节出现，这里只介绍几个函数：

1. help([object])

help([object])可返回方括号中对象的帮助信息，括号中的参数为一个字符串，可以是模块名、函数名、类名、方法名、关键字或文档主题。当参数省略时，进入帮助环境，再输入要查找的对象名，返回该对象的帮助。例如，查看函数id()的帮助信息：

```
>>> help(id)
Help on built-in function id in module builtins:

id(obj, /)
    Return the identity of an object.

    This is guaranteed to be unique among simultaneously existing objects.
    (CPython uses the object's memory address.)

>>>
```

2. id()

id()函数返回括号中对象的内存地址，一个对象的id值在Python解释器（官方解释器）里代表它在内存中的地址。对于字符串、整数等类型，变量的id是随着值的改变而改变的。用is判断两个对象是否相同时，依据就是这个id值是否相同。复合类型的对象（如类、list等）id唯一且不变，但在不重合的生命周期里，可能会出现相同的id值。

3. type()

type()函数是一个既实用又简单的查看数据类型的方法，其返回值是要查询的对象类型信息。

```
print(type(1),type('1'),type([1,2,3]))
#<class 'int'> <class 'str'> <class 'list'>
print(type(range(5)))
#<class 'range'>
```

4. round(number[, ndigits])

round()函数的作用是对浮点数取近似值，保留小数点后几位小数。参数number是一个浮点数，参数ndigits是保留的小数的位数，ndigits缺省时，返回最靠近number的整数。

Python 3.x中采用的是保留到离上一位更近的一端（四舍六入）的处理方式，当取舍位是5时，会保留到偶数的一边。例如，round(0.5)和round(-0.5)都会保留到0，而round(1.5)会保留到2。

由于机器中浮点数不一定能精确表达，有时round()结果与预期可能不同。例如，round (2.675, 2) 的结果应该是2.68，结果却是2.67，这是因为十进制与二进制转换时，机器做出了截断处理，在机器中保存的2.675这个数字比实际数字要小一点，导致了它离2.67更近，所以保留两位小数时就近似到了2.67。

小　结

本章主要讲解了函数的定义、函数的参数和参数传递、变量作用域、匿名函数和递归等内容。函数的使用可以使程序的逻辑更清晰、具有良好的可读性和可维护性，也可以使程序尽可能扁平化，减少嵌套深度。利用函数可以方便地把每一个功能封装在一个函数中，实现模块化编程。

练　习

1. 定义一个判断闰年的函数，接收一个正整数为参数，如果参数是闰年，返回True，否则返回False。

2. 定义一个判断素数的函数，接收一个正整数为参数，如果参数是素数，返回True，否则返回False。

3. 利用题目2的结果，编写一个程序，输出200以内的所有回文素数。回文素数是指一个数既是素数又是回文数。例如，131，既是素数又是回文数。

4. 利用题目2的结果，编写一个程序，输出200以内的所有反素数。反素数是指一个将其逆向拼写后也是一个素数的非回文数。例如，13和31都是素数，且13和31都不是回文数，所以，13和31是反素数。

5. 定义一个寻找水仙花数的函数，编程输出3位到7位（包括3位和7位）的所有水仙花数。

6. 斐波那契数，亦称为斐波那契数列，指的是这样一个数列：0、1、1、2、3、5、8、13、21、……在数学上，斐波那契数列可按以下递归的方法定义：

$F (0) =0$

$F (1) =1$

$F (n) =F (n-1) +F (n-2)$ （$n>=2$, $n \in N*$）

用文字来说，就是斐波那契数列由 0 和 1 开始，第3个数之后的每个数都是其前两个数的和。定义一个递归函数用于计算斐波那契数，编程输出数列的前20项。

第⑥章 序列类型

程序＝算法＋数据结构，算法是指解题方案准确而完整的描述，是一系列解决问题的清晰指令。数据结构是指相互之间存在一种或多种特定关系的数据元素的集合。通常情况下，精心选择的数据结构可以带来更高的运行或者存储效率。

Python中最基本的数据结构是序列，Python 3.7.0中基本序列类型包括list（列表）、tuple（元组）和range。除此以外，还有文本序列类型str（字符串）和二进制文本类型bytes、bytearray等。

本章主要学习list（列表）、tuple（元组）和range三种数据类型。

学习目标：

- 掌握序列的通用操作方法。
- 掌握列表的制作和应用。
- 掌握元组的定义与应用。
- 掌握range类型的应用。

6.1　通用序列操作

6.1.1　索引

序列数据内部的元素按照顺序有序存储，同字符串一样，可以使用"索引"取得相应的数据项。

Python维护了两套索引，正向索引正向从 0 开始，终止值为列表长度（元素个数）减1（即 len(列表)-1）；负向从 -1 开始，负向索引终止值为负的列表长度（即 -len(列表)），如图6.1所示。

正向索引 ⟶

正向索引	0	1	2	3	4	5	6	7	8	9
L	94	89	96	88	92	86	69	95	78	85
负向索引	-10	-9	-8	-7	-6	-5	-4	-3	-2	-1

⟵ 负向索引

图 6.1　索引序号

使用列表名称[索引号]可以取得需要的数据。例如：

```
scores = [84, 80, 95, 88, 96, 76, 65, 85, 98, 55]
print(scores[0])            # 输出 84
print(scores[3])            # 输出 88
print(scores[-1])           # 输出 55
print(scores[-3])           # 输出 85
```

如需修改列表中一个元素的值，只需将值赋值给指定索引的元素即可。例如，将scores 列表中下标为 3 和 -3 的值分别修改为 66 和 96：

```
scores = [84, 80, 95, 88, 96, 76, 65, 85, 98, 55]
scores[3] = 66              # 修改 scores[3] 值为 66
scores[-3] = 96             # 修改 scores[-3] 值为 96
print(scores)              # 输出 [84, 80, 95, 66, 96, 76, 65, 96, 98, 55]
```

需要注意的是，不论是取值还是赋值，当使用的索引值超出列表现有数据的索引时，Python都将会产生 IndexError。例如，尝试获取 scores 列表中不存在的索引号 10 的数据，会得到IndexError: list index out of range的出错提示。

```
print(scores[10])
```

输出：

```
Traceback (most recent call last):
  File "<pyshell#1>", line 1, in <module>
    print(scores[10])
IndexError: list index out of range
```

6.1.2　切片

对于具有序列结构的数据来说，都支持切片操作，切片的方法如下：

```
s[start: end: step]
```

（1）start：表示第一个要返回的元素的索引号，正索引位置默认为0；负索引位置默认为-len(s)。

（2）end：表示切片结束位置元素索引号，正索引最后一个位置为 len(s)-1；负索引位置默认为 -1。

（3）step：表示取值的步长，默认为1，步长值不能为0。

对于序列结构数据来说，索引和步长都具有正负两个值，分别表示左右两个方向取值。索引的正方向从左往右取值，起始位置为0；负方向从右往左取值，起始位置为-1。因此，任意一个序列结构数据的索引范围为 -len(s) 到 len(s)-1 范围内的连续整数。

切片的过程是从第一个要返回的元素开始，到第一个不想返回的元素结束。切片操作将会按照给定的索引和步长，截取序列中由连续的对象组成的片段，单个索引返回值可以视为只含有一个对象的连续片段。

因此在s[start: end: step]中，切片中包含了s[start]，但不包括s[end]。所以，如果想返回第一到最后一个元素，结束位置的序号应该设为len(s)。

```
s = [0,1,2,3,4,5,6,7,8,9]
print(s[0:5])          # 输出 [0, 1, 2, 3, 4]，不包括右边界元素
```

```
print(s[:5])        #输出 [0, 1, 2, 3, 4]，不包括右边界元素
print(s[5:])        #输出 [5, 6, 7, 8, 9]，从起始序号元素到列表结束的所有元素
print(s[5:1])       #结束位置序号小于起始位置序号，输出空列表 []
print(s[:])     #缺省始末位置序号，输出全部元素 [0, 1, 2, 3, 4, 5, 6, 7, 8, 9]
print(s[::-1])  #缺省始末位置序号，步长为 -1，逆序输出 [9, 8, 7, 6, 5, 4, 3, 2, 1, 0]
print(s[-5:-1])     #负向索引，输出 [5, 6, 7, 8]，不包含右边界元素
print(s[1:-1])      #混用正负索引，输出 [1, 2, 3, 4, 5, 6, 7, 8]
print(s[0:9:2])     #步长为 2，隔一个输出，输出 [0, 2, 4, 6, 8]，长度为 5
```

6.1.3 序列拼接与重复

前面已经学习了字符串可以直接拼接或重复，实际上，元组与元组、列表与列表等两种相同类型的序列都可以进行类似的操作。序列拼接是通过使用加号进行序列的拼接操作；序列重复是用一个整数x乘以一个序列生成新的序列，而在新的序列中，原来的序列将被重复x次。当x小于或等于0时，会产生一个空序列。

```
s1 = ('苹果','香蕉','菠萝')
print(s1 * 2)       #输出时将元组 s1 中的元素复制 2 次
print(s1 * 0)       #输出时将元组 s1 中的元素复制 0 次
s2 = ('水仙花','玫瑰花')
print(s1 + s2)      #输出时将元组 s1 与 s2 中的元素相加
```

输出：

```
('苹果','香蕉','菠萝','苹果','香蕉','菠萝')
()
('苹果', '香蕉', '菠萝', '水仙花', '玫瑰花')
```

6.1.4 成员测试

Python 提供了in 和not in运算符，用于测试给定值是否为字符串、列表或元组等序列中的成员。成员测试运算用于检验某个条件是否为真，返回布尔值（True或False）。应用in测试时，如果在指定的序列中找到一个给定的值，则返回True，否则返回False。 应用not in测试时，正好相反，如果在指定序列中找不到变量的值，则返回True，否则返回False。

```
s = ('苹果','香蕉','菠萝')
print('葡萄' in s)
```

输出：

```
False
```

成员测试一般用于条件运算，根据测试结果决定执行后续程序中的某个分支。

```
s - input('请输入温度及符号: ')
if s[-1] in ['C','c']:   #当输入的字符串最后一个字符为 'C' 或 'c' 时
    print('摄氏 '+s[:-1]+'度')
if s[-1] in ['F','f']:   #当输入的字符串最后一个字符为 'F' 或 'f' 时
    print('华氏 '+s[:-1]+'度')
```

输入：

```
    38c
```

输出：

```
    摄氏 38 度
```

输入：

```
102F
```

输出：

华氏102度

6.1.5　通用内置函数

Python中提供了len()、min()和max()等通用内置函数用于返回序列类型数据的长度、最小值和最大值。

len()函数以序列为参数，返回序列中所包含的元素的数量；min()和max()函数以序列或数据为参数，返回其中最小值或最大值。例如：

```
ls = [1,2,4,7,9,3,-1]
print(max(ls),min(ls),len(ls))
print(max(1,5,7,-3))
```

输出：

```
9 -1 7
7
```

通用序列数据操作说明如表6.1所示。

表6.1　通用序列数据操作

操　　作	结　　果
x in s	如果x在序列s中，返回True，否则返回False
x not in s	如果x不在序列s中，返回True，否则返回False
s + t	新的序列，数据元素是s和t数据项按先后顺序的组合。 注：range数据不支持此操作；s和t必须为同一序列类型
s * n	新的同类型序列，数据元素为重复s中数据元素n次。 例如，[1, 2, 3] * 2得到的结果为[1, 2, 3, 1, 2, 3]。 注：range数据不支持此操作
s[i] s[i:j] s[i:j:k]	按索引i取值。 切片，获取索引自i到j-1的元素构成新序列。 切片，获取索引自i到j-1步长为k的元素构成新序列
len(s)	序列s的元素个数（序列长度）
max(s)	序列s中的最大值（s中数据元素类型需相同）
min(s)	序列s中的最小值（s中数据元素类型需相同）
s.count(x)	序列s中x的个数
s.index(x[, i[, j]])	序列中第一个x的索引值，i值表示从索引i处开始查找x，j表示x查找范围在i和j之间

6.2　列　　表

Python中的列表（list）是用一对方括号"[ ]"括起来的一组数据，数据项之间用逗号","隔开。列表中的每个数据项称为一个元素，各元素类型可以相同，也可以不同，甚至可以将列表或元组作为列表的元素。例如：

```
lsa = [1, 2, 3, 4, 5]
lsb = ['湖北', '河北', '山东', '山西']
lsc = ['Susan', 'Female', 19, [85, 74, 99, 89, 92]]
```

上面的3个列表中，列表lsa中有5个整型数据，lsb中有4个字符串型数据，lsc中有4个元素，其中包括2个字符串型数据、1个整型数据和1个列表。

6.2.1 列表的创建

列表的创建主要有以下几种方法：

（1）将用方括号"[ ]"括起来的一组数据赋值给一个变量，数据可以是多个，也可以是0个，数据个数为0时创建一个空列表。

（2）使用list()函数，将元组、range对象、字符串、字典的键、集合或其他类型的可迭代对象类型的数据转换为列表，当参数为空时生成一个空列表。

（3）使用split()函数将一个字符串按指定字符切分后，转为列表。例如：

```
print(list())              #list() 函数的参数为空时，产生一个空列表，输出结果为: []
L1= list((1,2,3,4,5))      # 将元组 (1,2,3,4,5) 转为列表
print(L1)                  # 输出结果为: [1, 2, 3, 4, 5]
L2 = list(range(5))        # 将 range 对象转为列表
print(L2)                  # 输出结果为: [0, 1, 2, 3, 4]
L3 = list('12345')         # 将字符串转为列表
print(L3)                  # 输出结果为: ['1', '2', '3', '4', '5']
s = '我,是,中,国,人'        # 这是一个字符串
L = s.split(',')           # 根据逗号 (,) 对字符串 s 进行切分并转为列表
print(L)                   # 输出结果为: ['我', '是', '中', '国', '人']
```

6.2.2 列表的更新

赋值语句是改变对象值的最简单的方法，在列表中，也可以通过索引赋值改变列表中指定序号的元素值。索引赋值的方法为：

```
ls[i] = a
```

其中，i 为列表中的元素序号，要求i为整数且在列表序号范围内（-len(ls) <= i < len(ls)），当i值超出列表序号范围时，抛出错误：IndexError: list assignment index out of range。

a 为新值，其值可以与列表中原有元素的数据类型相同，也可以是不同的数据类型，甚至可以是一个列表或元组。例如：

```
ls = [88,56,95,46,100,77]    # 通过赋值创建列表 L
ls[2] = 66
print(ls)        #序号为 2 的元素被替换为 66，输出 [88, 56, 66, 46, 100, 77]
ls[3] = 'pass'
print(ls)        #序号为 3 的元素被替换，输出 [88, 56, 66, 'pass', 100, 77]
ls[5] = ['True','False']
print(ls) #序号为 5 的元素被替换，输出 [88, 56, 66, 'pass', 100, ['True', 'False']]
```

除了按索引赋值以外，还可以用切片赋值的方法更新列表中的数据，切片赋值要求新值也为列表。其操作相当于将原列表中切片中元素删除，同时用新的列表中的元素代替切

片的位置。当切片连续时（如ls[i:j]），此时新列表长度不限，可为空列表、与切片等长列表或超出切片长度的列表。例如：

```
ls = [88,56,95,46,100,77]    # 通过赋值创建列表 ls
print(ls)                     # 输出原列表中元素 [88, 56, 95, 46, 100, 77]
ls[1:3] =[33,44]              # 序号为 1 和 2 的元素被替换为新列表中的 33 和 44
print(ls)                     # 输出: [88, 33, 44, 46, 100, 77]
ls[1:3] = []                  # 序号为 1 和 2 的元素被替换为新列表中空值
print(ls)                     # 输出 [88, 46, 100, 77]，列表长度减少 2
ls = [88,56,95,46,100,77]    # 通过赋值创建列表 ls
ls[1:3] =[33,44,55,66]        # 序号为 1 和 2 的元素被替换为新列表中的 33、44、55、66
print(ls)                     # 输出 [88, 33, 44, 55, 66, 46, 100, 77]，列表长度增加 2
```

当切片不连续时（如ls[i:j:step]），要求新列表与切片元素数量相等，再按顺序一一替换。例如：

```
ls = [88,56,95,46,100,77]    # 通过赋值创建列表 ls
print(ls[0:6:2] )             # 切片返回结果，3 个元素，输出 [88, 95, 100]
ls[0:6:2] = [10,20,30]        # 将切片返回的 3 个元素用新列表中对应位置的元素替代
print(ls)                     # 输出 [10, 56, 20, 46, 30, 77]
ls = [88,56,95,46,100,77]    # 通过赋值创建列表 ls
ls[0:6:2] = ['Python','C语言','VB']  # 新列表元素的数据类型任意，与原列表不要求相同
print(ls)                     # 输出 ['Python', 56, 'C语言', 46, 'VB', 77]
```

如果输出id(ls)查看每次操作前后列表ls的id，可以发现，当列表长度没有增加且新加入的数据类型与原数据类型相同时，更新前后列表的id没有发生变化，也就是说，此时的更新是原地操作。而当更新列表后长度增加的操作，或更新后新加入的数据的类型与原数据类型不同时，更新前后列表的id会发生变化。也就是说，此时的更新是重新创建了新的列表，并将原列表和更新的数据一起放入新列表。

可以这样理解列表被创建后，就不能再往列表中增加元素了，如果需要增加新的元素，需要将整个列表中的元素复制一遍，再添加需要增加的元素。

为了解决这个问题，Python提供了append()、extend()和insert()这3种方法，用于向列表中添加元素，这3种方法都是原地操作，不影响列表在内存中的起始地址。

（1）append()用于向列表末尾追加一个元素，append()方法的使用方式为：

```
ls.append(x)
```

其中，ls为操作的列表名，x为增加的元素。

```
ls = [88,56,95,46,100,77]    # 通过赋值创建列表 ls
ls.append(100)                # 在原列表末尾增加新元素数字 100
print(ls)                     # 输出 [88, 56, 95, 46, 100, 77, 100]
ls.append('python')           # 在原列表末尾增加新元素字符串 'python'
print(ls)                     # 输出 [88, 56, 95, 46, 100, 77, 100, 'python']
```

如果输出id(ls)可以发现，应用append()方法向列表中增加元素时，可以增加同类型元素，也可以增加不同类型元素，其列表的id不变，说明只是修改了原列表而没有重建列表。

（2）extend()是将另一个列表中的所有元素追加到当前列表的末尾，extend()方法的使用方式为：

```
ls.extend(L)
```

（3）insert()是向列表中任意位置插入一个元素，insert()方法的使用方式为：

```
ls.insert(i,x)
```

其中，ls为操作的列表名，i为插入位置的序号，x为增加的元素。

```
ls = [88,56,95,46,100,77]
ls.insert(2,99)              # 在序号为 2 的位置插入新值 99
print(ls)                    # 输出 [88, 56, 99, 95, 46, 100, 77]
L = [10,20,30]
ls.extend(L)                 # 在原列表末尾增加新列表中的元素 10,20,30
print(ls)                    # 输出 [88, 56, 99, 95, 46, 100, 77, 10, 20, 30]
```

6.2.3 列表的删除

列表有3个方法可用于删除列表中的元素，这3个方法分别为pop()、remove()和clear()，下面分别介绍其用法。

（1）pop()方法的使用方式为：

```
ls.pop(i)
```

其中，ls为要操作的列表名，i为要删除的列表元素的序号。ls.pop(i)可用于移除列表中序号为"i"的一个元素。当括号中无参数时，默认移除列表的最后一个元素，此处i为整数且不超过列表序号范围。pop()方法是唯一能删除列表元素又能返回值的列表方法，其返回值为被移除的元素。例如：

```
L = list('7319826540')  # 将字符串转为列表 L
print(L)       # 输出列表元素 ['7', '3', '1', '9', '8', '2', '6', '5', '4', '0']
L.pop()        # 移除列表中最后一个元素
print(L)       # 输出列表元素 ['7', '3', '1', '9', '8', '2', '6', '5', '4']
s=L.pop()      # 移除列表中最后一个元素，并将移除的元素赋值给 s
print(L,s)     # 输出列表元素及被移除的数据 ['7', '3', '1', '9', '8', '2', '6', '5'] 4
L.pop(3)       # 移除列表中序号为 3 的元素
print(L)       # 输出列表元素 ['7', '3', '1', '8', '2', '6', '5']
s=L.pop(-3)    # 移除列表中序号为 3 的元素，并将移除的元素赋值给 s
print(L,s)     # 输出列表元素及被移除的数据 ['7', '3', '1', '8', '6', '5'] 2
```

（2）remove()方法的使用方式为：

```
ls.remove(x)
```

其中，ls为要操作的列表名，x为要删除的数据。ls.remove(x)方法可用于删除列表中第一个与参数x值相同的元素。列表中存在多个与参数x值相同的元素时，只删除第一个，保留其他元素。当列表中不存在与参数x相同的元素时，抛出错误ValueError: list.remove(x): x not in list。例如：

```
L = list('7319826540')  # 将字符串转为列表 L
print(L)   # 输出列表元素 ['7', '3', '1', '9', '8', '2', '6', '5', '4', '0']
L.remove('1')  # 删除列表中元素 '1'（字符串）
print(L)       # 输出修改过的列表 ['7', '3', '9', '8', '2', '6', '5', '4', '0']
L.remove(1) # 删除列表中元素 1（整数）
print(L) # 删除对象不在列表中存在，抛出错误 ValueError: list.remove(x): x not in list
```

（3）clear()方法的使用方式为：

```
ls.clear()
```

clear()方法可用于删除列表中全部元素，即清空列表。若L为当前操作的列表，则L.clear()作用与del L[:]相同。例如：

```
L = list('7319826540')   # 将字符串转为列表 L
print(L)   #输出列表元素 ['7', '3', '1', '9', '8', '2', '6', '5', '4', '0']
L.clear()                  # 删除列表中全部元素
print(L)                   # 输出修改过的列表 []
L = list('7319826540')   # 将字符串转为列表 L
del L[:]                   # 删除列表中全部元素
print(L)                   # 输出修改过的列表 []
```

当一个列表不再使用时，可以del 命令删除列表，实际上，del命令也可以被用于删除列表中的元素。例如：

```
ls= list(range(5))        # 将 range 对象转列表 ls
print(ls)                  #输出结果为： [0, 1, 2, 3, 4]
del ls[1]                  # 删除列表 ls 中序号为 "1" 的元素
print(ls)                  # 输出结果为： [0, 2, 3, 4]
del ls                     # 删除列表 ls
print(ls)          # 列表 ls 不存在了，抛出错误， NameError: name 'ls' is not defined
```

6.2.4　列表的排序

Python中提供了sort()和reverse()两个方法对列表元素进行排序。

1. sort()方法

```
ls.sort(*, key=None, reverse=False)
```

ls为要排序的列表，ls.sort()方法可以对列表ls中的数据在原地进行排序，默认规则是直接比较元素大小（注意字符串的比较是逐位比较每个字符的大小）。缺省时参数reverse=False，为升序排序；当设置参数reverse=True时，为降序排序。排序后，列表中的元素变为一个有序序列。例如：

```
L = ['73','13','9','82','6','5','04']   # 通过赋值创建列表 L
print(L)             #输出列表原始元素 ['73', '13', '9', '82', '6', '5', '04']
L.sort()             #比较字符串大小，缺省升序排序
print(L) #输出修改过的列表 ['04', '13', '5', '6', '73', '82', '9']，字符串 '13'< '5'
ls = [88,56,95,46,100,77]    # 通过赋值方式创建列表 ls
ls.sort(reverse = True)       # 比较数值大小，降序排序
print(ls)                     # 输出修改过的列表 [100, 95, 88, 77, 56, 46]
```

参数key可以指定排序时应用的规则，不影响列表中元素的值。例如：

```
L = ['app', 'Apple', 'at', 'AM']
L.sort()
print(L)              #['AM', 'Apple', 'app', 'at']
L.sort(key = str.lower)
print(L)              #['AM', 'app', 'Apple', 'at']
```

使用的sort()方法，不使用key参数时，Python严格按照列表元素中每个数据字符串的ASCII码大小排序，'A' < 'a'，故所有'A'开头的字符串都在'a'开头的字符串之前。当提

供了参数key = str.lower时，Python执行的操作是将key参数得到的str.lower方法，依次应用于列表中的每个数据项，将字符串中所有字符转换为小写字符，并以此结果作为依据，进行统一排序。排序后，列表中的实际数据项仍为原数据项值，并不会受排序参数key得到的函数和方法影响。key参数得到的函数或方法，只作为排序依据使用。

2. reverse()方法

ls.reverse()方法的作用是不比较元素大小，直接将列表ls中的元素逆序。例如：

```
L = ['73','13','9','82','6','5','04']   # 通过赋值创建列表L
print(L)            # 输出列表原始元素 ['73', '13', '9', '82', '6', '5', '04']
L.reverse()         # 将列表元素逆序
print(L)            # 输出修改过的列表 ['04', '5', '6', '82', '9', '13', '73']
ls = [88,56,95,46,100,77]     # 通过赋值方式创建列表ls
ls.reverse()                  # 将列表元素逆序
print(ls)                     # 输出修改过的列表 [77, 100, 46, 95, 56, 88]
```

这两种方法都是原地操作，直接修改了原始列表中的数据，有时，我们只希望在输出时进行排序或逆序输出，不改变列表中的原始数据的顺序。此时，可以使用Python的内置函数sorted()和reversed()。这两个函数都是只返回排序或逆序的对象的结果，而不对原列表进行任何修改，也就是说，不会改变列表中元素原始的顺序。

> **注意：**
> 使用这两个内置函数时，列表要放在括号中作为函数的参数。reversed(ls)产生的是一个逆序的对象，需要用list()函数将其转为列表才可以输出。

例如：

```
L = ['73','13','9','82','6','5','04']   # 通过赋值创建列表L
print(L)  # 输出列表原始元素 ['73', '13', '9', '82', '6', '5', '04']
print(sorted(L)) # 将列表元素排序输出   ['04', '13', '5', '6', '73', '82', '9']
print(L)  # 列表L元素顺序不变 ['73', '13', '9', '82', '6', '5', '04']
ls = [88,56,95,46,100,77]        # 通过赋值方式创建列表ls,值为 [88, 56, 95,
                                 #46, 100, 77]
print(list(reversed(ls)))        # 将列表元素逆序并转为列表输出 [77, 100, 46,
                                 #95, 56, 88]
print(ls)          # 列表ls元素顺序不变 [88, 56, 95, 46, 100, 77]
```

【例 6.1】 有10名同学的Python课程成绩分别为94、89、96、88、92、86、69、95、78、85，利用列表分析成绩，输出平均值、最高的3个成绩和最低的3个成绩、成绩中位数。

分析：平均成绩可以将所有成绩加和再除以10获得，最高和最低成绩需要排序后输出前后各3个成绩，中位数也需要先排序再求取。如果原列表顺序不需要保留，可以使用列表的sort()方法进行排序。

例 6.1 成绩统计

```
# 例 6.1 成绩统计 .py
scores = [94, 89, 96, 88, 92, 86, 69, 95, 78, 85]
scores.sort()            # 对成绩列表排序，默认升序，scores 中原来顺序丢失
print(sum(scores)/10)    # 计算平均成绩
print(' 最高 3 个成绩为: ', scores[-1: -4: -1]) # 倒数 3 个成绩，步长 -1 表逆序，降序
```

```
print('最低3个成绩为: ', scores[0: 3])          #正数3个成绩, 顺序输出, 升序
count = len(scores)     # 取得成绩个数
if count % 2 == 0:      # 当列表元素数目为偶数时, 中位数为中间两个数据的算术平均数
    median = (scores[count // 2 -1] + scores[count // 2 ])/2
else:                   # 当列表元素数目为奇数时, 中位数即列表中间的数值
    median = scores[ count // 2 ]
print('成绩中位数是: {:.2f}'.format(median))
print(scores)     #sort()方法使原列表排序发生变化, [69, 78, 85, 86, 88, 89,
                  #92, 94, 95, 96]
```

很多时候, 希望原列表中的顺序可以被保留下来, 这时, 可以使用Python内置函数sorted()在输出时进行排序:

```
scores = [94, 89, 96, 88, 92, 86, 69, 95, 78, 85]
print(sum(scores)/10)
print('最高3个成绩为: ',sorted(scores)[-1: -4: -1]) #输出时排序, 不影响原列表
print('最低3个成绩为: ', sorted(scores)[0: 3])
count = len(scores)     # 取得成绩个数
if count % 2 == 0:      # 当列表元素数目为偶数时, 中位数为中间两个数据的算术平均数
    median = (sorted(scores)[count // 2 -1] + sorted(scores)[count // 2 ])/2
else:                   # 当列表元素数目为奇数时, 中位数即列表中间的数值
    median = sorted(scores)[ count // 2 ]
print('成绩中位数: {:.2f}'.format(median))
print(scores)  # sorted()函数不改变原列表顺序 [94, 89, 96, 88, 92, 86, 69, 95, 78, 85]
```

扫一扫

例 6.2　列表
元素排序

【例 6.2】列表score = [['Angle', '0121701100106',99], ['Jack', '0121701100107',86], ['Tom', '0121701100109',65], ['Smith', '0121701100111', 100], ['Bob', '0121701100115',77], ['Lily', '0121701100117', 59]], 每个列表元素的3个数据分别代表姓名、学号和成绩, 请分别按姓名、学号和成绩排序输出。

分析: 可以借助lambda函数指定排序关键字。

```
# 例 6.2 列表元素排序 .py
score = [[ 'Angle', '0121701100106',99], [ 'Jack', '0121701100107',86],
[ 'Tom', '0121701100109',65], [ 'Smith', '0121701100111', 100], ['Bob',
'0121701100115',77], ['Lily', '0121701100117', 59]]
print('按姓名排序')
print(sorted(score, key=lambda x:x[0]))    # 按元素中序号为 0 的元素排序
print('按学号排序')
print(sorted(score, key=lambda x:x[1]))    # 按元素中序号为 1 的元素排序
print('按成绩排序')
print(sorted(score, key=lambda x:x[2]))    # 按元素中序号为 2 的元素排序
```

输出(注: 为方便查看, 排版时加了换行):

```
按姓名排序
[['Angle', '0121701100106', 99],
['Bob', '0121701100115', 77],
['Jack', '0121701100107', 86],
['Lily', '0121701100117', 59],
['Smith', '0121701100111', 100],
['Tom', '0121701100109', 65]]
按学号排序
[['Angle', '0121701100106', 99],
['Jack', '0121701100107', 86],
```

```
['Tom', '0121701100109', 65],
['Smith', '0121701100111', 100],
['Bob', '0121701100115', 77],
['Lily', '0121701100117', 59]]
按成绩排序
[['Lily', '0121701100117', 59],
['Tom', '0121701100109', 65],
['Bob', '0121701100115', 77],
['Jack', '0121701100107', 86],
['Angle', '0121701100106', 99],
['Smith', '0121701100111', 100]]
```

6.2.5 列表赋值与复制

将一个列表ls直接赋值给另一个变量lsnew时，并不会产生新的对象，只相当于给原列表存储的位置多加了一个标签lsnew，可以同时使用ls和lsnew两个标签访问原列表。当列表ls的值发生变化时，lsnew同时发生变化。

当使用copy()方法复制或用列表切片再赋值时，相当于创建一个新对象，再复制数据的一个副本，称为浅复制。新对象与原列表无直接关联，对其中一个进行操作也不会影响另一个对象。例如：

```
ls = [1, 2, 3, 4]
lsa = ls          #将列表对象直接赋值给列表lsa，相当给对象[1,2,3,4]增加一个标签
lsb = ls.copy() # 将ls复制赋值给列表lsb
lsc = ls[:]       # 切片的方法将ls中全部元素赋值给列表lsc
ls.append(5)      # 为ls新增一个元素
print(id(ls),id(lsa),id(lsb),id(lsc)) # 内置函数id可查看一个对象在内存中的唯一标识值
# 输出 2344693977992 2344693977992 2344694112136 2344694111048
print(ls,lsa,lsb,lsc)
# 输出 [1, 2, 3, 4, 5] [1, 2, 3, 4, 5] [1, 2, 3, 4] [1, 2, 3, 4]
```

由上例可以看出，ls和lsa的id值相同，表示它们指向同一序列，而lsb和lsc和ls的id值各不相同，表明它们指向不同对象。

当列表乘一个整数n时，相当于一个id的对象被复制n次。例如：

```
ls = [[ ]] * 3    #ls[0]被复制3次
print(ls)         #[[], [], []]
print(id(ls[0]),id(ls[1]),id(ls[2])) #ls[0], ls[1], ls[2]id相同，是同一对象
                                      # 的不同标签
# 输出: 2438949169160 2438949169160 2438949169160
ls[0].append(3) # 列表ls[0]新增一个元素
print(ls)         #[[3], [3], [3]], 对象值改变，通过不同标签访问的都是修改过的值
ls[0].append(5) # 列表ls[0]新增一个元素
print(ls) #[[3, 5], [3, 5], [3, 5]], 对象值改变，通过不同标签访问的都是修改过的值
```

6.2.6 列表推导式

推导式又称解析式，可以从一个数据序列构建另一个新的数据序列的结构体。推导式是Python的一种独有特性，本质上可以将其理解成一种集合了变换和筛选功能的函数，通过这个函数把一个序列转换成另一个序列。共有3种推导式：列表推导式、字典推导式、

集合推导式，本节学习列表推导式。

列表推导式是一种创建新列表的便捷的方式，通常用于根据一个列表中的每个元素通过某种运算或筛选得到另外一系列新数据，创建一个新列表。

列表推导式由一个表达式跟一个或多个for从句、0个或多个if从句构成。

for前面是一个表达式，in后面是一个列表或能生成列表的对象。将in后面列表中的每一个数据作为for前面表达式的参数，再将计算得到的序列转成列表。if是一个条件从句，可以根据条件返回新列表。

例如，计算0～9中每个数的平方，存储于列表中输出，可以用以下方法实现：

```python
squares = []                           #创建空列表 squares
for x in range(10):                    #x 依次取 0 ~ 9 中的数字
    squares.append(x**2)               #向列表中增加 x 的平方
print(squares)      #输出列表 squares,[0, 1, 4, 9, 16, 25, 36, 49, 64, 81]
# 用 lambda 函数实现，将 0 ~ 9 中每个数映射为其平方并转为列表
squares = list(map(lambda x: x**2, range(10)))
print(squares)         #输出列表 squares,[0, 1, 4, 9, 16, 25, 36, 49, 64, 81]
```

也可以用列表推导式来实现：

```python
squares = [x**2 for x in range(10)]  #计算 range(10) 中每个数的平方，推导出新列表
print(squares)    #输出新列表 squares,[0, 1, 4, 9, 16, 25, 36, 49, 64, 81]
```

[x**2 for x in range(10)]是一个列表推导式，推导式生成的序列放在列表中，for从句前面是一个表达式，in后面是一个列表或能生成列表的对象。将in后面列表中的每一个数据作为for前面表达式的参数，再将计算得到的序列转成列表。可以发现，用列表推导式实现的代码更简洁。

for前面也可以是一个内置函数或自定义函数。例如：

```python
def fun(x):
    return x + x**2 + x ** 3        #返回 x + x**2 + x ** 3

y = [fun(i) for i in range(10)]  #列表推导式，按函数 fun(x)，推导出新列表
print(y)              #输出列表 [0, 3, 14, 39, 84, 155, 258, 399, 584, 819]
```

列表推导式还可以用条件语句（if从句）对数据进行过滤，用符合特定条件的数据推导出新列表。例如：

```python
def fun(x):
    return x + x**2 + x ** 3        #返回 x + x**2 + x ** 3
# 列表推导式，根据原列表中的偶数，推导新列表
y = [fun(i) for i in range(10) if i%2 is 0]
print(y)                            #输出列表 [0, 14, 84, 258, 584]
```

可以用多个for从句对多个变量进行计算。例如：

```python
ls = [(x, y) for x in [1,2,3] for y in [3,1,4] if x != y]
print(ls)  #输出 [(1, 3), (1, 4), (2, 3), (2, 1), (2, 4), (3, 1), (3, 4)]
```

in后面也可以直接是一个列表。例如：

```python
ls = [-4, -2, 0, 2, 4]
print([x*2 for x in ls]) # 将原列表每个数值乘 2，推导出新列表 [-8, -4, 0, 4, 8]
print([x for x in ls if x >= 0])    #过滤列表，返回只包含正数的列表 [0, 2, 4]
print([abs(x) for x in ls])         #应用 abs() 函数推导新列表 [4, 2, 0, 2, 4]
```

```
# 调用 strip() 方法去除每个元素前后的空字符，返回 ['banana', 'apple', 'pear']
freshfruit = [' banana', ' apple ', 'pear ']
print([fruit.strip() for fruit in freshfruit])
# 生成每个元素及其平方 (number, square) 构成的元组组成的列表
print([(x, x**2) for x in range(6)])
#[(0, 0), (1, 1), (2, 4), (3, 9),(4, 16), (5, 25)]
```

【例6.3】用列表推导式计算水仙花数。

分析：用通常的方法计算水仙花数时，每次循环都要计算每个数中各个位上的数字的n次方，当n较大时，这个计算量是相当大的。为了减少时间开销，可以一次性计算0～9中每个数的n次方，需要时，从中取相应数字直接用于计算。这个方法相对于其他方法可以减少50%的时间开销。

扫一扫

例6.3 用列表推导式计算水仙花数

例如，计算3位水仙花数时，先用列表推导式得到一个包含0～9的3次方的一个列表[0, 1, 8, 27, 64, 125, 216, 343, 512, 729]。再判断100～999范围内每个数是否为水仙花数时，list(str(i))把数字转为字符串，再转为列表，根据这个列表推导出一个新列表，新列表中的元素为原列表中元素的n次方。例如，判断371时，将其转为字符串'371'，再用list()函数将其转为列表['3', '7', '1']，'3'、'7'、'1'这3个元素分别对应于列表ls中的'27'、'343'、'1'，从而产生新的列表[27,343,1]，再对其求和并比较是否等于371，如果相等，可判定该数为水仙花数。

```
# 例 6.3 用列表推导式计算水仙花数 .py
n = int(input())                        # 输入水仙花数位数，转为整数
ls = list(int(x) ** n  for x in range(10)) # 推导出 0～9 的 n 次方的列表
for i in range(10**(n-1),10**n):
    lsnew = [ls[int(j)] for  j in list(str(i))] # 新列表中的元素为原列表
                                        # 中元素的 n 次方
    if i == sum(lsnew):                 #lsnew 中元素的和与 i 相等时，该数为水仙花数
        print(i)
```

通过列表推导式可以创建一个列表。但是，创建一个包含很多个元素的列表，会占用很大的存储空间。如果仅需要访问前面几个元素，那么后面绝大多数元素占用的空间就会白白浪费。

所以，如果列表元素可以按照某种算法循环推算出来，就不必创建完整的列表，从而节省大量的空间。在Python中，这种一边循环一边计算的机制，称为生成器（generator）。生成器推导式的结果是一个生成器对象，不是列表也不是元组。

生成器对象可以用 _next_()方法或 next()函数进行遍历，也可以将其作为迭代器对象使用。不管用哪种方法访问其中的元素，当所有元素访问结束以后，对象都会变空。如果需要重新访问其中的元素，必须重新创建该生成器对象。

创建生成器有很多种方法，一个简单的方法是把一个列表推导式的[]改成()，就创建了一个生成器。例如：

```
g = ( i ** 3 for i in range(11))
print(type(g))          #<class 'generator'>, g 的数据类型为生成器
print(g) #g 是生成器对象,<generator object <genexpr> at 0x00000202A663DC00>
print(list(g)) # 转为列表可输出 [0, 1, 8, 27, 64, 125, 216, 343, 512, 729, 1000]
```

```
print(list(g))            #生成器对象被遍历后会变成空 []
g = ( i ** 3 for i in range(11))  #重新创建生成器对象
print(next(g))            #输出 0
print(g.__next__())       #输出 1
print(next(g))            #输出 8
print(list(g))            #转为列表可输出 [ 27, 64, 125, 216, 343, 512, 729, 1000]
```

可以看出，g是一个生成器对象，也是一个可遍历对象，无法直接使用print()函数打印出它的值，可以在循环中作为可遍历对象使用，也可以用list()或tuple()生成器把它转换成列表或元组显示出来。

生成器对于生成大量的可遍历数据非常有效，并且可以大大提高程序对于内存的使用效率。

6.2.7　内置函数zip()和enumerate()

zip()函数可以组合多个可遍历对象，生成一个zip生成器，其语法为：

```
zip(iter1[, iter2 [...]])
```

iter1、iter2等都是可遍历对象。采用惰性求值的方式，可以按需要生成一系列元组数据，第i元组数据依次为每个可遍历对象的第i个元素组成的元组，直到所有可遍历对象中最短的元组最后一个元素组成的元组为止。例如：

```
x = (1,2,3)
y = (4,5,6)
z = zip(x,y)     #惰性求值，生成 zip 对象，可用 list 转为列表输出
print(list(z))   #[(1, 4), (2, 5), (3, 6)]
a = [1,2,3]      #列表a最短，生成元组个数与 a 长度相同，其他列表中多余元素被丢弃
b = [11,22,33,44]
c = [111,222,333,444]
z = zip(a,b,c)   #惰性求值，生成 zip 对象，可用 list 转为列表输出
print(list(z))   #[(1, 11, 111), (2, 22, 222), (3, 33, 333)]
```

enumerate()函数可以使用一个可遍历对象生成一个enumerate生成器，其语法为：

```
enumerate(iter[, start])
```

其中，iter为可遍历对象，start表示序号的起始值。

采用惰性求值的方式，可以按需要生成一系列两个元素组成的元组数据，第一个元素是以start为起始的一个整数（默认start值为0），第二个元素则是iter可遍历对象的数据元素。简单地说，就是生成一个新的可遍历序列，给原来iter的每个值对应增添了一个序号数据。例如：

```
a = ['apple', 'banana', 'cherry']
E = enumerate(a)  #生成 enumerate 对象
print(list(E))    #[(0, 'apple'), (1, 'banana'), (2, 'cherry')]
```

可以看出，列表a中的所有数据元素都添加了一个序号，形成一个元组，最后构成了enumerate生成器，它也是以惰性求值的方式生成数据。

【例6.4】利用列表推导式和zip()函数，用蒙特卡洛方法计算圆周率。

分析：random.random()可以生成一个[0.0, 1.0)之间的数，利用列表推导式可以生成一批

数据。利用zip()函数将两组这样的数合并成一组坐标，再判断其是否落在圆内，根据落在圆内的点的数量与总数量的比值得到面积，再由面积公式便可计算出圆周率的值。

扫一扫

例6.4 蒙特卡洛法计算Pi值

```python
# 例 6.4 蒙特卡洛法计算 Pi 值 .py
import random
N = 100000
lsx = [random.random() for i in range(N)]   # 列表推导式随机生成 N 个小数
lsy = [random.random() for i in range(N)]   # 列表推导式随机生成 N 个小数
# 用 zip() 函数将两个列表中的数据组成 N 对, 模拟坐标值
# [(0.3535167938423682, 0.3364485743060063), (0.2378267181760152,
#0.5180058082418458)]...]
ls = list(zip(lsx,lsy))
count = 0
for item in ls:
if item[0]**2+item[1]**2<=1:
        count=count + 1
PI = 4 * count/N
print('{:.6f}'.format(PI))   #3.141880
```

当N 值为100时，可得到圆周率为3.160000。

当N 值为100000时，可得到圆周率为3.141880。

当N 值为10000000时，可得到圆周率为3.141536。

6.2.8 列表嵌套

前面提到在Python列表中的元素可以仍然是列表，如果一个列表中的每个元素仍然是列表，就构成了列表嵌套。例如：

```python
scores = [['罗明', 95], ['金川 ', 85], ['戈扬 ', 80], ['罗旋 ', 78], ['蒋维 ', 99]]
```

scores是一个二维列表，它的每一个元素仍是一个列表，这时仍然可以用索引和切片的方法对其进行访问和操作。每多一层嵌套，索引时就用多一组方括号。

```python
scores = [['罗明', 95], ['金川 ', 85], ['戈扬 ', 80], ['罗旋 ', 78], ['蒋维 ', 99]]
print(scores[1])      #输出 ['金川 ', 85],这是列表 scores 的序号为 1 的元素
print(scores[3:5])    #输出序号为 3 和 4 的 [['罗旋 ', 78], ['蒋维 ', 99]]
print(scores[1][0]) #'金川 ' 这是列表 scores 的序号为 1 的元素 ['金川 ', 85] 中,
                    #序号为 0 的元素
print(scores[1][1]) #85,这是列表 scores 的序号为 1 的元素 ['金川 ', 85] 中, 序号
                    # 为 1 的元素
for ls in scores:
    print(ls,end = ' ') #['罗明 ', 95] ['金川 ', 85] ['戈扬 ', 80] ['罗旋
                        #', 78] ['蒋维 ', 99]
print()
for ls in scores:
    print(ls[1],end = ' ') #输出每个元素中序号为 1 的元素 ,95 85 80 78 99
```

输出：

```
['金川 ', 85]
[['罗旋 ', 78], ['蒋维 ', 99]]
金川
85
['罗明 ', 95] ['金川 ', 85] ['戈扬 ', 80] ['罗旋 ', 78] ['蒋维 ', 99]
95 85 80 78 99
```

【例 6.5】 某班共有5名同学，他们的Python课程成绩如表6.2所示，编写程序，按成绩由高到低的顺序输出学生的姓名和成绩。

表6.2　Python课程成绩

姓　　名	成　　绩
罗明	95
金川	85
戈扬	80
罗旋	78
蒋维	99

分析：可以使用列表嵌套列表来完成此任务。列表定义如下：

```
scores = [['罗明', 95], ['金川', 85], ['戈扬', 80], ['罗旋', 78], ['蒋维', 99]]
```

嵌套的二维列表排序可以应用lambda函数实现，语法为：

```
sort(key=lambda x:x[1], reverse=True)
```

key参数为lambda函数（lambda x:x[1]），该函数会依次应用于scorces列表中的每一项数据元素（即每个数据元素的第2项—成绩数据），并将这些数据作为排序依据。参数x可以是任意变量名，x[i]表示lambda函数返回列表中元素列表的第i个元素，此题中i值为1，表示根据列表中序号为1的元素（成绩）进行排序。

扫一扫

例 6.5　成绩排序

```
# 例 6.5 成绩排序 .py
scores = [['罗明', 95], ['金川', 85], ['戈扬', 80], ['罗旋', 78], ['蒋维', 99]]
print('未排序成绩如下: ')
for ls in scores:
    print('姓名: {}, 成绩: {}'.format(ls[0], ls[1]))
# 根据每个元素中序号为 1 的元素排序，也就是根据成绩值排序，降序
scores.sort(key=lambda x:x[1], reverse=True)
print('排序后成绩如下: ')
for ls in scores:
    print('姓名: {}, 成绩: {}'.format(ls[0], ls[1]))
```

输出：

```
未排序成绩如下:
姓名: 罗明, 成绩: 95
姓名: 金川, 成绩: 85
姓名: 戈扬, 成绩: 80
姓名: 罗旋, 成绩: 78
姓名: 蒋维, 成绩: 99
排序后成绩如下:
姓名: 蒋维, 成绩: 99
姓名: 罗明, 成绩: 95
姓名: 金川, 成绩: 85
姓名: 戈扬, 成绩: 80
姓名: 罗旋, 成绩: 78
```

6.3 元　　组

一般来讲，元组使用一对圆括号"( )"来存放一组数据，数据项之间用逗号","隔开。元组是序列类型数据的一种，和列表非常相像，可以用来存储一组数据。

元组和列表最大的区别在于：列表是可变数据类型，而元组是不可变数据类型。元组数据产生后，其内部元素无法增加、删除和修改，可近似将元组看作为"常量列表"。元组中的每个数据项称为一个元素，各元素类型可以相同，也可以不同，也可以将列表或元组作为元组的元素。例如：

```
tupa = (1, 2, 3, 4, 5)
tupb = ('湖北', '河北', '山东', '山西')
tupc = ('Susan', 'Female', 19, [85, 74, 99, 89, 92])
```

上面的3个列表中，列表tupa中有5个整型数据，tupb中有4个字符串型数据，tupc中有4个元素，其中包括2个字符串型数据、1个整型数据和1个列表。

元组支持用切片的方法访问元组中的元素，但不能使用切片的方法修改、增加或删除元组中的元素。使用del命令可以删除整个元组，但不能用del删除元组中的元素。

Python 中有一些针对元组的优化策略，对元组的访问和处理速度远快于列表。当一组数据仅被用于遍历或类似操作，而不进行任何修改操作时，一般建议应用处理速度更快的元组而不用列表。当程序运行需要的传递参数时，可以使用元组，以避免传递的参数在函数中被修改。

元组的创建有以下几种方法：

（1）用一对空的圆括号"()"创建一个空元组，如()。

（2）用逗号结尾的一个单独的元素，如"a,"或 (a,)。

（3）用逗号分隔的多个元素，如"a,b,c"或 (a,b,c)。

（4）用内置的tuple()函数，参数为空或可迭代对象，如tuple() 或 tuple(iterable)。

例如，下面代码用于产生一些元组并赋值给变量：

```
t1 = (1, 2, 3, 4, 5)      # 生成一个元组 (1, 2, 3, 4, 5) 并赋值给 T1
t2 = 1, 2, 3, 4, 5        # 生成一个元组 (1, 2, 3, 4, 5) 并赋值给 T2
print(t1,t2)             #t1,t2 相同 (1, 2, 3, 4, 5) (1, 2, 3, 4, 5)
t3 = (1, )  # 生成一个元组 (1, ) 并赋值给 T3, (1, ) 不同于 (1),(1) 相当于整数 1
t4 = 1,                  # 生成一个元组 (1, ) 并赋值给 T4
print(t3,t4)             #t3,t4 相同, (1,) (1,)
t5 = ()                  # 生成一个空元组 (),并赋值给 T5
t6 = tuple()             # 使用元组生成器产生一个空元组赋值给 T6
print(t5,t6)             #t5,t6 相同, () ()
t7 = tuple([0,1,2])      # 将一个列表转换为元组 (1, 2, 3) 赋值给 T7
t8 = tuple(range(3))     # 将一个可遍历对象转换为元组 (0, 1, 2) 赋值给 T8
print(t7,t8)             #t7,t8 相同 (0, 1, 2) (0, 1, 2)
```

当元组的元素包含列表等可变元素时，情况有些特殊，虽然不可直接改变元组元素的值，但可以修改作为元素的列表的值。例如，有一个元组t = (1,2,[3,4])，其中元素t[2]是一个列表[3,4]，元素t[2]不能直接修改，但列表[3,4]可以修改并支持列表的所有操作。t[2][1]

是索引，结果为列表中的元素4，t[2][1] = 0的操作相当于将列表[3,4]中的4修改为0。这是针对列表[3,4]的操作，而不是针对元组的操作。例如：

```
t = (1,2,[3,4])
print(t)
t[2] = 0   # 不可修改元组元素的值 TypeError: 'tuple' object does not support
           #item assignment
print(t)
t[2][1] = 0
print(t)                    #(1, 2, [3, 0])
t[2].append(10)
print(t)                    #(1, 2, [3, 0, 10])
```

因为元组数据是不可变类型的，使用dir(tuple)或dir(元组名)可以看到，除"魔法方法外"，元组的内置方法非常少，只有两个count和index，其用法和含义与列表完全相同。

区别一个对象是可变类型还是不可变类型，可以通过dir()函数查看其是否有"__hash__"魔法方法，或者说是否可以使用Python内置hash()方法对其求"哈希值"。例如：

```
print(hash((1, 2, 3)))# 元组数据可哈希，输出 2528502973977326415
print(hash([1, 2, 3]))  # 列表不可哈希，抛出错误 TypeError: unhashable type: 'list'
```

由上例可以看到，元组数据是可哈希的，为不可变数据类型；而列表数据是不可哈希的，为可变数据类型。

6.4　Range

在Python 3.7.0 中，Range也是一种数据类型，一般用来生成不可变的数值序列，常用于for循环中。其基本使用语法为：

```
range(stop)
```

或

```
range([start,] stop [, step])
```

其中，start、stop和step必须为整型数字。start省略时，默认值为0；stop不可省略；step省略时默认值为1。

range生成的内容r[i] = start + step * i，当step为正数时，要求i>=0且 r[i] <stop；当step为负数时，要求i>=0且 r[i] > stop。

```
print(range(10))             # 输出对象 range(0, 10)
print(list(range(10)))       # 输出从 0-9, [0, 1, 2, 3, 4, 5, 6, 7, 8, 9]
print(list(range(1,11)))     # 输出从 1-10, [1, 2, 3, 4, 5, 6, 7, 8, 9, 10]
print(list(range(0,30,5)))   # 步长 5, [0, 5, 10, 15, 20, 25]
print(tuple(range(0,10,3)))  # 步长 3, 转为元组, (0, 3, 6, 9)
print(list(range(0,-10,-1))) # 步长 -1, [0, -1, -2, -3, -4, -5, -6, -7, -8, -9]
print(list(range(0)))        #range(0) 输出 []
print(list(range(1,0)))      # 步长为 1, stop<start 时, 输出 []
```

print(range(10))会输出对象range(0, 10)，这说明range采用了惰性求值的方式产生数据，使用print()函数打印range数据并不能直接看到range数据的具体元素。但可以通过将其转换为列表或元组的方式，看到其生成的具体数据。

range(10)可以按顺序产生一组数字0、1、2、3、4、5、6、7、8、9，但并不会一次将这些数据生成放在内存中，只有使用到其中的某个值时，range(10)才会产生该值，对于某些应用来讲效率会非常高。例如：

```
for i in range(1000000000):      # 最多可以生成 0 ～ 1000000000-1 的 range 对象
    if i < 5:
        print(i,end = ' ')       # 使用时才生成数字，输出 0 1 2 3 4 ，实际上只生成
                                 # 了这 5 个数字
```

range是一种序列类型的数据，支持索引和切片操作。例如：

```
r = range(10)
print(r)                      #range(0, 10) 是对象，不能直接输出值
print(list(r)) #用 list 将 range 对象转为列表输出 [0, 1, 2, 3, 4, 5, 6, 7, 8, 9]
print(list(r[2:4]))           # 切片输出 [2, 3]
r = range(0,20,2)
print(list(r))                #[0, 2, 4, 6, 8, 10, 12, 14, 16, 18]
print(list(r[:5]))            # 切片输出 [0, 2, 4, 6, 8]
print(11 in r)                # 测试 11 是否在 r 对象中，False
print(10 in r)                # 测试 10 是否在 r 对象中，True
```

小　结

本章介绍了Python的序列数据类型中的列表、元组及Ranges，详细介绍了序列数据类型的索引、切片等操作，着重讨论了列表类型数据的创建、更新、删除、排序等操作及一些内置函数的应用。此外，还介绍了序列类型的通用操作、列表推导式和序列生成器的概念和操作。列表是操作非常灵活的一种数据类型，是Python中应用最广泛的一种数据类型，应该熟练掌握。

练　习

1. 编程生成一个包含数字1，2，3，…，99 的列表，输出列表的值；输入一个2～9之间的正整数，查找列表中是否存在有这个数的倍数和数位上包含这个数字的数，若存在，将其从列表中删除，输出删除后的列表。例如，输入"7"，删除列表中7的倍数和数位上包含7的数，再输出列表。

2. 列表ls=['2', '3', '0', '1', '5']，在用户指定的位置和列表末尾分别插入用户输入的字符。

3. 用户输入一串数字，将其转化为列表，并对其中的数据按升序排序。

4. 请将字符串"我有一所房子面朝大海春暖花开"转成一个列表，用户输入两个整数，删除列表中这两个数之间的元素，输出新的列表。

5. 现有一个文本文件，里面有两列数据，中间以制表符分隔（\t），读取文本文件中的数据，将每一行的每个数据取整，以元组形式作为列表的一个元素，输出列表中元素。

文件中数据如下：

叶灿 76

王璐 100

田超 98

罗震 90

丁昊 85

读取文件内容的语句如下：

```
with open(flieName, 'r',encoding='utf-8') as file:
# 以只读方式读取文件名为 'filename' 的文件中的内，将文件全部内容读到 File 对象中。
```

6. 随机产生10个100以内的数字作为一个元组，输出该元组中的所有元素，并输出元组中的最大值和最小值。

产生随机整数相关的库和函数如下：

```
import random              # 导入随机数库
random.randint(0,100)      # 产生闭区间 [0,100] 之间的一个整数
```

7. 编程实现打印月历，用户输入年和月，输出以下形式的月历，第一行为星期的缩写，每周从周日开始。

Sun	Mon	Tue	Wed	Thu	Fri	Sat
				1	2	3
4	5	6	7	8	9	10
11	12	13	14	15	16	17
18	19	20	21	22	23	24
25	26	27	28	29	30	

第 ⑦ 章　集合与字典

集合类型（set types）和映射类型（mapping types）是Python中内置的两种数据类型，两者都使用一对大括号"{}"作为数据的界定符。

集合类型包括两种：set（集合）和frozenset（不可变集合）。

映射类型只有一种：dict（字典）。

学习目标：

- 掌握集合的基本概念与主要方法。
- 掌握利用集合去除重复数据的方法。
- 掌握字典的基本概念与主要方法。
- 掌握利用字典统计词频。
- 学习利用字典存储数据设计通讯录程序。

7.1　集　合

集合类型用来保存无序的、不重复的数据，其概念和数学中集合的概念基本一致。set（集合）和frozenset（不可变集合）的不同在于set是可变数据类型，集合内数据可增可减，有add()、remove()等方法，不存在哈希值。而frozenset是不可变数据类型，存在哈希值，一旦创建，其内数据便不可增减，可以作为字典的键或其他集合的元素，其缺点是一旦创建便不能更改。set和frozenset的关系类似于列表和元组的关系。

frozenset类型要明确说明是不可变集合，没有明确说明的集合数据类型，都指数据可变的集合（set），本节主要讨论可变的集合（set）的使用方法。

集合是可变的，集合中的元素无固定顺序，不支持索引和切片等序列操作。在增加和删除元素时集合也不记录新元素位置或者插入点。

集合对象还支持union（联合）、intersection（交集）、difference（差集）和sysmmetric difference（对称差集）等数学运算。

集合是一种可遍历结构，可以用在for循环中用于数据的遍历。集合具有无序排序且不重复的特点，基本功能包括关系测试和消除重复元素。

如果需要删除重复项，或者进行组合列表（与）之类的数学运算，应该使用集合。而且在迭代时，集合的表现优于列表。

7.1.1　集合的创建

非空集合通过将一系列用逗号分隔的数据放在一对大括号中的方法创建。空集合比较特殊，不能直接使用"{}"来创建和表示，而是使用 set()创建和表示空的集合，使用 frozenset()创建和表示空的不可变集合。

set()和 frozenset()函数又称集合构造器，分别用来生成可变和不可变的集合。如果不提供任何参数，默认会生成空集合。如果提供一个参数，则该参数必须是可迭代的，即参数必须是序列、列表、元组、推导式、迭代器或字典等支持迭代的对象。

将集合类型数据直接赋值给变量即可创建并使用一个集合变量。例如：

```
setA = {1, 2, 3, 4, 5} # 将集合数据赋值给变量，直接创建集合
print(setA)             # 输出集合 {1, 2, 3, 4, 5}
setB = {'吉林 ', '武汉 ', '北京 '}
print(setB)             #{'北京 ', '吉林 ', '武汉 '}
setC = set()            # 使用函数创建一个空集合，空集合不能使用 {} 创建和表示
print(setC)             # 输出 set()
setD = frozenset()      # 使用 frozenset 构造器创建一个空的不可变集合
print(setD)             # 输出 frozenset()
setE = set(range(8))    # 通过 range 创建集合 {0, 1, 2, 3, 4, 5, 6, 7} 并赋值给 S5
print(setE)             # 输出 {0, 1, 2, 3, 4, 5, 6, 7}
setF = set([1, 2, 3, 4, 5])       # set() 将列表转为集合 {1, 2, 3, 4, 5}
print(setF)             #输出 {1, 2, 3, 4, 5}
setG = frozenset((1, 3, 5, 7))    # 用 frozenset() 函数将元组转为不可变集合
print(setG)             # 输出 frozenset({1, 3, 5, 7})
print(set('cheeseshop'))          #字符串转为集合，去掉重复元素，{'c', 'p', 'o',
                        #'e', 's', 'h'}
setH = {i*i for i in range(5)}    # 利用推导式生成集合
print(setH)             # {0, 1, 4, 9, 16}
```

集合也可以赋值给另一个变量，但这时，两个变量指向相同的内存，当一个集合元素发生变化时，另一个集合的元素同时也会发生变化。当需要创建一个原集合内容一致的不同集合对象时，可以使用 s.copy()方法。例如：

```
s = {1,2,3,4,5}
t = s
s.add(6)                # 集合 s 增加一个新元素 6
print(id(s),id(t))      # 两个对象的 id 相同，1786080204840 1786080204840
print(s,t)              #两个集合实际上指向同一对象，所以元素相同
t = s.copy()            #创建集合 s 的一个副本
s.add(7)                # 集合 s 增加一个新元素 7
print(id(s),id(t))      # id 不同，是完全不同的两个对象 1786080204840 1786080205064
print(s,t)              #集合的元素不同，s 的变化未影响到 t，{1, 2, 3, 4, 5, 6, 7}
                        #{1, 2, 3, 4, 5, 6}
```

由于集合内的数据是不重复的，因此集合构造器常用来对其他的序列数据进行"去重操作"。集合支持Python内置函数 len(s)，用于获取集合中数据元素的个数。例如：

```
setA = set((90, 75, 88, 65, 90))
print(setA)                    #输出 {88, 65, 90, 75}，重复的 90 被去掉
scores = [80, 85, 88, 93, 88, 81, 96, 73, 85, 77, 77, 86, 89, 68, 93,
82, 95, 81, 80, 70]
print(sorted(list(set(scores)))[0:4])       #输出不重复的 4 个最低分 [68, 70,
                                            #73, 77]
# 用 set 将 score 转为集合，同时去除重复的数值，用 list() 函数转为列表，用 sorted() 函
# 数升序排序
# 排序，再取排序后列表的前 4 个数
```

【例 7.1】一个四位数，各位数字互不相同，所有数字之和等于6，并且这个数是11的倍数。满足这种要求的四位数有多少个？各是什么？

分析：将这个四位数转为集合，如果各位上有相同数字存在，重复数字会被去掉，则生成的集合长度小于4，只有长度等于4的集合，其对应的数才是无重复数。所有数字之和等于6，并不需要从0000遍历到9999，只需要遍历到3210即可。若这个数是11的倍数，则该数对11取模的值应该是0。其中，map(int,list(str(i)))是将数字i 转为字符，再转为列表，map(int,ls)是将ls中的每个元素映射为整型。

```
# 例 7.1 奇特的四位数 .py
ls = []
for i in range(1000,3211):   # 各位数加和为 6 的最大的无重复数字的数是 3210
    if i%11==0 and sum(map(int,list(str(i))))==6 and len(set(str(i))) == 4:
        ls.append(i)            # 符合条件的数字加到列表 ls 中
print(len(ls))                  # 列表长度就是符合条件的数字的个数
print(ls)
```

扫一扫

例 7.1 奇特的 4 位数

【例7.2】每个日期可以转成8位数字，例如 2018年5月12日对应的就是 20180512。小明发现，自己的生日转成8位数字后，8个数字都没有重复，而且自他出生之后到今天，再也没有这样的日子了。请问小明的生日是哪天？

分析：可以借助datetime库中的一些方法实现，获取今天日期的方法是datetime.now()，可得到形如2018-09-04的日期。返回日期间隔的方法是timedelta(days=1)，括号中的days=1表示日期间隔为1天。从当前天向前查看每一天的日期中是否有重复数字，第一个出现的没有重复数字的日期就是答案。判断日期中是否有重复数字可用集合方法。

datetime是一个非常有用的库，几乎和日期或时间相关的操作都可以找到相关的函数或方法，遇到相关的需求可查阅文档获取帮助。

```
# 例 7.2 特殊的生日 .py
import datetime
todays = datetime.datetime.now()                # 获取今天日期，形如 2018-09-04
while True:
    todays = todays -datetime.timedelta(days=1)     # 从今天起日期依次减一天
    sday = todays.strftime('%Y%m%d')            # 获得格式化的时间，形如: 20180903
    if len(set(sday)) == 8:     # 日期字符串转为集合，测试长度是否为 8，判断数字是否
                                # 有重复数字
        print('出生日期是{}年{}月{}日'.format(sday[:4],sday[4:6],sday[6:]))
                                        # 切片输出
        break                   # 找到一个符合条件的日期就结束循环
```

扫一扫

例 7.2 特殊的生日

7.1.2 可变集合类型的方法

可变集合提供了一些关于元素更新、删除等相关操作的方法，这些方法描述如表7.1所示。

表 7.1 集合的方法

方 法	符 号	描 述
s.update(t)	s = s | t	用 t 中的元素修改 s，即s 现在包含 s 或 t 的成员
s.add(x)		在集合 s 中添加对象 x
s.remove(x)		从集合 s 中删除对象 x；如果 x 不是集合 s 中的元素(x not in s)，将引发 KeyError 错误
s.discard(x)		如果 x 是集合 s 中的元素，从集合 s 中删除对象 x，如果s中不存在x也不会报错
s.pop()		无参数，从集合中移除并返回任意一个元素，如果集合为空则会引发KeyError
s.clear()		删除集合 s 中的所有元素
s.intersection_update(t)	s = s & t	s中的成员是共同属于 s 和 t 的元素
s.difference_update(t)	s = s - t	s 中的成员是属于 s 但不包含在 t 中的元素
s.symmetric_difference_update(t)	s = s ^ t	s 中的成员更新为那些包含在 s 或 t 中，但不 是 s和t 共有的元素

使用集合操作方法时，参数可以是可遍历数据，用符号操作时，参与运算的两个对象必须都是集合。例如：

```
s = set('Programming')
print(s)                    #{'g', 'o', 'P', 'a', 'r', 'm', 'i', 'n'}
s.add('z')                  # 向集合中添加元素 'z'
print(s)                    #{'g', 'o', 'P', 'z', 'a', 'r', 'm', 'i', 'n'}
s.remove('z')               # 从集合中删除元素 z
print(s)                    #{'g', 'o', 'P', 'a', 'r', 'm', 'i', 'n'}
s.update('python')          # 将 'python' 中的元素添加到集合中，去除重复元素
print(s)   #{'h', 'g', 'o', 'P', 'p', 'a', 'y', 'r', 'm', 't', 'i', 'n'}
s = s - set('python')       # 将 'python' 中存在的元素从集合中删除
print(s)                    #{'g', 'P', 'a', 'r', 'm', 'i'}
s.discard('P')              # 从集合 x 中删除元素 'P'
print(s)                    #{'a', 'i', 'm', 'g', 'r'}
s.pop()                     # 删除 s 中的任意一个元素
print(s)                    #{'a', 'r', 'm', 'g'}
s.clear()                   # 删除集合中的所有元素
print(s)                    # 返回空集合 set()
del s                       # 删除集合
print(s)                    # 集合删除后不再可用，NameError: name 's' is not defined
```

方法s.intersection_update(t)、s.difference_update(t)和s.symmetric_difference_update(t)也可以用于集合的操作。例如：

```
s = set('Programming')
s.intersection_update('python')  #s 中的成员是共同属于 'Programming' 和 'python' 的元素
print(s)                         #{'n', 'o'}
s = set('Programming')
```

```
s.difference_update('python')  #s 中的成员是属于 'Programming'，但不包含
                               # 在 'python' 中的元素
print(s)                       #{'r', 'a', 'i', 'g', 'm', 'P'}
s = set('Programming')
s.symmetric_difference_update('python')
#s 中的成员更新为那些包含在 'Programming' 或 'python' 中，但不是 'Programming' 和
#'python' 共有的元素
print(s)          #{'y', 'h', 'r', 'a', 'i', 'g', 't', 'p', 'm', 'P'}
```

7.1.3 成员关系

集合支持存在性测试，可用 x in s 和 x not in s操作判断数据x是否包含在集合s中，是否是该集合的成员。例如：

```
s = set('Programming')  #s = {'P', 'a', 'i', 'n', 'm', 'r', 'o', 'g'}
print('k' in s)         # s 中不存在元素 'k'，返回 False
print('P' in s)         # s 中存在元素 'P'，返回 True
print('c' not in s)     # s 中不存在元素 'c'，返回 True
```

7.1.4 集合关系

当一个集合s中的元素包含另一个集合t中的所有元素时，称集合s是集合t的超集，反过来，称t是s的子集。当两个集合中元素相同时，两个集合等价。集合的方法和含义如表7.2所示。

表7.2 集合的方法和含义

方 法	符 号	含 义
s.issubset(t)	s <= t	s是否为t的子集，是返回True，否则返回False
s.issuperset(t)	s >= t	s是否为t的超集，是返回True，否则返回False
	s == t	s是否和t相等，是返回True，否则返回False
	s < t	s是否为t的真子集，是返回True，否则返回False
	s > t	s是否包含t，是返回True，否则返回False
s.isdisjoint(t)		s和t有无共同元素，有返回True，否则返回False

（1）集合等价/不等价示例：

```
s = set('python')              #{'t', 'n', 'o', 'h', 'p', 'y'}
t = {'o', 'y', 'p', 'g'}
print(s == t)                  #False
print(s != t)                  #True
u = frozenset(s)               #frozenset({'p', 'y', 't', 'n', 'o', 'h'})
print(s == u)                  #True
print(set('posh') == set('shop'))  #True
```

（2）子集/超集示例：

```
s = set('shop')                #{'h', 's', 'o', 'p'}
t = set('cheeseshop')          #{'o', 'e', 'c', 'h', 's', 'p'}
u = set('bookshop')            #{'o', 'k', 'h', 's', 'b', 'p'}
print(s < t)                   #s是t的子集，True
print(u > s)                   #u是s的超集，True
```

7.1.5 集合运算

Python中的集合和数学中的集合概念基本一致，也支持集合的交、差、并等操作，使用这些运算可以很方便地处理数学中的集合操作。

1．并集(|)

两个集合的并集是一个新集合，该集合中的每个元素都至少是其中一个集合的成员，即属于两个集合其中之一的成员。联合符号有一个等价的方法union()。

2．交集(&)

两个集合的交集是一个新集合，该集合中的每个元素同时是两个集合中的成员，即同时属于两个集合的成员。交集符号有一个等价的方法intersection()。

3．差补/相对补集(-)

两个集合（s 和 t）的差补或相对补集是指一个新集合，该集合中的元素，只属于集合s，而不属于集合 t。差符号有一个等价的方法difference()。

4．对称差分(^)

对称差分是集合的 XOR(又称"异或")。

两个集合（s 和 t）的对称差分是指一个新集合，该集合中的元素，只能属于集合s 或者集合 t的成员，不能同时属于两个集合。对称差分有一个等价的方法symmetric_difference()。集合运算的方法与含义如表7.3所示。

表 7.3 集合运算的方法与含义

操 作 方 法	符 号	含 义
s.union(t)	s	t	返回集合s和t的并集
s.intersection(t)	s & t	返回集合s和t的交集
s.difference(t)	s - t	返回集合s和t的差
s.symmetric_difference(t)	s ^ t	返回集合s和t的对称差，即存在于s和t中的非交集数据

集合运算示例：

```
s = set('bookshop')        #{'o', 'k', 'h', 's', 'b', 'p'}
t = set('cheeseshop')      #{'o', 'e', 'c', 'h', 's', 'p'}
print(s | t) # 属于任意集合的元素，{'p', 'o', 'c', 'e', 'b', 'h', 's', 'k'}
print(s & t)               # 同属于两个集合的元素，{'o', 'h', 's', 'p'}
print(s - t)               # s 中存在，但 t 中不存在的元素，{'k', 'b'}
print(s ^ t)               # 只属于s或只属于t的元素，{'c', 'e', 'k', 'b'}
```

如果左右两个操作数的类型相同，即都是可变集合或不可变集合，则所产生的结果类型是相同的，但如果左右两个操作数的类型不相同（左操作数是 set，右操作数是 frozenset，或相反情况），则所产生的结果类型与左操作数的类型相同。

7.2 字　　典

字典是Python内置唯一映射数据类型，是一种无序可变数据类型。字典使用一对大括号"{}"来存放数据，元素之间用逗号","分隔。每个元素都是一个"键:值"（Key:Value）对，用来表示"键"和"值"的映射关系或对应关系。

例如，{'name': '张明', 'age': 18, 'gender': 'M'}，是一个包含3个数据元素的字典，分别是键值对"'name': '张明'"、"'age': 18"和"'gender': 'M'"。

字典中的键不可重复，必须是字典中独一无二的数据。键必须使用不可变数据类型的数据，也就是可哈希类型数据，如字符串、整型、浮点型、元组、frozenset等，不可以使用列表和集合等可变类型数据。

字典的值可以是任意类型的数据，也可以重复。

7.2.1 字典的创建

1. 创建空字典

创建一个不包含任何值的空字典，使用以下方法中的一种：

一是将一对空的大括号赋值给一个对象的方法创建空字典；二是用dict()函数不加任何参数来创建空字典。

```
D1 = {}                # 使用一对不包含任何数据的"{}"创建一个空字典数据
D2 = dict()            # 使用字典构造器创建一个空字典数据
print(D1,D2)           # 输出: {} {}
```

通过给一个变量赋值一个字典类型的数据，或使用字典构造器dict()函数将其他类型的数据转为字典都可以创建一个非空字典。例如：

```
D1 = {'name': '张三', 'age': 19, 'gender': 'M'}  # 直接书写一个字典数据从而
                                                  # 创建一个字典
# 使用字典构造器，给键名赋值（创建映射），创建字典，注意此处的键名未加引号
# 这种方法不能创建以 Python 关键字为字符串的键，如 'for' 键
D2 = dict(name = '张三', age = 19, gender = 'M')

# 使用字典构造器，通过包含两个元素（键和值）的序列，创建字典
D3 = dict([('name', '张三'), ('age', 19), ('gender', 'M')])

# 使用内置 zip() 函数，产生包含两个元素的序列，通过字典构造器创建字典
D4 = dict(zip(('name','age','gender'), ('张三',19,'M')))
```

以上这4种方法都可以创建以下字典：

```
{'name': '张三', 'age': 19, 'gender': 'M'}
```

2. 用fromkeys()方法创建新字典

还有一个字典的方法fromkeys()可以创建新字典。fromkeys()方法的语法如下：

```
dict.fromkeys(seq[, value])
```

参数seq 是字典键的列表，value 是可选参数，设置键序列（seq）的值。这里的value只能是一个值，可以是数字、字符串、列表或字典等，但只能是一个元素。该方法返回一个

新字典，每个键具有相同的值，当value缺省时，值为None。

此种方法可根据已有键序列，快速创建一个包含相同值的字典。例如：

```
seq = ('Python','Java', 'C')
dict1 = dict.fromkeys(seq)    # value 缺省, 值均为 None
print(dict1)                  # {'Python': None, 'Java': None, 'C': None}
dict2 = dict.fromkeys(seq,60) #值均为 60
print(dict2)                  #{'Python': 60, 'Java': 60, 'C': 60}
```

与其他序列和集合类数据一样，字典也可以使用推导式快速地生成字典数据序列。例如：

```
dict = {k:v for k,v in  [('李明','139888877777'),('张宏','13866668888'),('
吕京','13143211234')]}
    print(dict)         #输出 {'李明': '139888877777', '张宏': '13866668888', '
                        # 吕京': '13143211234'}
```

当创建一个字典时，字典内部出现了键相同的两个及以上键值对时，字典将保留最后一个键值对作为字典中的数据元素。

字典中的键必须是不可变数据类型，整型数字"1"和浮点型数字"1.0"都可以作为字典的键。但由于数值上"1 == 1.0"为真，所以键为"1"和"1.0"被认为是同一个键。而计算机内部存储浮点型数据时是非精确值，建议字典的键值尽可能不使用浮点型数据。例如：

```
    dict = {'李明': '139888877777', '张宏': '13866668888', '吕京': '13143211234','
李明': '13900001111'}      # 当有键相同的两个键值对时, 保留后一个键值对
    print(dict)           #{'李明': '13900001111', '张宏': '13866668888', '
                          # 吕京': '13143211234'}
    d = {1 : 100,1.0 : 1000}
    print(d)              # 输出 {1: 1000}, 1和 1.0 只保留了一个
    print(d[1.0])         # 输出 1000, 1.0 被等同于 1 进行处理
```

7.2.2 获取字典值

字典是一种无序序列类型，不能使用索引的方式获取其值。字典内部的数据具有"键"和"值"的映射关系，字典一般通过"键"来访问其"值"。语法格式如下：

```
dict[key]
```

通过键key返回字典dict中与该键对应的值。当该键在字典中不存在时返回**KeyError**错误。

【例7.3】构建一个字典，存储姓名和对应的电话号码，利用{'李明': '139888877777', '张宏': '13866668888', '吕京':'13143211234'}这个字典开发一个简单的通讯录程序，具备简单的查询、更新、插入、删除等功能。

这里先实现查询的功能，实现输入一个姓名，查询对应的电话号码的功能。后续逐渐加入其他功能。

```
# 例 7.3 简单通讯录 .py
dict = {'李明': '139888877777', '张宏': '13866668888', '吕京': '13143211234'}
# 查询功能的实现
```

扫一扫

例 7.3 简单
通讯录

```
name = input('请输入要查询的联系人姓名: ')
if (name in dict):                        # 为避免姓名不存在导致程序崩溃, 先判断是否存在
    print(name + ":" + dict[name])        # 以输入的人名为键访问字典 'dict' 中该键对应的值
else:
    print("联系人不存在")
```

输入:

李明

输出:

李明:13988887777

采用dict[key]方法获取键对应的值时, 本质是把"键"当作字典的索引值来使用的, 不存在该索引值, 则会提示错误。例如, 输入"李小明", 程序会抛出错误"KeyError: '李小明'", 同时程序中止运行。

为了避免在字典中取数据时出现访问不存在的键值导致的错误, 使程序运行意外中止, 可以先判断键是否存在, 或使用异常处理。还可以使用字典的内置方法get() 来获取数据, 其语法格式如下:

```
dict.get(k[, default])
```

其含义为, 尝试从字典dict中取得键为k的元素中对应的值时, 字典dict中存在以k为键的元素时, 则返回该键对应的值。反之, 当字典dict中不存在以k为键的元素时, 则返回值为default; 如果没有提供 default 参数, 则返回空值 None。建议在获取字典值时, 尽可能使用字典的get()方法, 可以避免键不存在时引发的错误。例如:

```
dict = {'李 明': '13988887777', '张 宏': '138666688888', '吕 京':
'13143211234'}
name = input('请输入要查询的联系人姓名: ')
print(name + ":" + dict.get(name,'联系人不存在'))   # 以输入的人名为键访问字典
                                                      #'dict' 中该键对应的值
```

输入:

李明

输出:

李明:13988887777

输入:

刘红

输出:

刘红:电话号码不存在

在存在映射关系的数据中, 取出指定数据时, 采用字典会比列表、元组等序列型数据更加简单方便。应用列表、元组等数据要遍历全部数据, 而字典类型可以直接获取对应的值。

字典提供了内置方法keys()、values()和items()可以获取字典中所有的"键"、"值"和"键-值"对。返回值是一个可迭代对象, 其中的数据顺序不确定, 键值获取方法如表7.4所示。

表 7.4 键值获取方法

方　　法	描　　述
dict.keys()	获取字典dict中的所有键组成一个可迭代数据对象
dict.values()	获取字典dict中的所有值组成一个可迭代数据对象
dict.items()	获取字典dict中的所有键值对，两两组成元组，形成一个可迭代数据对象

可以用这3种方法分别查看通讯录中的全部用户、全部电话号码或全部键值对。例如：

```
dict = {'李明': '13988887777', '张宏': '13866668888', '吕京': '13143211234'}
print(dict.keys())      #返回可迭代对象，dict_keys(['李明', '张宏', '吕京'])
print(list(dict.keys())) #将可迭代对象转为列表 ['李明', '张宏', '吕京']
print(dict.values())#dict_values(['13988887777', '13866668888', '13143211234'])
print(dict.items())     #dict_items([('李明', '13988887777'), ('张宏',
                        #'13866668888'), ('吕京', '13143211234')])
```

各方法返回值是可迭代数据对象，可对其进行遍历或用list()将其转为列表。例如：

```
dict = {'李明': '13988887777', '张宏': '13866668888', '吕京': '13143211234'}
for name in dict.keys():        #对可迭代对象dict_keys()进行遍历输出
    print(name)
for name,phone in dict.items(): #对可迭代对象dict_items()进行遍历输出
    print(name+':'+phone)
```

输出：

```
李明
张宏
吕京
李明:13988887777
张宏:13866668888
吕京:13143211234
```

内置方法keys()、values()和items()产生的可迭代数据是一种特殊的"视图"数据，其数据会动态地随原始字典的数据改变而改变。也就是说，一旦字典中的数据发生了变化，程序处理的结果也会发生变化。

7.2.3 修改字典值

字典是一种可变的数据类型，支持数据元素的增加、删除和修改操作。仍以通讯录为例，在使用过程中，可能需要向数据中插入新的联系人数据、更新原有的联系人的姓名或电话、删除其中的数据。

1. 元素值的修改

修改字典内某一键值对中的值，可以使用以下方法：

```
dict [key] = value
```

将value值作为字典dict中键key对应的新值：

```
dict.update(k1=v1[, k2=v2,…])
```

字典dict中存在k1、k2……时，将对应的值修改为v1、v2……，当不存在相应的键值

时，会将对应的k1:v1、k2:v2……键值对加入字典。例如：

```
dict = {'李明': '13988887777', '张宏': '13866668888', '吕京': '13143211234'}
dict['李明'] ='13988887788'        # 将李明的电话更新为 '13988887788'
dict.update(张宏 = '13866668877')   # 将张宏的电话更新为 '13866668877'
dict.update(王晶 = '13244441111')   # 键 '王晶' 不存在，将键值对加入字典
print(dict)                         # 输出更新后的字典
```

输出：

```
{'李明': '13988887788', '张宏': '13866668877', '吕京': '13143211234', '
王晶': '13244441111'}
```

2. 元素的增加

增加字典内的键值对数据，可以使用以下方法之一：

```
dict [newkey] = value
```

直接给字典dict新添加一个键newkey并赋值为value：

```
dict.setdefault(key[, value])
```

如果字典dict 中存在键key，返回key对应的值；如果不存在键key，在字典中增加key:value 键值对，值value缺省时，默认设其值为None。例如：

```
dict = {'李明': '13988887777', '张宏': '13866668888', '吕京': '13143211234'}
dict['赵雪'] = '13000112222'       # 为字典新增元素 '赵雪': '13000112222'
dict.setdefault('刘飞','13344556655')  # 为字典新增元素 '刘飞': '13344556655'
dict.setdefault(('程钱'))  # 值缺省时，默认为 None，为字典新增元素 '程钱': None
print(dict)
```

输出：

```
{'李明': '13988887777', '张宏': '13866668888', '吕京': '13143211234', '赵
雪': '13000112222', '刘飞': '13344556655', '程钱': None}
```

也可以将另一个字典作为update()的参数，把另一个字典中的键值对一次性全部加到当前字典中。

3. 值的删除

删除字典内的值可以使用内置pop()、popitem()和clear()方法，也可以使用Python的关键字del。

（1）dict.pop(key[, default])：返回字典dict中键key对应的值，并将键为key的键值对元素删除；如果提供了default值，dict中不存在key键时返回default，否则将会报KeyValue错误。

（2）dict.popitem()：随机以元组形式返回一个键值对，同时从dict中删除该数据，一般删除位于字典末尾的键值对。

（3）dict.clear()：清空dict中所有的数据，使dict成为空字典。

（4）del dict [key]：将字典dict中键为key的元素删除。

例如：

```
dict = {'李 明': '13988887777', '张 宏': '13866668888', '吕 京':
'13143211234', '赵雪': '13000112222', '刘飞': '13344556655', '程钱': None}
```

```
delkey = dict.pop('李明')  #删除键为李明的元素，返回值是键'李明'对应的值'13988887777'
print('删除的联系人的电话是: ',delkey)      # 删除的联系人的电话是: 13988887777
del dict['张宏']                          # 删除键为'张宏'的键值对
print(dict)
delitem = dict.popitem()                 #随机删除并返回一个键值对
print('删除的联系人是: ',delitem)# 删除的联系人一般是最后一个元素
print(dict)
```

输出：

```
删除的联系人的电话是:  13988887777
{'吕京': '13143211234','赵雪':'13000112222','刘飞':'13344556655','程钱':None}
删除的联系人是:  ('程钱',None)
{'吕京':'13143211234','赵雪':'13000112222','刘飞':'13344556655'}
```

又如：

```
dict = {'吕京': '13143211234', '赵雪': '13000112222', '刘飞': '13344556655'}
dict.clear()                             # 清空字典 dict 中的所有数据，dict 成为一个空字典
print(dict)                              # 返回一个空字典 {}
```

4．"视图"可迭代数据

使用字典keys()、values()和items()方法生成的可迭代数据是一种特殊的"视图"类数据，它们的值关联至原始字典，当原始字典中的数据发生改变时，其值也会发生变化。例如：

```
dict = {'李明': '13988887777', '张宏': '13866668888', '吕京': '13143211234'}
ks = dict.keys()
vs = dict.values()
kvs = dict.items()
print(ks)    #dict_keys(['李明', '张宏', '吕京'])
print(vs)    #dict_values(['13988887777', '13866668888', '13143211234'])
print(kvs)        #dict_items([('李明', '13988887777'), ('张宏','13866668888'),
                  #('吕京', '13143211234')])
dict.update(王晶='13244441111')    # 键'王晶'不存在，将键值对加入字典
print(dict)      #{'李明': '13988887777', '张宏': '13866668888', '吕京':
                 #'13143211234', '王晶': '13244441111'}
print(ks)        #dict_keys(['李明', '张宏', '吕京', '王晶'])
print(vs)
#dict_values(['13988887777', '13866668888', '13143211234','13244441111'])
print(kvs)       #dict_items([('李明', '13988887777'), ('张宏', '13866668888 '),
                 #('吕京', '13143211234'), ('王晶', '13244441111')])
```

可以发现，当原字典dict的值发生改变时，由dict.keys()、dict.values()和dict.items()生成的ks、vs和kvs内的值也跟随发生了变化。

7.2.4 内置函数与方法

字典包含了一系列的内置函数和方法，如表7.5和表7.6所示。

表 7.5 字典内置函数

函　　数	描　　述
len(dict)	计算字典元素个数，即键的总数
str(dict)	输出字典可打印的字符串
type(variable)	返回输入的变量类型，如果变量是字典就返回字典类型

表7.6 字典内置方法

函　　数	描　　述
dict.clear()	删除字典内所有元素
dict.copy()	返回一个字典的浅复制
dict.fromkeys(iterable[, value])	创建一个新字典，以序列iterable中元素做字典的键，value为字典所有键对应的初始值
dict.get(key, default=None)	返回指定键的值，如果值不在字典中返回default值
dict.items()	以可迭代数据返回可遍历的(键, 值) 元组
dict.keys()	以可迭代数据返回一个字典所有的键
dict.pop(key[, default])	如果键key存在，返回键对应的值并移除键值对，如key不存在，返回default
dict.popitem()	按后进先出顺序，移除并返回最后一个键值对（早期的版本随机移除一个元素）
dict.setdefault(key, default=None)	返回指定键的值，，但如果键不存在于字典中，将会添加键并将值设为default
dict.update(dict2)	把字典dict2的键/值对更新到dict里
dict.values()	以可迭代数据返回字典中的所有值

7.2.5　字典排序输出

字典本身是无序的，但可以在输出时，将字典的元素、键或值转为列表再排序输出。dict.keys()、dict.values()、dict.items()都是可迭代对象，可以作为sorted()函数的参数。sorted()函数是Python内置函数，可对字典进行排序并返回列表。其语法格式如下：

```
sorted(iterable,key,reverse)
```

其中，iterable表示可以迭代的对象，例如可以是 dict.items()、dict.keys()等；key是一个函数，用来选取参与比较的元素；reverse则是用来指定排序是升序还是降序，reverse=True是降序，reverse=False是升序，默认reverse=False。

输出时按键排序比较简单，直接使用sorted(dict.keys())就能获得字典所有键并按键升序排序；使用sorted(dict.items())就能获得字典所有键值对并按键升序排序；如果想按照倒序排序，只要将reverse置为true即可。例如：

```
dic = {'Tom':21,'Bob':18,'Jack':23,'Ana':20}
print(sorted(dic.keys()))              #根据键进行排序
print(sorted(dic.items()))
```

输出：

```
['Ana','Bob','Jack','Tom']
[('Ana', 20), ('Bob',18), ('Jack', 23), ('Tom', 21)]
```

对字典的值（value）排序则需要用到key参数，这里主要提供一种使用lambda表达式的方法：

```
dic = {'Tom':21,'Bob':18,'Jack':23,'Ana':20}
print(sorted(dic.items(),key = lambda  item:item[1]))  # 利用 lambda 函数根据值进行排序
```

输出：

```
[('Bob', 18), ('Ana', 20), ('Tom', 21), ('Jack', 23)]
```

这里的dic.items()实际上是将字典dic转换为可迭代对象，迭代对象的元素为
('Tom':21)、('Bob':18)、('Jack':23)、('Ana':20)，items()方法将字典的元素转化为了元
组，而这里key参数对应的lambda表达式（key=lambda item:item[1]，lambda x:y中x表示输入
参数，y表示lambda 函数的返回值），其意义是选取元组中的第二个元素作为比较参数，所
以采用这种方法可以对字典的value进行排序。排序后的返回值是一个列表，而原字典中的
键值对被转换为了列表中的元组。

7.2.6 字典综合实例

扫一扫

例 7.4 完整
通讯录

【例 7.4】用字典存储数据，实现一个具有基本功能的通讯录。

功能要求：

（1）查询全部联系人信息；查询、更新、删除联系人信息。

（2）查询联系人：输入姓名，可以查询当前通讯录中的联系人信息。若联系人存
在，则输出联系人信息；若不存在，则输出"联系人不存在"。

（3）插入联系人：可以向通讯录中新建联系人，若联系人已经存在，则询问是否修
改联系人信息；若不存在，则新建联系人。

（4）删除联系人：可以删除联系人，若联系人不存在，则告知。

（5）输入指令，退出通讯录。

```python
# 例 7.4 完整通讯录 .py
print("|--- 欢迎进入通讯录程序 ---|")
print("|---1: 查询全部联系人 ---|")
print("|---2: 查询特定联系人 ---|")
print("|---3: 更新联系人信息 ---|")
print("|---4: 插入新的联系人 ---|")
print("|---5: 删除已有联系人 ---|")
print("|---6: 清除全部联系人 ---|")
print("|---7: 退出通讯录程序 ---|")
print("")

# 构建字典，存储联系人信息
dict = {'李明 ': '139888887777', ' 张宏 ': '13866668888', ' 吕京 ': '13143211234',
' 赵雪 ': '13000112222', ' 刘飞 ': '13344556655'}

# 定义各功能函数
# 查询所有联系人信息
def queryAll():
    if dict == {}:
        print(' 通讯录无任何联系人信息 ')
    else:
        i = 1
        for item in dict.items():
            print("{} 姓名: {},电话号码: {}".format(i,item[0],item[1]))
            i = i + 1

# 查询一个联系人信息
```

```python
def queryOne():
    name = input('请输入要查询的联系人姓名: ')
    print(name + ":" + dict.get(name, '联系人不存在'))

# 更新联系人信息
def update():
    name = input('请输入要修改的联系人姓名: ')
    if (name in dict):
        value = input("请输入电话号码: ")
        dict[name] = value
    else:
        print("联系人不存在")

# 插入一个新联系人
def insertOne():
    name = input('请输入要插入的联系人姓名: ')
    if (name in dict):
        print("您输入的姓名在通讯录中已存在" + "-->>" + name + ":" + dict [name])
        iis = input("输入 'Y' 修改用户资料, 输入其他字符结束插入联系人")
        if iis in ['YES','yes','Y','y','Yes']:
            value = input("请输入电话号码: ")
            dict[name] = value
    else:
        value = input("请输入电话号码: ")
        dict[name] = value

# 删除一个用户
def deleteOne():
    name = input("请输入联系人姓名")
    value = dict.pop(name,'联系人不存在')
    if value == '联系人不存在':
        print("联系人不存在")
    else:
        print("联系人 "+ name +" 已删除")

# 清空通讯录
def clearAll():
    cis = input("提示: 确认清空通讯录吗? 确认操作输入 'Y', 输入其他字符退出")
    if cis in ['YES', 'yes', 'Y', 'y', 'Yes']:
        dict.clear()

# 构建无限循环, 实现重复操作
while True:
    n = input("请根据菜单输入操作序号: ")
    if (n == '1'):
        queryAll()
    elif (n == '2'):
        queryOne()
    elif (n == '3'):
        update()
    elif (n == '4'):
        insertOne()
    elif (n == '5'):
        deleteOne()
    elif (n == '6'):
        clearAll()
```

```
elif (n == '7'):
    print("|--- 感谢使用通讯录程序 ---|")
    print("")
    break       #结束循环, 退出程序
```

【例 7.5】统计分析一篇文章中出现次数最多的10个词和每个词出现的次数。

分析：词和词出现的次数正好可以用字典中的键值对表示，遍历文章，以每个词为键，以该词出现的次数为值，构成一个词典。对词典进行降序排序，输出前10个元素。中文的文章与英文不同，英文每个单词间自然以空格进行分隔，而中文中是以句子为分隔的，各词之间无分隔，所以要先将一个句子切分成多个单词。

分词这项工作可以利用一个第三方库jieba来完成，在使用第三方库之前，要先安装这个库，方法如下：

```
pip install jieba
```

扫一扫

例 7.5 词频统计

```
# 例 7.5 词频统计 .py
import jieba                       #jieba是中文分词库, 作用是将中文句子切分成词

txt = open("马云演讲 .txt", "r", encoding='utf-8').read() # 读取文件成一个字符串
words = jieba.lcut(txt)            # 将字符串切分成中文词
counts = {}                        # 创建一个空字典, 也可用 counts = dict()
for word in words:                 # 遍历切分好的词
    if len(word) == 1:             # 如果当前词只有一个字, 跳过, 不统计
        continue
    else:                          # 否则给以当前词为键的元素的值加1, 当前词是新词时, 初值置为 0
        counts[word] = counts.get(word,0) + 1
items = list(counts.items())
#counts.items() 以可迭代对象的形式返回当前字典中所有元素
items.sort(key = lambda x:x[1], reverse = True)
# 根据词的数量对列表进行排序, 降序排序
for i in range(10):
    word, count = items[i]
#items[i] 是一个包含当前词与词数量两个元素的元组, 将元组中 2 个值分别赋值给 word 和 count
    print ("{0:<10}{1:>5}".format(word, count))
# 左对齐输出当前词, 宽度为 10; 右对齐输出数量, 宽度5
```

输出：

```
老师        46
我们        28
未来        23
教育        21
一个        18
学生        15
自己        14
机器        12
孩子        12
教师        11
```

统计完成后，可以借助第三方库以词云的形式展示出来，更直观。

```
# 代码续例 7.5 的代码, 以下代码增加词云展示功能
# 前面程序中获得的字典 counts 中存储的是每个词及其出现的次数
# 将其作为参数传给 wc.generate_from_frequencies(counts) 就可以绘制词云
```

```
#WordCloud()函数用于设置词云的一些属性
import matplotlib.pyplot as plt
from wordcloud import WordCloud

wc = WordCloud(font_path='msyh.ttc',  # 中文字体，须修改路径和字体名
               background_color='White',# 设置背景颜色
               max_words=50,           # 设置最大词数
               max_font_size = 100,    # 设置字体最大值
               random_state = 50,      # 设置有多少种随机生成状态，即有多少种配色方案
               scale=1)
wc.generate_from_frequencies(counts)
plt.imshow(wc)
plt.show()
```

词云中字号越大表明词出现的次数越多，也表明作者更重视该方面，如图7.1所示。

图 7.1　词云

小　结

本章主要讲解了集合与字典两种数据类型，这两种数据类型都是无序的，不能使用序号索引的方式获取其值，也不支持对其进行切片的操作。集合最主要的应用是去除重复元素，或利用集合的并、交、差等方法生成新的数据集合。字典主要用于存在键值对的数据，字典内部的数据具有"键"和"值"的映射关系，字典中的键是独一无二的，一般通过"键"来访问其"值"

练　习

1. 函数random.choice(str)可用于从括号中作为参数的字符串中随机返回一个字符，请生成一个8位的密码，要求无重复字符，以字符串形式输出。

2. 有字典如下：

userDict = {'admin':'123456','administrator':'12345678','root':'password'}

其键和值分别代表用户名与密码，请编程实现用户登录验证。用户输入用户名和密码，当用户名与密码和字典中的某个键值对匹配时，显示"登录成功"，否则显示"登录失败"，登录失败时允许重复输入三次。

3. 删除第2题用户密码字典中用户名为'admin'的元素，更新root用户的密码为'p433m0r6'，增加一个用户'vasp'，密码设为'gjdss,Dfxtz963!'。

4. 有以下3个集合，集合成员分别是会Python、C、Java语言的人名：

pythonSet = {'王雪','李明','唐德','罗明'}

cSet = {'朱佳','李明','唐德','杨鹏'}

javaSet = {'李思','李明','郑君','罗明'}

请输出只会Python不会C的人和3种语言都会使用的人各有哪些。

5. 利用字典设计一个学生管理系统，存储学号、姓名，实现简单的更新、增加、删除和查询功能。

第8章 异 常 处 理

异常即是一个事件，该事件会在程序执行过程中发生，影响了程序的正常执行。一般情况下，在Python无法正常处理程序时就会发生一个异常。

在Python中，异常也是一个对象，表示一个错误。当Python程序发生异常时需要进行捕获处理，否则程序会终止执行。

Python提供了异常处理的方法，利用try…except语句检测try语句块中的错误，从而让except语句捕获异常信息并进行处理。

学习目标：

- 了解程序中的错误与异常。
- 了解异常处理的方法。
- 了解利用异常处理解决问题的方法。

8.1　程序中的错误

Python中的错误分为三类：语法错误、逻辑错误和运行时错误。

（1）语法错误（SyntaxError，也称解析错误）是指不遵循语言的语法结构引起的错误，程序无法正常编译/运行。语法错误属于编译阶段的错误，会导致解析错误。有语法错误的程序无法正确地编译或运行。一般是指由于程序语句、表达式、函数等存在书写格式错误或语法规则上的错误。

常见的语法错误包括：程序遗漏了某些必要的符号（冒号、逗号或括号）、关键字拼写错误、缩进不正确、全角符号和空语句块（需要用 pass 语句）等。

这种错误一般会在IDLE或其他IDE中会有明显的错误提示，如图8.1所示。这段代码中存在4处语法错误。"C"在程序里应该是用半角符号，这里用了全角；if语句结尾应该有半角的冒号，这里缺失；关键字print拼写错误；最后一行缩进不正确。

（2）逻辑错误（语义错误）是指程序可以正常运行，但其执行结果与预期不符。与语法错误不同的是，存在逻辑错误的程序从语法上来说是正确的，但会产生意外的输出或结果，并不一定会被立即发现。逻辑错误的唯一表现就是错误的运行结果。

```
Temp = input()
if Temp[-1] == "C"
    FTemp = 1.8 * float(Temp[0:-1]) + 32
    prnit("华氏温度为: {:.2f}F".format(FTemp))
```

图8.1　语法错误

常见的逻辑错误包括：运算符优先级考虑不周，变量名使用不正确，语句块缩进层次不对，在布尔表达式中出错等。

例如：当输入的用户名为"admin"或"root"，且密码为"asd*-+"时，输出登录成功。

```
if username == 'admin'or username == 'root'  and password == ' asd*-+':
    print("登录成功")
```

这段程序没有语法错误，但由于or的优先级低于and，一旦or左边结果为"真"，右边会被短路，不做处理，直接输出"登录成功"。这里可以分成两个if语句来写或用括号改变优先级，确保逻辑的正确性。

（3）运行时错误是指程序可以运行，但是在运行过程中遇到错误，导致意外退出。当程序由于运行时错误而停止时，通常会说程序崩溃了。一般所说的异常便是运行时错误，有时也会把所有错误都归于异常。

8.2　异　　常

异常是在程序执行过程中发生的一个事件，该事件会影响程序的正常执行。一般情况下，在Python无法正常处理程序时或者程序运行时发生错误而没有被处理时就会发生一个异常，这些异常会被Python中的内建异常类捕捉。异常的类型有很多，在前面的学习过程中，遇到过SyntaxError、NameError、TypeError、ValueError等多个错误提示信息，这些都是异常。

当程序发生异常时需要捕获它并进行一些处理，使其平稳结束，否则程序会终止执行甚至直接崩溃。本章主要学习异常的一些处理方法和利用异常进行程序设计。

【例8.1】摄氏温度的单位用"C"表示，华氏温度用"F"表示，输入带单位的温度，根据输入数据的单位转换成另一种温度单位进行输出。

扫一扫

例 8.1　摄氏温度转换

```
# 例 8.1 摄氏温度转换 .py
Temp = input()
if Temp[-1] == 'C':
    FTemp = 1.8 * float(Temp[0:-1]) + 32
    print(" 华氏温度为: {:.2f}F".format(FTemp))
elif Temp[-1] == 'F':
    CTemp =  (float(Temp[0:-1]) - 32) / 1.8
    print(" 摄氏温度为: {:.2f}C".format(CTemp))
```

输入：

```
89F
```

输出：

```
摄氏温度为: 31.67C
```

输入：

```
32C
```

输出：

```
华氏温度为: 89.60F
```

输入：

```
32CC
```

输出：

```
ValueError: could not convert string to float: '32C'
```

前两个输出结果正确，看起来程序没有问题。但是，这是在用户输入完全符合要求的数据的前提下，试一下输入32CC，程序就出错了，错误提示：ValueError: could not convert string to float:`'32C'`。

其原因是输入时除去最后一位的"C"以外，还存在其他非数字的字符，无法用float()函数将其转换为浮点数，导致异常。

在程序设计过程中，要尽可能考虑全面，避免类似异常的存在，同时，尽可能对可能产生的异常进行处理，使程序具有更好的健壮性和容错性，避免程序崩溃。也可以利用异常处理的方法实现程序的不同功能。

8.3　异常的处理

Python 中有许多内置的异常，有一个内置异常的完整层次结构，每当解释器检测到某类错误时，就能触发相对应的异常。在程序设计过程中，可以编写特定的代码，专门用于捕捉异常，如果捕捉到某类异常，程序就执行另外一段代码，执行为该异常定制的逻辑，使程序能够正确运行，这种处理方法就是异常处理。

8.3.1　try…except子句

在Python中，可以使用try、except、else和finally这几个关键词来组成一个包容性很好的程序，通过捕捉和处理异常，加强程序的健壮性。用try可以检测语句块中的错误，从而让except语句捕获异常信息并进行处理。

try…except语法如下：

```
try:
<语句块1>          #需要检测异常的代码块
except <异常名称1>:
<语句块2>          #如果在try部分引发了异常名称1时执行的语句块
[except <异常名称2>:
<语句块3>]         #如果在try部分引发了异常名称2时执行的语句块
```

```
[else:
<语句块 4>]          #没有异常发生时执行的语句块
[finally:
<语句块 5>]
```

except语句和finally语句都不是必需的，但是二者必须要有一个，否则try就没有意义。except语句可以有多个，Python会按except语句的顺序依次匹配指定的异常，如果异常已经处理就不会再进入后面的except语句。

程序首先执行try与 except之间的语句块，如果未发生异常，忽略各except下面的语句块，直接执行else或以后的程序语句。

如果在执行try子句的过程中发生异常，且异常与某个except后面的错误类型相符，则执行该except后面的语句块。except可以有多个，分别用于处理不同类型的异常，但程序只能执行到其中一个。

如果try中的语句无法正确执行，则根据错误类型选择执行对应的except中的语句，这里面可以是错误信息或者其他的可执行语句。

如果try中的程序没有触发异常，语句可以正常执行，就执行else中的语句。

finally放在最后，其内容通常是做一些后续的处理，如关闭文件、资源释放之类的操作。finally语句块是无论如何都要执行的，即使在前面的try和except语句块中出现了return，都会将finally语句执行完再去执行前面的return语句。

8.3.2　单异常处理

·扫一扫

例 8.2　温度转换带异常处理

【**例8.2**】温度有摄氏度和华氏度两个体系。请编写程序将用户输入的华氏度转换为摄氏度，或将输入的摄氏度转换为华氏度。输入一个表示温度的数值且以字符C或F结束，分别表示摄氏度和华氏度。

转换算法如下：

$C = (F - 32) / 1.8$

$F = C * 1.8 + 32$

分析：温度的转换比较容易实现，根据最后一位的字符进行判断执行哪个分支下的语句进行转换，难点是异常的处理。此题中float(Temp[0:-1])在进行数据类型转换时可能会因为括号中的数据无法转为浮点型而抛出异常，而这个异常基本上是用户输入的问题。当用户输入的数据不符合题目要求时，程序要能抛出异常并进行合适的处理。此题中，当捕捉到输入异常时可以要求用户重新输入。无异常触发时，执行else子句，结束循环。

```python
# 例 8.2 温度转换带异常处理 .py
while True:          #构建无限循环，使异常发生时用户可以重复输入
    try:             #判断是否存在异常，无异常时执行其子句
        Temp = input()
        if Temp[-1] == 'C':
            Temp = 1.8 * float(Temp[0:-1]) + 32
            print(" 华氏温度为: {:.2f}F".format(Temp))
        elif Temp[-1] == 'F':
```

```
            Temp =(float(Temp[0:-1]) - 32) / 1.8
            print("摄氏温度为: {:.2f}C".format(Temp))
        else:
            print("输入错误，末位只能是 'C' 或 'F'")
    except:      # 异常触发时，给出重新输入的提示，并准备接受输入
        print("输入错误，除末位外，应该是数值型，请重新输入")
    else:        # 当无异常触发时，结束循环
        break
```

【例8.3】 任意输入两个数字，输出其加、减、乘、除的结果。

分析：题目很简单，但要注意到0不能做除数，所以当第二个数字为0时，程序要能够对异常进行处理，使程序不至于因异常而崩溃。

扫一扫

例 8.3　四则运算带异常处理

```
# 例 8.3 四则运算带异常处理 .py
a,b = input().split()
try:
    print("{} + {} = {:.2f}".format(a,b, float(a) + float(b)))
    print("{} - {} = {:.2f}".format(a,b, float(a) - float(b)))
    print("{} * {} = {:.2f}".format(a,b, float(a) * float(b)))
    print("{} / {} = {:.2f}".format(a,b, float(a) / float(b)))
except ZeroDivisionError:
    print('除数为 0, 不能做除法运算')
```

输入：

```
  25 0
```

输出：

```
25 + 0 = 25.00
25 - 0 = 25.00
25 * 0 = 0.00
```

除数为0，不能做除法运算。

8.3.3　多异常处理

Python允许在一个程序里同时对多类异常进行捕捉，触发哪个异常就执行哪个异常对应的语句。表8.1列出了Python中常见的异常名称及其描述，可以参考Python文档查看所有异常类及其子类。

表8.1　常见异常名称及描述

异 常 名 称	描　　述
Exception	常规异常的基类，可以捕获任意异常
SyntaxError	语法错误
NameError	未声明/未初始化的对象（没有属性）
SystemError	一般的解释器系统错误
ValueError	传入无效的参数，或传入一个调用者不期望的值，即使值的类型是正确的
IndentationError	缩进错误（代码没有正确对齐）
ImportError	导入模块/对象失败（路径问题或名称错误）
ModuleNotFoundError	模块不存在

续表

异 常 名 称	描 述
ZeroDivisionError	除（或取模）零
OverflowError	数值运算超出最大限制
AttributeError	对象没有这个属性
IndexError	索引超出序列边界，如x只有10个元素，却访问x[11]
KeyError	映射中没有这个键（试图访问字典里不存在的键）
TypeError	对类型无效的操作
TabError	Tab和空格混用
RuntimeError	一般的运行时错误

例如：

```
try:
    import turtle              #import tutle 时输出 " 模块名称有误 "
    size = eval(input())
    print(size)                # 参数写成 sizee 时会输出 " 变量未定义 "
    turtle.circle(size)
    turtle.done()             #done 写成 one 时，会输出 " 属性不存在 "
except ModuleNotFoundError:
    print(' 模块名称有误 ')
except NameError:
    print(' 变量未定义 ')
except AttributeError:
    print(' 属性不存在 ')
except SyntaxError:
    print(' 存在语法错误 ')
```

Python内置了一个Exception类，该类可以捕捉到所有内置的、非系统退出的异常，以及所有用户定义的异常。当需要输出程序遇到的异常时，可以使用以下方法：

```
try:
    import tutle          #import tutle 时输出 "No module named 'tutle'"
    size = eval(input())
    print(size)           # 参数写成 sizee 时会输出 "name 'sizee' is not defined"
    turtle.circle(size)
# circle 写成 circe 时输出 module 'turtle' has no attribute 'circe'
    turtle.done()
except Exception as e:
    print(e)
```

8.3.4 finally子句

如果try中的异常没有在exception中被指出，系统将会抛出Traceback（默认错误代码），并且终止程序，接下来的所有代码都不会被执行。但如果有Finally关键字，则会在程序抛出Traceback之前，执行finally中的语句。这个方法在某些必须要结束的操作中很有用，如释放文件句柄或释放内存空间等。

【例8.4】将李白的《静夜思》写入文件test.txt，再逐行输出。

分析：打开文件时用"w"模式可以获得写权限，但没有读权限，在逐行读取文件时会触发异常，此时文件处于打开状态，程序被中断执行，无法执行到关闭文件的语句。会使文件一直处于异常状态。

finally中的语句不管是否触发异常，都会被执行到，所以经常把关闭文件、清理资源之类的操作放在finally语句下。

扫一扫
tese 文件

```python
# 例 8.4 逐行输出文件带异常处理 .py
s = '''   静夜思
    李白
床前明月光,
疑是地上霜,
举头望明月,
低头思故乡。
    '''
try:
    file = open('test.txt','w',encoding='utf-8')   # 以"写"模式打开文件
    file.write(s)                                   # 写入 s 中的字符串
    file.seek(0)                                     # 文件指针回到文件开头
    for line in file:                               # 遍历逐行读文件
        print(line,end= '')                         # 逐行输出文件内容
    # file.close() 如果放在此处, 如果前面遇到异常, 将无法关闭文件
except:
    print(' 文件读写权限错误 ')
finally:
    file.close()   #finally 中的语句无论是否触发异常都会被执行, 可确保文件关闭
```

扫一扫
例 8.4 逐行
输出文件带
异常处理

实际应用中，异常处理并不是解决类似问题的最好方法，一个较好的方法是使用上下文管理器，即使用with方法，用以下语句代替open语句：

```python
with open('test.txt','w',encoding='utf-8') as file:
```

这种方法打开文件，当触发异常时，文件会自动被关闭，不需要显式地执行close()语句，既可简化程序的编写，又可提高程序的健壮性。

8.3.5 异常的应用

在一些特殊情况下，可以应用异常来实现一些特定的功能。例如，正整数A+B的问题，利用其他语言实现可能需要近100行代码，而用Python结合异常处理来实现，仅需要不到20行就可以实现。

扫一扫
例 8.5 求两
个正整数 A 和
B 的和

【例8.5】求两个正整数A和B的和，输入在一行给出A和B，其间以空格分开。A和B不一定是满足要求的正整数，可能是负数、带小数点的实数，甚至是一堆乱码。如果输入的是两个正整数，则按格式"A + B =和"输出。如果某个输入不合要求，则在相应位置输出"?"，此时和也是"?"。

分析：此问题可以用多分支实现，也可以利用异常处理实现。题目要求A和B都是正整数，Python中输入的都是字符串，可以用int()函数转换为正整数，当输入为非整数形式

时，会抛出异常。

```
# 例 8.5 求两个正整数 A 和 B 的和 .py
ls= input().split()    # 根据空格将输入切分为多个字符串并放入列表
try:                   # 测试 int(ls[0]) 是否会触发异常
    a = int(ls[0])
    if a <= 0:
        a = '?'        # a 为负数，赋值为 "? "
except:                # 触发异常说明 A 不是整型数据
    a = '?'            # a 为非整数，赋值为 "? "
try:                   # 测试 int(ls[1]) 是否会触发异常
    b = int(ls[1])
    if b <= 0:
        b = '?'        # b 为负数，赋值为 "? "
except:                # 触发异常说明 B 不是整型数据
    b = '?'            # b 为非整数，赋值为 "? "
if a == '?' or b == '?':
    print('{} + {} = {}'.format(a, b, '?'))
else:
    print('{} + {} = {}'.format(a,b,a+b))
```

小　结

虽然try…except可以捕捉和处理程序中的异常，但不能过于依赖这种方法。在程序设计过程中，首先应该尽可能排除语法错误与逻辑错误，防御性方式编码比捕捉异常方式更好，应尽量采取这种编程方式，提升性能并且使程序更健壮。

不要试图用try语句解决所有问题，这将会极大地降低程序的性能。只有在错误发生的条件无法预知的情况下，才使用try…except进行处理。

在程序设计过程中，一般情况下异常处理与程序主要的功能是没有关系的，过多地应用异常处理，会导致代码可读性变差。要尽量减少try…except块中的代码量，try块的体积越大，期望之外的异常就越容易被触发，越容易隐藏真正的错误，从而带来严重后果。

使用finally子句来执行那些无论try块中有没有异常都应该被执行的代码，常用于终止处理程序，这对于清理资源很有用，例如关闭文件。

练　习

1. 输入10个数据，略过其中非整型数据，将其中的整数加和并输出。

2. 编写一个程序，用户输入1个整数，调用函数对输入的数据进行运算并输出函数的返回值。如果输入的数据是偶数，返回该数的1/2；如果输入的数据为奇数，返回该数的2倍。如果输入数据为非整型数值时，则抛出错误，并返回"类型错误"。

3. 读取当前路径下的指定文件A，并输出文件内容，当文件不存在时，输出"对不起，文件A不存在！"

第 9 章 文件操作

文件是指为了重复使用或长期使用的目的，以文本或二进制形式存放于外部存储器（硬盘、U盘、光盘等）中的数据保存形式，是信息交换的重要途径。

程序对数据读取和处理都是在内存中进行的，程序设计结束或关闭后，内存中的这些数据也会随之消失。计算机文件可以将数据长期存储下来反复使用，不会因程序结束或断电而消失。

程序可以随时读取文件中的全部或部分数据，数据的处理结果写入文件后，可以长期保存，供其他程序的应用随时读取和处理。而且，文件的使用，还可以消除计算机内存对数据体积的限制，可以处理远超过内存大小的数据量。

学习目标：

- 掌握打开与关闭文件的方法。
- 掌握上下文管理器的使用方法。
- 掌握文件的读取与写入。
- 了解CSV格式文件的操作。
- 了解JSON格式文件的操作。
- 了解文件与文件夹的操作。

9.1　文件的打开与关闭

按照数据在磁盘上存储时的组织形式不同，文件可以分为文本文件和二进制文件两类。

文本文件内部存储的是常规的中西文字符、数字、标点等符号，换行常用符号"\n"表示，此类文件一般可以使用普通文本编辑工具打开和编辑，人们可以直接阅读和理解文件内容。例如，文本文件（txt）、逗号分隔值（csv）、日志文件（log）、配置文件（ini）等。

二进制文件中的数据以二进制的形式存储，读取此类文件需要能够解析二进制数据的结构和含义的应用软件。例如，图片文件（jpeg）、视频文件（mpeg）、Windows下的可执行文件（exe）都是典型的二进制文件。

不论是文本文件还是二进制文件，文件进行写入或读取操作，一般都可以分为以下三步：

（1）打开文件并创建文件对象。

（2）通过文件对象对文件中的内容进行读取和写入等操作。

（3）关闭并保存文件内容。

9.1.1　文件的打开

Python内置文件操作函数open()，使用该函数可以将文件以文本形式或二进制形式打开用于读或写操作。其基本语法如下：

```
open(file, mode='r', encoding=None)
```

（1）file参数是一个带路径的文件名，可以带一个从根目录开始的绝对路径（如c:\\temp\\temp.txt）或相对当前打开文件所在路径（./temp.txt）的相对路径，当打开的文件与当前程序文件在同一路径下时，不需要写路径。考虑到程序的可移植性，一般建议使用相对路径。

（2）mode参数是可选参数，用于指定文件打开的方式和类型，缺省时使用默认值 'r'，以只读方式打开。该参数可以使用的符号包括 'r'、'w'、'x'、'a'、'b'、't'、'+'等，具体含义如表9.1所示。Python严格区分二进制和文本输入输出，用二进制模式打开文件时，不做任何解码，直接用二进制对象返回文件内容；用文本模式打开文件时，先用平台依赖的编码方式或encoding参数指定的编码方式对字节流进行解码，再用字符串形式返回文件内容。

表9.1　mode 参数符号含义

符　　号	含　　义
'r'	以只读模式打开文件（默认值）
'w'	以写数据模式打开文件，如果该文件已存在，先清除该文件中所有内容；如果该文件不存在，先创建该文件后再打开
'x'	以创建文件写数据模式打开文件，该文件已存在，打开失败
'a'	以追加写数据模式打开文件，如果该文件已存在，新数据追加在现有数据之后；如果该文件不存在，先创建文件后再打开
'b'	以二进制模式打开文件处理数据
't'	以文本模式打开文件处理数据（默认模式）
'+'	打开文件并允许更新，相当于增加读或写模式（与'r'、'w'或'a'组合使用，如'r+'可读可写、'w+'可写可读、'a+'可追加写，可读）

（3）encoding参数是可选参数，用于标明打开文本文件时，采用何种字符编码处理数据。encoding参数缺省时，表示使用当前操作系统默认编码类型（中文Windows10默认为GBK编码，Mac和Linux等一般默认编码为ASCII编码）。当使用二进制模式打开文件时，

encoding参数不可使用。

由于历史发展等原因，不同语言、不同版本、不同类型的操作系统，甚至不同的软件，采用了不同的字符编码类型。因此，打开他人提供的文本文件时，要使用正确的编码方式。

UTF-8（8-bit Unicode Transformation Format）是一种针对Unicode的可变长度字符编码，又称万国码。UTF-8具有1~6个字节编码Unicode字符，包含全世界所有国家需要用到的字符。Python 3.x推荐使用UTF-8编码，创建文本文件时，建议指定使用UTF-8编码，以方便其他用户和程序访问该文件。

9.1.2 文件的遍历

open()函数打开文本文件会返回一个可遍历对象，可以用循环以遍历的方式访问文件中的数据，每个循环获得文件中的一行数据，行末会有一个换行符"\n"。

9.1.3 文件的关闭

打开的文件对象使用完毕后，需要使用文件对象的close()方法关闭文件。语法格式如下：

```
f.close()
```

f.close()方法被执行时，会先将文件缓冲区中的数据写入文件，再关闭已打开的文件对象f。使用 f.close() 可以查看文件对象是否是关闭状态，如果文件对象f已关闭，f.close() 的值为True，否则为 False。

每次使用文件对象f完成文件的读/写工作后，应马上使用 f.close() 将文件对象关闭，确保文件操作的完成，同时释放文件中数据占据的内存。

【例9.1】有一个文本文件静夜思.txt，内容如下，编程读取文件的内容：

> 静夜思
>
> 床前明月光，疑是地上霜。
>
> 举头望明月，低头思故乡。

分析：访问文件中的数据，必须先用open()函数打开文件，只读取文件，不修改，读取模式参数mode的值可设为'r'。文件内容可用循环逐行输出，操作完成后要关闭文件。文件打开后得到的是一个文件对象，不能试图用print(f)输出文件内容，这个操作只能返回文件对象的信息：

```
<_io.TextIOWrapper name='静夜思.txt' mode='r' encoding='utf-8'>
```

文件的每一行被当作一个字符串，每个行末有一个换行符"\n"，所以返回的第一行应该为"静夜思\n"，在print输出时，行末的换行符"\n"会被解析为换行，导致输出的每一行数据后有一个空行存在。可以用replace()函数去掉行末的换行符，使输出时不再有额外的空行。

```
# 例 9.1 读取文件的内容 .py
f = open('静夜思 .txt', 'r', encoding = 'utf-8')
```

扫一扫

静夜思

```
# 使用 open 打开 ' 静夜思 .txt' 文件，返回文件对象 f
# 参数 'r' 表示以只读，mode 缺省表示文本模式打开文件，
# encoding='utf-8' 参数表示以 'utf-8' 编码方式处理数据
# print(f)  # <_io.TextIOWrapper name=' 静夜思 .txt' mode='r' encoding='utf-8'>
for line in f:                        # 对文件进行逐行遍历
    print(line.replace('\n',''))#replace() 函数去掉行末的换行符，使输出时不再有空行
    #print(line.strip())              # 或用 strip() 函数去掉行末的空白字符
f.close()                            # 关闭文件对象
```

例 9.1　读取
文件的内容

输出：

静夜思
床前明月光，疑是地上霜。
举头望明月，低头思故乡。

9.1.4　上下文管理器

文件使用完毕，必须使用 f.close() 关闭文件对象以确保对文件中数据的所有改变都写回到文件中，同时释放文件的读/写权限，使其他程序可以操作该文件。但在使用过程，可能因为忘记关闭文件或程序在执行f.close()语句之前遇到错误，从而导致文件不能正常关闭。

为了避免此类问题，在读/写文件时可以应用异常处理技术，当捕获到代码异常结束或文件未关闭时，执行f.close()关闭文件。

为了防止这两种情况导致文件未能正常关闭，Python提供了一种叫作上下文管理器的功能。上下文管理器用于设置某个对象的使用范围，一旦离开这个范围，将会有特殊的操作被执行。上下文管理器由Python关键字with和as联合启动，现将实例9.1的代码改写为使用上下文管理器实现。

```
# 使用 with 和 as 关键字启动上下文管理器，缩进代码在上下文管理器内
with open(' 静夜思 .txt', 'r', encoding = 'utf-8') as f:
    for line in f:  # 对文件进行逐行遍历
        print(line.strip())
```

将文件打开操作通过关键字with…as的方式置于上下文管理器中，不再用f.close()显式地关闭文件，一旦代码离开隶属with…as的缩进代码范围，文件f的关闭操作会自动执行。即使上下文管理器范围内的代码因错误异常退出，文件f的关闭操作也会正常执行。使用上下文管理器，用缩进语句来描述了文件的打开及操作范围，保证了文件使用完毕后的关闭操作。建议在进行文件操作时，使用这种方法以避免文件关闭错误。

9.2　文件的读/写操作

文本文件和二进制文件的读/写基本相同，其区别是文本文件的读/写按照字符串方式，二进制文件的读/写按照字节流的方式。为便于理解，本节以文本文件为例进行文件读/写操作的讲解。

9.2.1 文件读取方法

Python文件对象提供了3个读取数据的方法：read()、readline() 和 readlines()。文件读取方法的描述如表9.2所示。每种方法可以接收一个参数以限制每次读取的数据量，但通常不使用参数。

表 9.2 文件读取方法

方 法	描 述
read(size)	无参数或参数为-1时，读取全部文件内容；当参数size为大于或等于0的整数时，读取size个字符
readline(size)	无参数或参数为-1时，读取并返回文件对象中的一行数据，包括行末结尾标记'\n'，字符串类型。当参数size为大于或等于0的整数时，最多返回当前行的前size个字符
readlines(hint)	无参数时，读取文件全部数据，返回一个列表，列表中每个元素是文件对象中的一行数据，包括行末的换行符'\n'。 当参数hint为大于或等于0的整数时，读取hint个字符所在的行
seek(offset,whence)	改变当前文件操作指针的位置，offset为指针偏移量，whence代表参照物，有3个取值：0文件开始；1当前位置；2文件结尾
tell()	返回文件指针当前的位置

如果期望重新读取文件中的数据，可使用 seek() 将文件读取指针移动到期望的位置。

1. Seek()方法

Python在文件读取过程中使用了指针，在文件刚打开时，指针是指向文件内容的开端的，伴随着读/写的进行指针一步一步往后移动。下一次读/写从指针当前位置向后进行，当指针移动到文件结尾后，其后已经没有数据，再试图读取数据就没有返回值了。

操作指针的方法为：

```
seek(offset,whence)
```

（1）offset代表文件指针的偏移量，单位是字节（B）。

（2）whence代表参照物，有3个取值：

• 0文件开始（缺省值，文本和二进制文件都可用），偏移量为0或正值。

• 1当前位置，偏移量可以为负值（仅适用于二进制文件）。

• 2文件结尾，偏移量可以为负值（仅适用于二进制文件）。

> 注意：当whence=1或whence=2时，在二进制文件中可以设置任意偏移量，在文本文件中，只允许设置偏移量为0，不允许使用其他数值作为偏移量。

2. tell()方法

tell()方法可返回当前指针的位置。使用文件对象的tell() 方法，可以获取当前文件指针的位置。使用seek(offset)可以移动文件读取指针到指定位置。

> **注意:** 不同编码格式在对中文等大字符集字符编码时,一个字符可能占用2个、3个甚至4个字节,故使用offset值很难预估文件指向希望移动到的精确位置。如果移动到一个汉字的非起始字节位置,输出会产生乱码。在对文本文档使用 seek()方法时,一般使用seek(0)将文件指针移动到文件开始位置。

3. read()方法

read() 方法一次性读取整个文件,通常用于将文件内容放到一个字符串变量中,如果文件大于可用内存,可以反复调用read(size)方法,每次最多读取size个字节的内容。例如:

```python
with open(' 静夜思 .txt', 'r', encoding = 'utf-8') as f:
    txt = f.read()                    #一次读取文件中的全部数据
    #txt = f.read(3)                  #读取前 3 个字符,输出: 静夜思
    print(txt)
```

4. readline()方法

readline()方法每次只读取一行数据,文件指针移动到下一行开始;readline()方法通常比readlines()速度慢,仅当没有足够内存可以一次读取整个文件时,才使用readline()方法。

5. readlines()方法

readlines()方法一次读取文件中所有数据行,文件指针一次性就移动到文件结尾处。readlines()方法自动将文件内容转成一个列表,列表中每个元素是文件对象中的一行数据,该列表可以由for... in ...结构进行处理。例如:

```python
with open(' 静夜思 .txt', 'r', encoding = 'utf-8') as f:
    txt = f.readline()               #读取文件第一行
    print(txt)                       #输出为: 静夜思
    print(f.tell())                  #输出当前文件指针位置: 11
    txt = f.readlines()              #读取指针之后的所有行
    print(txt)
    # ['床前明月光, 疑是地上霜。\n', '举头望明月, 低头思故乡。\n']
    print(f.tell())                  #当前文件指针位置为 87, 处于文件结尾, 后面无数据
    txt = f.readlines()              #后面无数据, 结果为空列表
    print(txt)                       #输出: []
    f.seek(0)                        #移动指针到文件起始位置
    txt = f.readlines()              #可读到文件中全部数据
    print(txt)
    #['静夜思 \n', '床前明月光, 疑是地上霜。\n', '举头望明月, 低头思故乡。\n']
```

实际上,用open()方法打开文件后,生成的文件对象本身支持用for... in ...结构进行遍历。直接对文件对象进行遍历,不需要将文件中的数据一次性读到内存中,可以读一行处理一行。当数据文件非常大时,用直接遍历文件对象的方法,既可以避免内存不足的问题,又可以提高处理速度。例如:

```python
with open(' 静夜思 .txt', 'r', encoding = 'utf-8') as f:
    for line in f:  # 对文件进行逐行遍历
        print(line.replace('\n', ''))
```

【例9.2】有一文本文件，文件名为XRD.txt，包含多行两列数据，同行数据中间用制表符（\t）分隔，两列数据分别为x、y值，请读取文件中的数据，用turtle绘制数据曲线图。

数据格式如下：

5.38　　9.92795

5.41　　10.3479

5.44　　10.7952

5.47　　11.272

分析：要利用文件中的数据，首先要打开文件并读取文件中的数据，turtle绘图可以用goto()方法使画笔沿数据点移动，留下轨迹即为所要结果。goto()方法需要知道各点的坐标，所以要做的事情就是将文件中的两列数据转换为一系列点的坐标。可以采用逐行读取数据，将每行的两个数据分别作为横纵坐标作为goto()的参数。原数据每行末有一个换行符，可用strip()函数去除行末的"\n"，再用split()函数根据分隔符"\t"将字符串切分成2个元素。goto()函数中的系数30是为了调整横纵坐标的比例，可任意更换合适的数字。

扫一扫

XRD.txt

```
# 例 9.2 读文件中数据绘图 .py
import turtle

with open('XRD.txt', 'r') as f: #用上下文管理器，以只读模式打开文件，创建文件对象
    for line in f:      # 逐行读取文件中的数据，每行数据为一个字符串: '4    0\n'
        set = line.strip().split('\t')      #将字符串切分成2个字符串放入列表中，
                        #如 ['4', '0']
        turtle.goto(float(set[0]) * 15, float(set[1]) / 30)
                        #float() 可将字符串转为浮点数
turtle.done()
```

扫一扫

例 9.2　读文件中数据绘图

运行程序，绘制的曲线如图9.1所示。

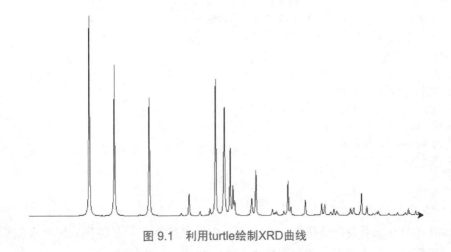

图 9.1　利用turtle绘制XRD曲线

9.2.2 文件写入方法

进行文件的写入操作，使用 open() 函数时，要将 mode 参数设置为'w'、'x'、'a'等字符或用"+"增加写权限，但要注意，使用"r+"模式时文件处于改写状态，新写入的数据会覆盖原文件起始位置相同数量字符的数据。

使用open()方法获取文件对象后，Python文件对象提供了write()和writelines()两个写入数据的方法，可将指定的字符串和以字符串为元素的列表写入文件，文件写入方法如表9.3所示。

表 9.3　文件写入方法

方　　法	描　　述
write(b)	将给定的字符串或字节流对象写入文件
writelines(lines)	将一个元素全为字符串的列表写入文件

程序运行过程中写入到字符串和列表中的内容只在程序设计过程中存在于内存之中，程序结束或关机后将会丢失，可以使用这两种方法将字符串和列表中的内容写入到文件中永久保存。例如：

```
# 三引号的字符串，可以保留格式
s = '''独坐敬亭山
众鸟高飞尽，孤云独去闲。
相看两不厌，只有敬亭山。
'''
# 每行后的 '\n' 是换行符
ls = ['江雪 \n','千山鸟飞绝，万径人踪灭。\n','孤舟蓑笠翁，独钓寒江雪。\n']
with open('静夜思 .txt', 'a+', encoding = 'utf-8') as f:
    f.write(s)            # 将字符串 s 写入文件，附加到当前内容后面
    f.writelines(ls)      # 将列表 ls 写入文件，附加到当前内容后面
    f.seek(0)             # 移动指针到文件起始位置
    for line in f:        # 对文件进行逐行遍历
        print(line.replace('\n', ''))
```

输出：

```
静夜思
床前明月光，疑是地上霜。
举头望明月，低头思故乡。
独坐敬亭山
众鸟高飞尽，孤云独去闲。
相看两不厌，只有敬亭山。
江雪
千山鸟飞绝，万径人踪灭。
孤舟蓑笠翁，独钓寒江雪。
```

writelines()方法不会自动在每一个元素后面增加换行，只是将列表内容直接输出，所以在构造列表时，在需要换行的位置加入一个'\n'，以控制写入格式。

9.3 文件重命名与删除

在执行程序的过程中，可能需要删除或对文件重新命名，可以调用Python内置的os库提供的方法实现。使用方法如下：

```
os.rename(oldName,newName)
os.remove(fileName)
```

```
import os
os.rename('XRD.txt','xrd.txt')          # 将当前路径下的文件 XRD.txt 重新命名为 xrd.txt
try:
    os.remove('xrd.txt')                # 将当前路径下的文件 xrd.txt 删除
    print('xrd.txt 已经被删除 ')         # 删除成功输出提示
except Exception:
    print(' 文件xrd.txt 不存在 ')        # 删除不成功时抛出异常
```

9.4 CSV格式文件的读/写

逗号分隔值（Comma-Separated Values，CSV），其文件以纯文本形式存储表格数据。CSV文件是一个字符序列，由任意数目的记录组成，记录间以逗号或某种换行符分隔；每条记录由字段组成，字段间的分隔符是其他字符或字符串，最常见的是逗号或制表符。

一般要求每条记录都有同样的字段序列，文件开头不留空行，如果包含列名，则位于文件第一行。一行数据不跨行，无空行。以半角逗号（,）作分隔符，列为空也要表达其存在。列内容如存在半角引号（"），替换成半角双引号（""）转义，即用半角引号（""）将该字段值包含起来。文件读/写时引号、逗号操作规则互逆。内码可为 ASCII、Unicode 或者其他字符。

CSV是一种通用的、相对简单的文件格式，被用户、商业和科学广泛应用。最广泛的应用是在程序之间转移表格数据，而这些程序本身是在不兼容的格式上进行操作的。因为大量数据库程序和Excel等电子表格程序都支持CSV，所以CSV格式文件常被用于数据文件的输入/输出格式。

CSV是文本文档，所以对文本进行读/写的方法都适用于CSV格式文件的数据处理。而CSV格式的文件中的数据基本上都是由行和列构成的二维数据，可以使用列表嵌套的方法对其进行处理。

下面用一个例子讲解用列表处理CSV数据的方法：

【例 9.3】有一个存放学生课程成绩的文件score.csv，存有5名学生各5门课的成绩和总成绩。请读取并显示文件内容，计算并输出每门课程的平均分，根据每名学生的总分进行排序，并将排序后的结果写入到新文件scoreSort.csv中，输出总分最高分和最低分的学生名字和分数。

姓名,C语言,Java,Python,C#,JavaScript,总分

扫一扫

Score.csv

罗明,95,96,85,63,91,430

朱佳,75,93,66,85,88,407

李思,86,76,96,93,67,418

郑君,88,98,76,90,89,441

王雪,99,96,91,88,86,460

分析：打开文件后对文件进行遍历，读取每行的内容格式为：'罗明,95,96,85,63,91,430\n'，用split(',')函数根据逗号分隔元素产生一个列表，形如：['罗明', '95', '96','85', '63','91','430']，将这个列表作为一个元素加到列表score中。

这个操作实际上是将CSV文件中每一行转为一个列表并作为一个元素加到一个列表中。整个文件作为一个二维列表，这个列表的每个元素都是列表，而且每个元素中的元素个数相同。那么，对文件中数据的操作就变成了对这个列表的操作，可以通过索引和切片的方式对其进行访问和处理。

在将处理好的数据写回文件时，要注意文件的打开模式要有写权限，而且用write()写回数据时，原CSV文件中的分隔符（逗号）需要重新加进去。可以用join()函数，括号中以序列为参数，指定用逗号作为分隔符','，可以将序列中的各元素用逗号连接起来。行末的换行符也需要重新加入，以免所有数据写到一行中，换行符的添加可用字符串连接的方式，用"+"将"\n"与列表中的元素连接起来。具体方法是：','.join(title)+'\n'。

······● 扫一扫

例 9.3 CSV
文件的读取

······●

```python
# 例 9.3 csv 文件的读取 .py
score = []
#打开文件，读取原文件内容并放入列表中待用
print('原文件内容: ')
with open('score.csv','r', encoding='utf-8') as data:  # 以读模式打开文件
    for line in data:
        print(line.strip())    #输出文件全部内容, strip() 去掉行末换行符 '\n'
        line = line.strip()    #替换掉行末的换行符
        score.append(line.split(','))  #将得到的列表作为一个元素增加到列表 score 中
        # line.split(',') 会输出 ['罗明', '95', '96', '85', '63', '91', '430']

#输出列表内容
print(' 转成列表: ')
print(score)             # 文件中的数据转为列表输出
title = score[0]         # 为便于理解，将标题行切片单独放在一个列表中
score = score[1:]        # 存储去掉标题行的数据
print()
print(' 每门课平均分: ')

# 进行成绩分析
# 每门课的平均分
avg = [0, 0, 0, 0, 0]
for i in range(len(score)):                    # 计算每门课程总分
    for j in range(len(avg)):
        avg[j] = avg[j] + int(score[i][j + 1])    # 将 score 中分数加到 avg 中
                                                  # 对应的序号
for l in range(len(avg)):                      # 计算平均分
    avg[l] = round(avg[l] / len(score), 2)
```

```
for i in range(1, len(title) - 1):                    # 计算出各门课程平均成绩
    print('{}课程平均成绩为{}'.format(title[i], avg[i - 1]))

# 按成绩总分进行排序
score.sort(key = lambda x:int(x[6]),reverse=True)
print()

# 输出最高分和最低分
print('{}获得最高分，总成绩为{}分 '.format(score[0][0],score[0][6]) )
print('{}获得最低分，总成绩为{}分 '.format(score[-1][0],score[-1][6]))

# 重新写回到文件
with open('scoreSort.csv','w', encoding='utf-8') as data:    # 以写模式打开文件
    data.write(','.join(title)+'\n')    # 写标题行，逗号分隔，行末加换行符
    for s in score:
        data.write(','.join(s)+'\n')    # 写数据行，逗号分隔，行末加换行符
print()

# 输出文件内容
print(' 排序后文件内容: ')
with open('scoreSort.csv','r', encoding='utf-8') as data:    # 以只读模式打开文件
    for line in data:
        print(line.strip())                    # 输出文件全部内容
```

输出：

原文件内容:
姓名 ,C语言 ,Java,Python,C#,Javascript, 总分
罗明 ,95,96,85,63,91,430
朱佳 ,75,93,66,85,88,407
李思 ,86,76,96,93,67,418
郑君 ,88,98,76,90,89,441
王雪 ,99,96,91,88,86,460
转成列表:
[['姓名 ','C语言 ','Java','Python','C#','JavaScript','sum'],
['罗明 ','95','96','85','63','91','430'],
['朱佳 ','75','93','66','85','88','407'],
['李思 ','86','76','96','93','67','418'],
['郑君 ','88','98','76','90','89','441'],
['王雪 ','99','96','91','88','86','460']]

（注：列表每个元素后的换行是排版时加入的，元素对齐便于理解）

每门课平均分:
C语言课程平均成绩为 88.6
Java课程平均成绩为 91.8
Python课程平均成绩为 82.8
C#课程平均成绩为 83.8
JavaScript课程平均成绩为 84.2

王雪获得最高分，总成绩为 460 分
朱佳获得最低分，总成绩为 407 分

排序后文件内容:

```
姓名,C语言,Java,Python,C#,JavaScript,总分
王雪,99,96,91,88,86,460
郑君,88,98,76,90,89,441
罗明,95,96,85,63,91,430
李思,86,76,96,93,67,418
朱佳,75,93,66,85,88,407
```

9.5 JSON文件的读/写

JSON（JavaScript Object Notation）是一种当前广泛应用的数据格式，多用于网站数据交互及不同的应用程序之间的数据交互。JSON数据格式起源于JavaScript，但现在已经发展成为一种跨语言的通用数据交换格式。

JSON是文本格式，使用Unicode编码，默认utf-8方式存储。JSON的key必须用双引号引住字符串，不能用单引号。

Python内置json库，用于对JSON数据的解析和编码，使用json库的dump()和load()方法，可以将不同类型的数据写入文件或将数据从文件中读出恢复成原始数据类型。

编码语法及主要参数如下：

```
json.dumps(obj, ensure_ascii=True, indent=None, sort_keys=False)
json.dump(obj, fp, ensure_ascii=True, indent=None, sort_keys=False)
```

json中默认ensure_ascii=True会将中文等非ASCII字符转为Unicode编码（形如\uXXXX），设置ensure_ascii=False可以禁止json将中文转为unicode编码，保持中文原样输出。

Python中的字典是无序的，转为JSON默认不排序。可设置sort_keys=True使转换结果按升序排序。

indent参数可用来对json进行数据格式化输出，默认值为None，不做格式化处理，可设一个大于0的整数表示缩进量，例如indent=4。输出的数据被格式化之后，可读性变得更好。

dump(obj, fp)函数除了将obj转换为JSON格式的字符串，还会将字符串写入到文件fp中，编码方法如表9.4所示。

表9.4　编码方法

方　　法	描　　述
json.dumps(obj)	将 Python格式对象obj编码成 JSON 格式，写入内存
json.dump(obj, fp)	将 Python 格式对象obj编码成 JSON 格式，写入到磁盘文件fp中

JSON的编解码过程是将一个包含JSON格式数据的可读文件反序列化为一个Python对象。Python 的原始类型与JSON类型会相互转换，主要使用json.loads(s)和json.load(fp)两个方法。解码方法如表9.5所示。

表 9.5　解码方法

方　　法	描　　述
json.loads(s)	将字符串s中的JSON数据解码为 Python 数据类型，其他格式数据会变为unicode 格式
json.load(fp)	将磁盘文件对象fp中的JSON数据解码为 Python 数据类型，其他格式数据会变为 unicode格式

在编码和解码过程中存在着一个Python数据类型和JSON数据类型的转换过程，具体的转换关系对照如表9.6所示。

表 9.6　Python 原始类型与 JSON 类型的转换对照

Python → JSON		JSON → Python	
dict	object	object	dict
list、tuple	array	array	list
str、unicode	string	string	str
int、float	number	number (int)	int
		number (real)	float
True	true	true	True
False	false	false	False
		null	None

下面看一个简单Python与JSON数据转换的例子：

```
import json
data = {'姓名':'李立',
        '电话':'13988776655',
        '籍贯':'湖北'}
print(data)                              # 输出 Python 的字典数据类型
# 转成json,ensure_ascii=False 使非 ASCII 码字符原样输出
dataJson = json.dumps(data,ensure_ascii = False)
print(dataJson)                          # 输出转换结果，字典转为 json 对象
# 转成json,indent 格式化保存字典，数字为缩进空格数
dataJson = json.dumps(data,sort_keys = True,ensure_ascii = False,indent = 4)
print(dataJson)                          # 输出格式化后的转换结果
with open("test.json", "w", encoding = 'utf-8') as f:
    json.dump(data,f,ensure_ascii = False, indent=4)
    # 转为 json 格式写入文件对象 f
```

输出：

```
{'姓名': '李立', '电话': '13988776655', '籍贯': '湖北'}
{"姓名": "李立", "电话": "13988776655", "籍贯": "湖北"}
{
    "姓名": "李立",
    "电话": "13988776655",
    "籍贯": "湖北"
}
```

文件test.json的内容：

```
{
    "姓名": "李立",
    "电话": "13988776655",
    "籍贯": "湖北"
}
```

相反的操作，便可以将JSON格式数据转为Python的数据类型。

```
import json

data = {'姓名':'李立',
        '电话':'13988776655',
        '籍贯':'湖北'}
dataJson = json.dumps(data,sort_keys = True,ensure_ascii = False,indent=4)
print(dataJson)                 # 输出转为json的结果
print(json.loads(dataJson))     # 将json对象dataJson解码为Python中的字典
with open("test.json", "r", encoding = 'utf-8') as f:
    json.load(f)                # 将文件对象f中的JSON数据解码为python中的字典
```

【例 9.4】学生课程成绩的文件score.csv，存有5名同学各5门课的成绩和总成绩。请将文件内容转为JSON格式写入到新文件score.json中。

分析：这个问题可以分两步，一是以读的模式打开csv文件，将文件中的数据读取出来，转为Python的数据类型；二是以创建写的模式打开JSON文件，再用dump()函数将其编码为JSON格式并写入到文件中。

```
# 例 9.4 csv数据转json.py
import json
# 打开csv文件，读取数据进行格式转换
with open("score.csv", "r", encoding='utf-8') as dataCsv:
    ls = []
    for line in dataCsv:                    # 遍历dataCsv中的每一行
        line = line.strip()                 # 去掉行末的换行符
        ls.append(line.split(','))          # 加到列表ls中
for i in range(1,len(ls)):
    ls[i] = dict(zip(ls[0], ls[i]))  # 将列表第一列取出，与后面每一列中元素生成键值对
# 打开json文件，将数据编码后写入
with open("score.json", "w", encoding='utf-8') as dataJson:
    json.dump(ls[1:],dataJson, indent=4, ensure_ascii=False)
```

扫一扫

例 9.4　CSV
数据转 json.
py

文件内容：

```
[
    {
        "姓名": "罗明",
        "C语言": "95",
        "Java": "96",
        "Python": "85",
        "C#": "63",
        "Javascript": "91",
        "总分": "430"
```

```
    },
    {
        "姓名": "朱佳",
        "C语言": "75",
        "Java": "93",
        "Python": "66",
        "C#": "85",
        "Javascript": "88",
        "总分": "407"
    },
    {
        "姓名": "李思",
        "C语言": "86",
        "Java": "76",
        "Python": "96",
        "C#": "93",
        "Javascript": "67",
        "总分": "418"
    },
    {
        "姓名": "郑君",
        "C语言": "88",
        "Java": "98",
        "Python": "76",
        "C#": "90",
        "Javascript": "89",
        "总分": "441"
    },
    {
        "姓名": "王雪",
        "C语言": "99",
        "Java": "96",
        "Python": "91",
        "C#": "88",
        "Javascript": "86",
        "总分": "460"
    }
]
```

　　将JSON文件转为CSV格式的操作正好与之相反：一是以读的模式打开JSON文件，用load()对其进行解码，将文件中的数据转为列表；二是以创建写的模式打开CSV文件，再将解码后的数据写入到文件中。

```
import json

with open("score.json","r", encoding='utf-8') as dataJson:
    ls = json.load(dataJson)
data = [ list(ls[0].keys()) ]        #返回字典中所有的键，作为列表的一个元素
for item in ls:
```

```
        data.append(list(item.values())))      #遍历字典，将字典中所有值逐行加入列表
with open("score.csv", "w", encoding='utf-8') as dataCsv:
    for item in data:
        dataCsv.write(",".join(item) + "\n") #将元素间用逗号隔开，写入文件中
```

9.6　文件与文件夹操作

Python内置os库提供了大量和目录及文件操作相关的方法。使用import os语句导入os库后，即可使用其相关方法。os库常用方法如表9.7所示。

表 9.7　os库常用方法

方　　法	描　　述
os.getcwd()	获取当前工作路径
os.chdir(path)	将当前工作路径修改为path，如os.chdir(r'c:\Users')
os.path.exist(name)	判断name文件夹或文件是否存在，存在返回True，否则返回False
os.mkdir(pathname)	新建一个名为pathname的文件夹
os.rmdir(pathname)	删除空文件夹pathname，文件夹不为空则报OSError错误
os.path.isdir(path)	判断path是否是文件夹，若是返回True，否则返回False
os.path.getsize(file)	文件file存在，返回其大小（byte为单位），不存在则报错
os.remove(filename)	删除文件filename，文件不存在则报错
os.isfile(filename)	返回filename是否是文件，若是返回True，否则返回False
os.listdir(path)	以列表形式返回path路径下的所有文件名，不包括子路径中的文件名
os.walk(path)	返回类型为生成器，包含数据为若干包含文件和文件夹名的元组数据

os库常用操作示例：

```
#os 模块就是对操作系统进行操作，使用该模块必须先导入模块
import os

result = os.getcwd()#getcwd() # 获取当前工作目录（当前工作目录默认都是当前文件所在的文件夹）
print(result)
# 前一个斜杠为转义字符，'\\' 解析为 '\'，也可写为 os.chdir('D:/testpath/path')
os.chdir('D:\\testpath\\path')                  #chdir() 改变当前工作目录
result = os.getcwd()
print(result)
open('test.txt','w')                            # 在当前路径下创建文件 'test.txt'
open('D:/testpath/path/test.txt','w')           # 在路径 'D:/testpath/path 下创建
                                                # 文件 'test.txt'
result = os.listdir('D:/testpath/path/')        #listdir() 获取指定文件夹中所有
                                                # 内容的名称列表

print(result)
os.mkdir('score')                               #mkdir() 创建文件夹
os.makedirs('score/python/final/')              #makedirs() 递归创建文件夹
os.rmdir('score')                               #rmdir() 删除空目录
os.removedirs('score/python/final/')            #removedirs 递归删除文件夹，必须
                                                # 都是空目录
```

```
os.rename('02.txt','002.txt')          #rename() 文件或文件夹重命名
filepath = 'score/python/final/'
result = os.path.exists(filepath)       #exists() 检测某个路径是否真实存在
print(result)
```

【例9.5】在当前路径下创建以学号2018001～2018010为名的10个文件夹。

扫一扫

例 9.5　批量
创建文件夹

```
# 例 9.5 批量创建文件夹 .py
import os

for i in range(1, 11):
    pathname = '2018' + '{:0>3}'.format(i)
    # '{:0>3}'.format(i) 生成字符串 '001' ~ '010'
    os.mkdir(pathname)                  # 创建名为 pathname 的文件夹
```

小　　结

本章主要介绍Python中的文件操作，首先介绍了Python内置的open()函数，用于打开文件进行读/写操作，其返回值为文件对象，需要显式地用close()关闭文件。推荐用上下文管理器with…as进行文件操作，可保证在任何情况下都正常关闭文件。

CSV和JSON都用常用的数据文件格式，利用Python可以方便快速地处理两种格式的文件，也可以将两种格式相互转换。

最后，简要介绍了os库中文件夹和文件的常用操作，以方便读者进行磁盘目录和文件管理。

练　　习

1. 读取文本文件中的内容并输出到屏幕上。

2. 将古诗《望岳》"望岳 岱宗夫如何？齐鲁青未了。造化锺神秀，阴阳割昏晓。荡胸生曾云，决眦入归鸟。会当凌绝顶，一览众山小。"，写入到当前路径下的"望岳.txt"中。然后读取文件内容，逐行输出。

3. 文本文件dos.txt中的每一行为一个坐标数据，逐行读取数据并利用turtle将这些坐标点连接起来。

4. 创建一个包含一段中文的文本文件，统计文件中的中文字数，不包括标点符号和空格。

5. 创建一个包含一段英文的文本文件，统计文件中的单词数量，单词是指不包含空格的连续的一串字符。

6. 很多手机电话号码簿导出的数据格式为CSV格式，读取CSV文件中的数据，用空格代替其中的逗号分隔符，再写入同名的TXT文件中。

第 ⑩ 章　数据分析与可视化

数据分析是指用适当的方法对收集来的大量数据进行分析，提取有用信息的过程。数据分析技术被广泛应用于客户分析、营销分析、社交媒体分析、网络安全、设备管理、交通物流分析等各个领域。

当今社会，随着互联网与物联网技术的快速发展，产生的数据量也呈现指数级增长。云计算、大数据、物联网和人工智能等各个领域都需要对大量的数据进行分析和处理。数据分析技能被认为是各行各业从业人员必须具备的基本技能之一。

一图胜千言，杂乱无序的数据往往会让人产生压迫感和厌倦感，一张可视化信息图表能清晰地传递庞杂信息和数据，大大缩减人们理解、分析繁复数据的时间，提高获取信息的效率。

在数据分析与可视化方面，NumPy、Pandas、Seaborn和Matplotlib等提供了非常强大的数据分析和可视化能力，构建了一个非常好的数据分析生态圈，使Python成为数据科学领域和人工智能领域的主流语言。

通过本章的学习，将可以掌握目前主流的数据分析与可视化技术，为从事机器学习、量化投资分析、工程应用等打下坚实的基础。

学习目标：

- 了解NumPy库的安装与应用。
- 掌握利用Matplotlib库绘制图形。
- 熟悉Pandas库的主要功能。
- 了解利用Seaborn进行数据可视化。
- 掌握词云的制作。
- 了解网络爬虫的应用方法。

10.1　NumPy

Python中提供的列表可以保存一组数据，可以用来当作数组使用。但由于列表的元素可以是任何对象，因此列表中保存的是对象的指针，这种结构不适合做数值运算。Python也提供了array模块，能直接保存数值，但它不支持多维数组，也没有各种运算函数，也不适合做数值运算。

NumPy是科学计算和数据分析的基础库，是进行数据处理与可视化的基础，也是科学计算事实上的标准库。它提供了ndarray和ufunc对象，前者是存储单一数据类型的快速、高效的多维数组对象；后者是一种能够对数组进行元素级计算以及直接对数组执行数学运算的特殊函数。除此以外，还提供读/写磁盘上基于数组的数据集功能，提供线性代数运算、傅里叶变换以及随机数生成的功能，提供将C、C++、Fortran代码集成到Python的工具。同时，NumPy还可以作为算法之间传递数据的容器，使其他语言编写的库可以直接操作NumPy数组的数据。

学习NumPy可以帮助人们理解面向数组的编程思想，但对于一般的数据分析与可视化而言，并不需要深入学习NumPy，掌握其中的常用方法即可。

通常，推荐用以下方式导入NumPy函数库，在后续的代码中，np就代表NumPy。

```
import numpy as np
```

10.1.1　数组的属性

在介绍数组之前，首先了解一下NumPy数组的基本属性。NumPy数组的维数称为秩（rank），一维数组的秩为1，二维数组的秩为2，依此类推。在NumPy中，每一个线性的数组称为一个轴（axes），秩其实是描述轴的数量，是数组的维数。二维数组可以看作两个一维数组。

例如有数组c=[[1 2 3 4]

　　　　　　[5 6 7 8]]

数组c是一个二维数组，其秩为2，可以看成是两个一维数组。

10.1.2　多维数组及其创建

NumPy最主要的对象或者最基本的数据类型是ndarray，ndarray对象也称为多维数组，是整个NumPy库的核心对象。它可以高效地存储大量的数值元素，提高数组运算的速度，还能用它与各种扩展库进行数据交换。它与Python内置的列表和元组数据类型不同的是，ndarray中的所有数据类型必须相同。

NumPy提供了一系列函数用于创建数组，如表10.1所示。

表 10.1　NumPy库常用的数组创建函数

函　　　数	描　　　述
array([x,y,x],dtype = int)	将列表转换为数组
arange([x,]y[,i])	创建从x到y，步长为i的数组
linspace(x,y[,n])	参数为起始值、终止值和元素总数，创建一维等差数组
logspace(x,y[,n])	参数为起始值、终止值和元素总数，创建一维等比数组

函　　　数	描　　　述
random.rand(m,n)	创建m行n列的随机数组
zeros(shape, dtype=float, order='C')	创建全0数组，shape要以元组格式传入，表示行与列的数量
ones(shape, dtype=None, order='C')	创建全1数组，shape要以元组格式传入，表示行与列的数量
empty(shape, dtype=None, order='C')	创建拥有趋近0值的数组，shape要以元组格式传入，表示行与列的数量

常用的创建数组的机制有以下3种：

（1）将列表或元组等Python数据类型转为数组。

（2）利用arange()、 ones()、 zeros()等内置方法自动创建数组。

（3）利用random()等函数创建数组。

array()函数可以被用于从列表和元组创建数组，例如，用array()函数将列表转换为数组。例如：

```
import numpy as np

# 创建简单的列表 a,b
a = [1, 2, 3, 4]
b = [5, 6, 7, 8]
print(np.array(a))               # 将列表 a 转换为一维数组并输出
# 等长的多个列表可以转为一个多维数组
c = [a,b]                        # 列表 a、b 等长，创建二维数组
print(np.array(c))
```

输出：

```
[1 2 3 4]
[[1 2 3 4]
 [5 6 7 8]]
```

arange([x,]y[,i]) 函数可以被用于创建从x到y，步长为i的数组。当x缺省时，默认从0开始，i缺省时，默认步长为1。例如：

```
import numpy as np

print(np.arange(1,12,2))              # 从 1 到 12，步长为 2
print(np.arange(12))                  # 从 0 到 12，步长为 1
```

输出：

```
[ 1  3  5  7  9 11]
[ 0  1  2  3  4  5  6  7  8  9 10 11]
```

linspace(x,y[,n])函数可以从x到y创建元素数量为n的等间隔数列，n缺省值为50，参数x和y分别是数组的开头与结尾。如果写入第三个参数n，可指定数列的元素个数。

```
import numpy as np

print(np.linspace(1,10,10))  # [ 1.  2.  3.  4.  5.  6.  7.  8.  9. 10.]
print(np.linspace(1,100))    # 从 1 到 100，等分 50 份
```

logspace(x,y[,n])函数与linspace()函数类似，可以从x到y创建元素个数为n的等比数列。参数x和y分别是数组的开头与结尾。如果写入第三个参数n，可指定数列的元素个数，n缺

省值为50。

除此以外，NumPy还提供了创建随机数组、全0数组、全1数组等方法。例如：

```
import numpy as np

print(np.random.rand(2,3))              # 创建随机数组
print(np.ones((2,3)))                   # 创建全 1 数组
```

输出：

```
[[0.97647275 0.89953982 0.86579495]
 [0.6972089  0.65923455 0.45077226]]
[[1. 1. 1.]
 [1. 1. 1.]]
```

10.1.3 数组索引和切片

数组支持索引和切片，其操作与列表的操作类似，只是从一维拓展到多维。图10.1所示为一个shape(6,6)的数组arr，图中用不同的线型和填充颜色标出各个下标所对应的选择区域。

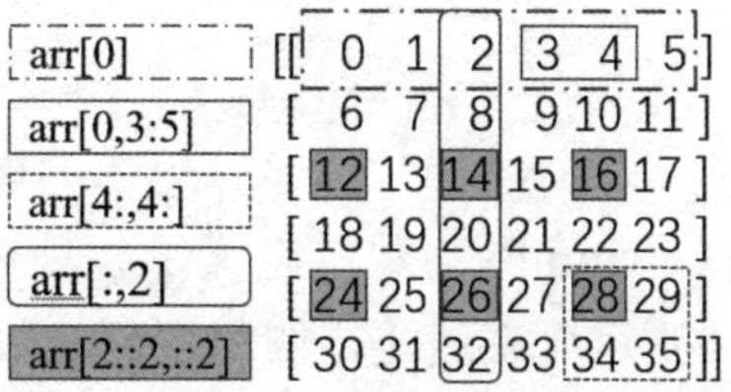

【例10.1】数组索引和切片。

图10.1 多维数组切片

```
# 例 10.1 数组索引与切片 .py
import numpy as np

arr = np.arange(36).reshape(6,6)     #reshape(6,6) 将创建的数组转成 6 行 6 列
print(arr)                           # 返回数组所有元素
print(arr[0])                        # 返回数组序号为 0 的行, [0 1 2 3 4 5]
print(arr[0,3:5])                    # 返回数组序号为 0 的行中列序号为 3 和 4 的数据, [3 4]
print(arr[4:,4:])                    # 返回从行序号大于等于 4 且列序号也大于等于 4 的数据
print(arr[:,2])                      # 返回每行中序号为 2 的数
print(arr[2::2,::2])                 # 返回序号从 2 开始的偶数行中，列序号为偶数的数
```

输出：

```
[[ 0  1  2  3  4  5]
 [ 6  7  8  9 10 11]
 [12 13 14 15 16 17]
 [18 19 20 21 22 23]
 [24 25 26 27 28 29]
 [30 31 32 33 34 35]]
[0 1 2 3 4 5]
[3 4]
[[28 29]
 [34 35]]
[ 2  8 14 20 26 32]
[[12 14 16]
 [24 26 28]]
```

10.1.4 ufunc函数

ufunc也称为通用函数（universal function），它是一种对数组的每个元素进行运算的函数。许多ufunc函数都是用C语言实现的，而且ufunc函数是针对数组进行操作的，并以NumPy

扫一扫

例 10.1 数组索引和切片

数组作为输出，不需要对数组的每一个元素都进行操作，因此它们比math库中的函数效率高6～10倍。

NumPy提供了许多用于数学运算的ufunc函数，例如用于计算两个数组之和的add()函数。

【例10.2】 ufunc函数应用。

```
# 例 10.2 ufunc 函数应用 .py
import numpy as np

a = np.array((1,2,3,4,5))
b = np.array((6,7,8,9,10))
print(np.add(a,b))              # 与 print(a + b) 等效
print(np.multiply(a,b))         # 与 print(a * b) 等效
```

输出：

```
[ 7  9 11 13 15]
[ 6 14 24 36 50]
```

扫一扫

例10.2 ufunc
函数应用

NumPy为数组定义了各种数学运算操作符，因此计算两个数组的四则运算可以写为四则运算表达式，例如，两个数组相加可以简单地写为a+b。表10.2列出了常用于运算的ufunc函数及其对应的数组运算表达式。

表10.2　ufunc函数及其对应的数组运算表达式

ufunc函数	表　达　式
add(x1, x2[,y])	y = x1 + x2
subtract(x1, x2[,y])	y = x1 - x2
multiply(x1, x2[,y])	y = x1 * x2
divide(x1, x2[,y])	y = x1 / x2
true_divide(x1, x2[,y])	y = x1 / x2
floor_divide(x1, x2[,y])	y = x1 // x2
power(x1, x2[,y])	y = x1 ** x2
mod(x1, x2[,y])	y = x1 % x2
remainder(x1, x2[,y])	y = x1 % x2
negative(x[,y])	y = -x

NumPy中内置了随机数函数、三角函数、双曲函数、指数和对数函数、算术运算、复数处理和统计等近百种数学函数，可以快速地对数据进行各种运算。而这种运算是针对整个矩阵中的每个元素进行的，与使用循环相比，其在运算速度上更快。

【例10.3】 数学函数应用。

```
# 例 10.3 数学函数应用 .py
import numpy as np

a = np.array((1,2,3,4,5))       # 将元组转换为数组
print(np.sum(a))                # 数组元素求和
print(a ** 2)                   # 数组每个元素平方
print(a % 3)                    # 数组每个元素对 3 取模
```

```
print(np.exp(a))              # 返回 e 的 a[i] 次幂
print(np.sqrt(a))             # 返回每个元素开平方后的数组
print(np.square(a))           # 返回每个元素 2 次幂的数组
```
输出:
```
15
[ 1  4  9  16  25]
[ 1  2  0  1   2]
[2.71828183  7.3890561   20.08553692  54.59815003 148.4131591 ]
[1.         1.41421356  1.73205081  2.         2.23606798]
[ 1  4  9  16  25]
```

扫一扫

例 10.3　数学
函数应用

10.1.5　统计分析

描述性统计是用于概括、表述事物完整状况,以及事物间关联、类属关系的统计方法。数值型特征的描述性统计主要包括计算数值型数据的完整情况、最小值、最大值、均值、中位数、四分位数、极差、标准差、方差、协方差和变异系数等。NumPy中提供了很多统计函数,部分统计函数如表10.3所示。

表10.3　部分统计函数

函　数	描　述	函　数	描　述
min()	最小值	max()	最大值
argmax()	最大值索引	argmin()	最小值索引
cumsum()	所有元素累加	cumprod()	所有元素累乘
mean()	均值	ptp()	极差
median()	中位数	std()	标准差
var()	方差	cov()	协方差
sum()	对数组元素进行求和		

【例10.4】　数组统计函数应用。

```
# 例 10.4 数组统计函数应用 .py
import numpy as np

arr = np.arange(1,13).reshape(3,4)    #reshape(3,4) 将创建的数组转成 3 行 4 列
print(arr)
print(np.max(arr),np.argmax(arr))     # 返回数组最大值及其位置序号
print(np.cumsum(arr))                 # 数组元素逐个累加
print(np.mean(arr))                   # 返回平均值
```

扫一扫

例 10.4　数组
统计函数
应用

输出:
```
[[ 1  2  3  4]
 [ 5  6  7  8]
 [ 9 10 11 12]]
12 11
[ 1  3  6 10 15 21 28 36 45 55 66 78]
6.5
```

【例10.5】 有一个包含学生成绩的文件名为"成绩单.csv"，文件内容如下：

姓名,学号,高数,英语,Python,物理,Java,C语言
罗明,1217106,95,85,96,88,78,90
金川,1217116,85,86,90,70,88,85
戈扬,1217117,80,90,75,85,98,95
罗旋,1217119,78,92,85,72,95,75
蒋维,1217127,99,88,65,80,85,75

读取文件中的数据并进行统计分析。

分析：读取文件中的数据并替换掉行末的换行符，将其转为列表，再转换为数组，此时数据为字符型。

在进行统计分析时，数组必须是数值类型，而从文件中读取的都是字符型数据，其中非数值型的数字无法转为数值型，所以将原数组中可转为数值型的数据提取出来，重新创建一个数组，以方便后续的统计分析。

利用NumPy进行数据统计和分析非常方便，当数据量较大时，其效率也非常高。

成绩单 .csv

例 10.5 成绩分析 numpy.py

```python
# 例 10.5 成绩分析 numpy.py
import numpy as np

with open('成绩单数字.csv', 'r', encoding='utf-8') as file:
    s = file.read().replace('\n', ',').split(',')
# 读取文件中的数据到字符串中将字符串 a 转成列表，再转为 6 行 8 列的数组
scoreAll = np.array(list(s)).reshape(6, 8)
print(scoreAll)                                    # 输出数组 b
# 将数组 b 中非数值型字符串部分去掉生成新数组
print(scoreNum)                                    # 输出数组 c
scoreNum = scoreAll[1:, 2:].astype(int)
# 输出一门课的平均成绩
print('python 平均成绩为 {}'.format(np.average(scoreNum[:,2])))
# 输出 python 成绩中位数
print('python 成绩中位数为 {}'.format(np.median(scoreNum[:,2])))
# 输出 python 成绩标准差
print('python 成绩标准差为 {:.2f}'.format(np.std(scoreNum[:,2])))
print('{}同学的平均成绩为 {:.2f}'.format(scoreAll[1, 0], np.average(scoreNum[0, 0:])))
```

输出：

```
[['姓名' '学号' '高数' '英语' 'Python' '物理' 'Java' 'C 语言']
 ['罗明' '1217106' '95' '85' '96' '88' '78' '90']
 ['金川' '1217116' '85' '86' '90' '70' '88' '85']
 ['戈扬' '1217117' '80' '90' '75' '85' '98' '95']
 ['罗旋' '1217119' '78' '92' '85' '72' '95' '75']
 ['蒋维' '1217127' '99' '88' '65' '80' '85' '75']]
[[95 85 96 88 78 90]
 [85 86 90 70 88 85]
 [80 90 75 85 98 95]
 [78 92 85 72 95 75]
 [99 88 65 80 85 75]]
Python 平均成绩为 82.2
```

```
Python 成绩中位数为 85.0
Python 成绩标准差为 11.02
罗明同学的平均成绩为 88.67
```

10.2 Matplotlib

在各个领域经常用各种数值类指标描述数据整体状态，为了更形象地描述数据的意义，经常用绘图的方法对数据中的信息进行直观的呈现。

Matplotlib 是一个应用最为广泛的、高质量的 Python 2D 绘图库。它能让用户很轻松地将数据图形化，并且提供多样化的输出格式。

10.2.1 绘图入门

利用Matplotlib绘制简单曲线图，首先要导入Matplotlib库中绘制曲线图的子库pyplot，一般起别名为plt。语法格式如下：

```
import matplotlib.pyplot as plt
```

绘制曲线的关键函数有两个：一个函数是plot(x,y)，作用是根据坐标x、y值绘图；另一个函数是show()，作用是将缓冲区的绘制结果在屏幕上显示出来。

【例10.6】过（1，1）、（2，2）、（3，3）绘制直线，运行结果如图10.2所示。

```
# 例 10.6  绘制直线 .py
import matplotlib.pyplot as plt      # 调用绘图库 matplotlib 中的 pyplot 子库，
                                     # 并起别名为 plt
x = [1,2,3]                          # 构建 x 坐标的列表
y = [1,2,3]                          # 构建 y 坐标的列表
plt.plot(x,y)                        # 过（1，1），（2，2），（3，3）画线
plt.show()                           # 显示创建的绘图对象
```

扫一扫

例 10.6 绘制直线

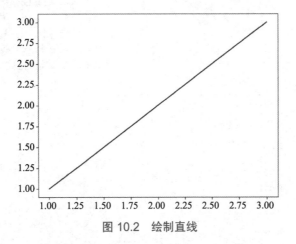

图 10.2 绘制直线

【例10.7】绘制简单曲线，运行结果如图10.3所示。

```
# 例 10.7  绘制曲线 .py
import matplotlib.pyplot as plt      # 导入绘图库 matplotlib 中的 pyplot 子库，
                                     # 并起别名为 plt
import numpy as np                   # 导入 numpy 库，起别名 np
```

```
x = np.arange(0, 5, 0.2)              #[0,5) 区间，步长 0.2，生成数列
y1 = x ** 2                           # 生成一系列 x 平方值
y2 = x ** 3                           # 生成一系列 x 立方值
plt.plot(x,y1)
plt.plot(x,y2)
plt.show()                            # 显示创建的绘图对象
```

扫一扫

例 10.7　绘制曲线

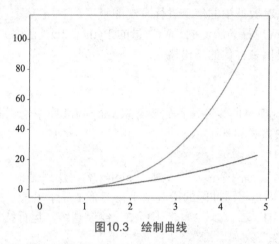

图10.3　绘制曲线

【例10.8】绘制正余弦函数曲线，运行结果如图10.4所示。

```
# 例 10.8 绘制正余弦函数曲线 .py
import matplotlib.pyplot as plt
import numpy as np
x = np.linspace(0, 2*np.pi, 256,endpoint=True)   # 在 0～2π 之间生成等间距的 256 个点
s = np.sin(x)                                      # 生成 sin(x) 值数组
c = np.cos(x)                                      # 生成 cos(x) 值数组
plt.plot(x,s)                                      # 绘制 sin(x) 曲线图像
plt.plot(x,c)                                      # 绘制 cos(x) 曲线图像
plt.show()                                         # 显示绘制的图像
```

扫一扫

例 10.8　绘制正余弦函数曲线

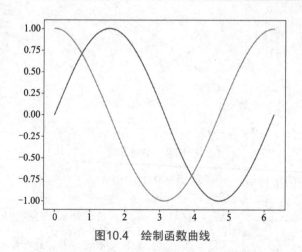

图10.4　绘制函数曲线

10.2.2 标注与美化

Matplotlib中支持对曲线进行各种标注与美化，规定线条颜色、线型、线标识、图名等操作。线条风格、线条颜色、线条标记及相关函数的介绍如表10.4~表10.7所示。

表10.4 线条风格（linestyle或ls）

线 条 风 格	描 述	线 条 风 格	描 述
-	实线	:	点线
--	虚线	-.	点画线

表10.5 线条颜色（color 或 c）

color	别 名	颜 色	color	别 名	颜 色
blue	b	蓝色	green	g	绿色
red	r	红色	yellow	y	黄色
cyan	c	青色	black	k	黑色
magenta	m	洋红色	white	w	白色

表10.6 常用线条标记（marker）

标 记	描 述	标 记	描 述
,	· 像素	>	▶ 右三角形
.	● 点	<	◀ 左三角形
o	● 圆	v	▼ 倒三角形
D	◆ 菱形	^	▲ 正三角形
d	◆ 小菱形	1	Y 正三分支
s	■ 正方形	2	人 倒三分支
p	⬟ 五边形	3	⊣ 左三分支
h	⬡ 六边形	4	⊢ 右三分支
H	⬢ 六边形	*	★ 星号
8	⬣ 八边形	+	＋ 加号
|	| 竖直线	P	➕ 填充的加号
_	— 水平线	x	✕ 乘号
None，" "、" "	无标记	'$...$'	字符串转为数学文本描述

表10.7　标签相关函数

函　数	描　述
title()	为当前绘图添加标题
legend()	为当前绘图放置图注
annotate()	为指定数据点创建注释
xlabel(s)	设置x轴标签
ylabel(s)	设置y轴标签
xticks()	设置x轴刻度位置和标签
yticks()	设置y轴刻度位置和标签

【例10.9】设置线形、颜色与图名，运行结果如图10.5所示。

扫一扫

例 10.9 设置线形、颜色与图名

```
# 例 10.9 设置线形、颜色与图名 .py
import matplotlib.pyplot as plt
import numpy as np

x = np.linspace(0, 2*np.pi, 50,endpoint=True) # 在 0～2π 之间生成等间距的 50 个点
s = np.sin(x)                                  # 生成 sin(x) 值数组
c = np.cos(x)                                  # 生成 cos(x) 值数组
# 绘制余弦曲线，使用蓝色的、实线、宽度为 2.5（像素）的线条，标识为圆点
plt.plot(x, c, color="blue", marker = 'o',linewidth=2.5, linestyle="-",
label="cos(x)")
# 绘制正弦曲线，使用红色的、虚线、宽度为 2.5（像素）的线条
plt.plot(x, s, color="red", linewidth=2.5, linestyle="--",
label="sin(x)")
plt.title(' 正弦余弦函数曲线 ',fontproperties="SimHei")   # 加图名，指定中文字体保
                                                          # 证正确显示
plt.xlabel(u'x( 弧度 )', fontproperties="SimHei")        # 加 x 轴标签
plt.ylabel(u'y', fontproperties="SimHei")               # 加 y 轴标签
plt.legend(loc='lower right')                            # 设置线条名显示位置为右下角
plt.show()
```

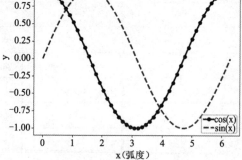

图10.5　设置线型、颜色与图名

　　在使用Matplotlib模块画坐标图时，往往需要对坐标轴设置很多参数，这些参数包括横纵坐标轴范围、坐标轴刻度大小、坐标轴名称等。在Matplotlib中包含了很多函数，用来对这些参数进行设置。坐标轴相关函数如表10.8所示，绘制直线常用函数如表10.9所示。

表 10.8 坐标轴相关函数

函　　数	描　　述
xlim(xmin,xmax)	设置当前x轴取值范围
ylim(ymin,ymax)	设置当前y轴取值范围

表10.9 绘制直线相关函数

函　　数	描　　述
axhline(y=0, xmin=0, xmax=1)	绘制水平线，x取值从0到1为整个区间
hlines()	绘制水平线
axvline(x=0, ymin=0, ymax=1)	绘制垂直线，y取值从0到1为整个区间
vlines()	绘制垂直线

【例 10.10】设置坐标轴上下限、坐标轴标记，绘制x、y轴，运行结果如图10.6所示。

```
# 例 10.10 设置坐标轴上下限、坐标轴标记，绘制x,y轴.py
#（续 10.9，在 plt.show() 前插入以下代码）
plt.ylim(-1.1,1.1)                  # 设置纵轴的上下限，使边框比曲线略大
plt.yticks([-1, 0, +1],[r'$-1$', r'$0$', r'$+1$'])      # 设置纵轴记号
plt.axhline(0, linestyle='--', color='black', linewidth=1) # 绘制水平线 y=0，x 轴
plt.axvline(0, linestyle='--', color='black', linewidth=1) # 绘制垂直线 x=0，y 轴
```

例 10.10 设
置坐标轴标记

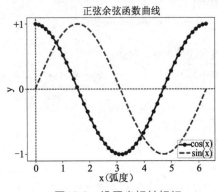

图10.6　设置坐标轴标记

【例 10.11】填充部分区域，运行结果如图10.7所示。

```
# 例 10.11 填充部分区域.py
#（续 10.10，在 plt.show() 前插入以下代码）
# 填充 pi/2 与 3*pi/2 之间，x 轴与 cos(x) 包围的区域
plt.fill_between(x,np.cos(x),where=((x>=np.pi/2)&(x <=3*np.
pi/2)),facecolor='grey',alpha=0.25)
# 填充 x 轴上方 y 值在 (0.25,0.5) 之间区域，绿色，透明度50%
# 整个区间为 0,1.0，此例中 0,0.5 表示取 x 轴前半部分区间，0.5,1.0 表示取后半部区间
plt.axhspan(0.25,0.5,0,0.5,color='green',alpha = 0.5)
# 填充 x 轴上方 y 值在 (-0.5, -0.25) 之间区域，绿色，透明度25%
plt.axhspan(-0.5,-0.25,color='green',alpha = 0.25)
# 填充 x 轴上方 x 值在 (3*np.pi/2-0.3,3*np.pi/2+0.3) 之间区域，红色，透明度25%
plt.axvspan(3*np.pi/2-0.3,3*np.pi/2+0.3,color='red',alpha = 0.25)
```

例 10.11 填充
部分区域

```
#填充 x 轴上方 x 值在 (np.pi/2-0.3,np.pi/2+0.3) 之间区域，红色，透明度 50%
#整个区间为 0, 1.0，此例中 0.5, 1.0 表示取 x 轴上部区间，0, 0.5 表示取 x 轴下部区间
plt.axvspan(np.pi/2-0.3,np.pi/2+0.3,0.5,1.0,color='red',alpha = 0.5)
```

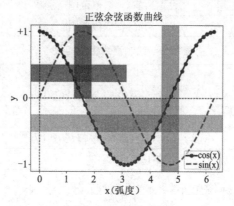

图 10.7　填充区域

　　Matplotlib 内置多个函数可实现各种填充效果，常用的填充函数包括填充水平区域、填充竖直区域和填充两条曲线包围的区域等，函数介绍如表 10.10 所示。

表 10.10　填充相关函数

函　　数	描　　述
axhspan()	水平区域
axvspan()	竖直区域
fill_between()	填充两条曲线围起的区域，区间由横坐标限定
fill_betweenx()	填充两条曲线围起的区域，区间由纵坐标限定

【例10.12】数据点标注，运行结果如图 10.8 所示。

```
# 例 10.12 数据点标注 .py
#( 续 10.11，在 plt.show() 前插入以下代码 )
t = 2*np.pi/3
# 过 (t,0),(t,cos(t)) 画线段，蓝色，破折线
plt.plot([t,t],[0,np.cos(t)], color ='blue', linewidth=2.5, linestyle="--")
# 为 (t,cos(t)) 处画一个蓝色圆点
plt.scatter([t,],[np.cos(t),], 50, color ='blue')
# 为 sin(t) 处加注释
plt.annotate(r'$\sin(\frac{2\pi}{3})=\frac{\sqrt{3}}{2}$',
        xy=(t, np.sin(t)), xycoords='data',
        xytext=(+30, 0), textcoords='offset points', fontsize=16,
        arrowprops=dict(arrowstyle="->", connectionstyle="arc3,rad=.2"))
# 过 (t,0),(t,sin(t)) 画线段，红色，破折线
plt.plot([t,t],[0,np.sin(t)], color ='red', linewidth=2.5, linestyle="--")
# 为 (t,sin(t)) 处画一个红色圆点
plt.scatter([t,],[np.sin(t),], 50, color ='red')
# 为 cos(t) 处加注释
plt.annotate(r'$\cos(\frac{2\pi}{3})=-\frac{1}{2}$',
        xy=(t, np.cos(t)), xycoords='data',
        xytext=(-90, -50), textcoords='offset points', fontsize=16,
        arrowprops=dict(arrowstyle="->", connectionstyle="arc3,rad=.2"))
```

```
# 保存图片到当前文件夹，命名为 sincosx.jpg
plt.savefig("10.12sincosx.jpg")
```

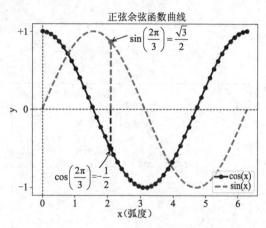

图10.8　数据点标注

Matplolib支持将绘制的图形显示在屏幕上并保存在文件中，显示在屏幕上使用函数show()，无参数。保存图片文件使用savefig('文件名')函数，参数是保存的文件名，需要注意的是，如需保存文件，savefig('文件名')语句必须置于show()语句前，这是因为show()函数在显示图像的同时，会清空缓冲区，无法再保存成文件。函数介绍如表10.11所示。

表10.11　保存与显示相关函数

函　　数	描　　述
savefig('文件名')	保存绘制的图像，必须置于绘制完成之后和show()之前。需要pillow库支持，先执行pip install pillow安装pillow库
show()	显示绘制的图像，同时清空缓冲区

10.2.3　绘制多子图

Matplotlib提供将同一画布划分成多个子区域的方法，可以将多个图形在同一个画布上不同区域绘制。可应用subplot()函数实现，语法格式如下：

```
subplot(nrows, ncols, index, **kwargs)
```

参数nrows、ncols、index分别表示行数、列数和序号，当前画布被划分为nrows×ncols个子区域，index表示当前图绘制在第index个子区域。当行数、列数和序号全部小于10时，也可以将3个数字合并成一个三位数字来表示。例如，subplot(2, 3, 3) 和subplot(233) 都会创建一个2行3列的绘图区域，当前图序号为3。

【例10.13】绘制多个子图，运行结果如图10.9所示。

```
# 例 10.13 绘图多个子图 .py
import numpy as np
import matplotlib.pyplot as plt

x = np.linspace(0, 2 * np.pi, 40)
y1,y2= np.sin(x),np.cos(x)
y3 = np.exp(-x) * np.cos(2 * np.pi * x)
```

```
plt.subplot(2,2,1)          # 分成 2x2，占用第一个，即第一行第一列的子图
plt.plot(x, y1, 'r-o')
plt.subplot(2,2,2)          # 分成 2x2，占用第二个，即第一行第二列的子图
plt.plot(x, y2, 'g-^')
plt.subplot(212) #分成 2x1，占用第二个，即第二行，可将 3 个小于 10 的数合并成一个 3 位数
plt.plot(x, y3, 'b--')
plt.savefig("10.13sincosx.jpg")          # 保存成图片
plt.show()
```

扫一扫

例 10.13　绘制多个子图

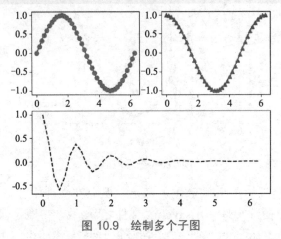

图 10.9　绘制多个子图

10.2.4　根据数据文件绘图

除去根据函数绘制曲线外，更多的应用是根据文件中的数据绘制数据曲线。一般的做法是打开文件，读取文件中的数据到列表中，再绘制数据曲线。

【例 10.14】读文件绘制数据曲线。

有一包含两列数据的DOS.csv文件，两列数据分别代表x、y坐标，利用文件中的数据绘制数据曲线（数据文件可通过扫描二维码下载）。下面仅给出文件前5行数据：

-57.47, 0.00011

-57.46, 0.00014

-57.45, 0.00017

-57.44, 0.00022

-57.43, 0.00028

...

扫一扫

Dos.csv 文件

分析：欲利用文件中的数据绘制曲线，需要打开并逐行读取文件中的数据，要注意读取每行数据时，行末有一个换行符"\n"需要用replace()替换掉或用strip()函数过滤掉，读取的数据是字符型，需要转换成float()函数或eval()函数转换为数值型。再将其附加到列表中，构建分别包含x和y坐标的两个列表，再利用Matplotlib绘图，绘图结果如图10.10。

解法一：

```
# 例 10.14 读文件绘制数据曲线 .py
import matplotlib.pyplot as plt

lsx=[]
lsy=[]
```

```
# 打开文件，逐行读取数据、转换数据类型并附加到列表中
with open('DOS.csv', 'r',encoding='utf-8') as inFile:
    for line in inFile:                      # 逐行读取文件中的数据
        # 去掉行末的换行符，根据逗号将每行数据分成两个字符串，放入列表 set 中
        set = line.strip().split(',')#strip() 可去掉行末换行符，split()
                                             # 将字符串切分
        lsx.append(float(set[0]))            # 将 set 中序号为 0 的元素转为浮点型附加
                                             # 到列表 lsx 中
        lsy.append(float(set[1]))            # 将 set 中序号为 1 的元素转为浮点型附加
                                             # 到列表 lsy 中
plt.plot(lsx, lsy, linestyle='-', linewidth=1)      # 绘制数据曲线
plt.savefig("10.14 DOS.jpg")                         # 保存成图片
plt.show()
```

扫一扫

例 10.14 读
文件绘制数据
曲线

这种方法容易理解，但稍显烦琐，可利用zip()函数对其进行优化。这种方法还有一个好处是可以处理多列数据，当数据多于2列时，解包时可直接赋值给多个变量X、Y、Z、L、M、N……同时绘制多条数据曲线。

解法二：

```
# 例 10.14 读文件绘制数据曲线 .py
import matplotlib.pyplot as plt

with open('DOS.csv', 'r',encoding='utf-8') as inFile:
    X, Y = zip(*[[float(s) for s in line.split(',')] for line in inFile])
plt.plot(X, Y)
plt.show()
```

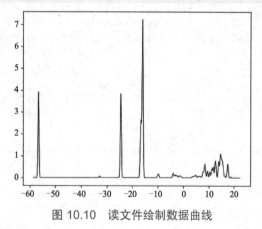

图 10.10　读文件绘制数据曲线

在NumPy中，使用loadtxt函数可以方便地读取csv或txt文件，delimiter=','表示用逗号作为分隔符自动切分字段，并将数据载入NumPy数组。

解法三：

```
# 例 10.14 读文件绘制数据曲线 .py
import matplotlib.pyplot as plt
import numpy as np

data = np.loadtxt('DOS.csv',delimiter=',')
plt.plot(data[:,0],data[:,1])
plt.show()
```

当数据文件中包括多列数据时，可循环。

【例 10.15】多列数据绘图。

有一包含两列数据的PDOS.csv文件，8列数据分别代表4组x、y坐标，利用文件中的数据绘制数据曲线（数据文件可通过扫描二维码下载）。下面仅给出文件前5行数据：

扫一扫

PDOS.csv

-57.47, 0.00011, -57.16, 0.00011, -57.04, 0.00010, -57.47, 0.00011
-57.46, 0.00014, -57.15, 0.00013, -57.03, 0.00011, -57.46, 0.00014
-57.45, 0.00017, -57.14, 0.00015, -57.02, 0.00013, -57.45, 0.00017
-57.44, 0.00022, -57.13, 0.00017, -57.01, 0.00014, -57.44, 0.00022
-57.43, 0.00028, -57.12, 0.00020, -57.00, 0.00016, -57.43, 0.00028
……

解法一（绘制结果见图10.11）：

扫一扫

例 10.15 多列数据绘图

```python
# 例 10.15 多列数据绘图 .py
import matplotlib.pyplot as plt

lsx = []                                    # 创建空列表
lsy = []
cl = ['b', 'g', 'r', 'c']
with open('PDOS.csv', 'r',encoding='utf-8') as inFile:
    for i in range(4):                      # 每次循环读两列数据绘制一条曲线
        for line in inFile:
            set = line.strip().split(',')
            lsx.append(float(set[2*i]))      # 根据 i 值决定读取哪列数据
            lsy.append(float(set[2*i+1]))
        plt.plot(lsx, lsy, linestyle='-', color=cl[i], linewidth=1)
                                        # cl[i] 根据 i 值取颜色
        lsx = []                        # 清空列表，准备接收下一组数据
        lsy = []
        inFile.seek(0)    # seek(0) 把文件指针重置到文件开头，准备读取后面两列数据
plt.savefig("10.15 DOS.jpg")            # 保存成图片
plt.show()
```

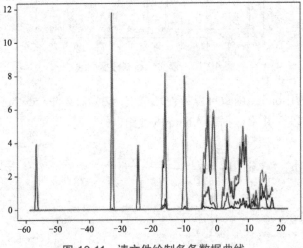

图 10.11　读文件绘制多条数据曲线

解法二：

```
# 例 10.15 多列数据绘图 .py
import matplotlib.pyplot as plt

# 用 zip() 函数将每行的数据映射为多个数值并赋值给多个变量
with open('PDOS.csv', 'r',encoding='utf-8') as inFile:
    x1,y1,x2,y2,x3,y3,x4,y4 = zip(*[[eval(s) for s in line.
                                   split(',')] for line in inFile])
plt.plot(x1,y1,x2,y2 ,x3,y3 ,x4,y4)
plt.show()
```

解法三：

```
# 例 10.15 多列数据绘图 .py
import matplotlib.pyplot as plt
import numpy as np

# 用 numpy.loadtxt() 函数直接读取数据
data = np.loadtxt('PDOS.csv',delimiter=',') # 读取 PDOS.csv，用逗号 ',' 分隔
for i in range(0,8,2): #i 取值 0，2，4，6
    plt.plot(data[:,i],data[:,i+1])
plt.show()
```

【例10.16】绘制特定范围的数据曲线。继续利用例10.15中的数据，8列数据分别代表4组x、y坐标，利用文件中的数据绘制数据曲线。用户在同一行内输入两个数字，用逗号分隔，数字取值范围为[-18,18]，要求根据用户输入的范围绘制该区域的数据曲线。

分析：此例读取的数据与例10.15相同，相当于将例10.15中的图的一部分截取出来并放大绘制。由于不能确定用户输入的两个数的大小，需要先比较两个数字，如先输入的数较大时，交换两个数字，以确保程序中$m < eval(set[2*i]) <n$可用。接收输入时，可用map()函数将用户输入的字符串映射成浮点数。

扫一扫

例 10.16　绘制
特定范围的
数据曲线

```
# 例 10.16 绘制特定范围的数据曲线 .py
import matplotlib.pyplot as plt

m, n = map(float,input().split(','))  # 接收用户输入的逗号分隔的两个数字，转成浮点数
if m > n:                             # 如果前面的数值大于后面的数，交换两个数
    m,n = n,m
lsx = []
lsy = []
with open('PDOS.csv', 'r') as inFile:
    for i in range(4):
        for line in inFile:
            set = line.strip().split(',')
            if  m < eval(set[2*i]) <n: # 当读取的数字在输入范围内时加入列表，
                                       # 否则忽略
                lsx.append(float(set[2*i]))
                lsy.append(float(set[2*i+1]))
        plt.plot(lsx, lsy, linestyle='-', linewidth=1)
        lsx = []
        lsy = []
        inFile.seek(0)
plt.savefig("10.16 DOS.jpg")        # 保存成图片，文件名为 "10.16 DOS.jpg"
plt.show()
```

当用户输入-5,5时，绘图结果如图10.12所示，此图是将10.15图中（-5，5）区间放大的结果，这种处理方法可以更好地展示细节数据。

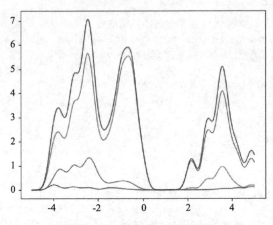

图10.12　绘图特定范围的数据曲线

【例10.17】有一个数据文件band.txt，其中包括两列数据，分别代表坐标x、y的值，数据间用制表符分隔（'\t'），其中x值数据从0变化到1时表示一条曲线，整个文件包含多组这样的数据，请读取这个文件的数据并绘制相应的曲线。（完整数据文件扫描二维码下载）

数据文件内容（部分数据）

```
0                -17.0916786423819
0.0211944262814081 -17.0751964353257
0.0423888474761543 -17.0264812561439
...
0.955500978923773  -16.0688718562406
0.977750486346955  -15.9960071184942
1                -15.9701767127752
0                -16.1625663637734
0.0211944262814081 -16.1595137907805
0.0423888474761543 -16.1505503610793
0.0635832737575624 -16.1361511854246
...
```

分析：参考前述方法，将一条曲线的数据附加到一组列表中。因每条曲线的x值都是从0逐渐增加到1为止，因此可查看保存x值数据的列表的最后一个元素值是否是1。当该元素值为1时，利用列表中的数据绘制一条曲线，然后清空列表，读取并附加下一组数据，重复操作，直至所有数据读取完毕。绘图结果如图10.13所示。

```
# 例 10.17 绘制能带曲线.py
import matplotlib.pyplot as plt

x = []
y = []
with open('band.txt','r',encoding='utf-8') as text:
    i = 0
    cl = ['b', 'g', 'r', 'c', 'm', 'y', 'k', 'w']   # 构建一个颜色列表
    for line in text:
        set = line.strip().split('\t')  # 数据间用制表符分隔，根据 '\t' 切分数据
        x.append(float(set[0]))              # 将数据转为浮点型附加到列表中
        y.append(float(set[1]))
        if x[-1] == 1:            # 当列表最后一个元素值为 1 时，利用列表中数据绘制曲线
            plt.plot(x,y,'-',color=cl[i%8]) # 根据 i 值取颜色，确保相邻曲线颜色不同
            x = []                   # 清空列表，准备接收下一条曲线的数据
            y = []
            i=i+1
plt.savefig("10.17 band.jpg")              # 保存成图片
plt.show()
```

例 10.17 绘制能带曲线

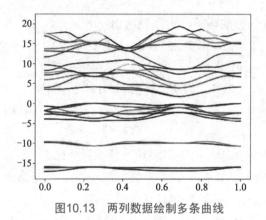

图10.13 两列数据绘制多条曲线

10.2.5 绘制饼图

饼图（sector graph）常用于统计学模块，2D饼图为圆形。饼图显示一个数据系列中各项的大小与各项总和的比例。饼图中的数据点显示为整个饼图的百分比。图表中的每个数据系列具有唯一的颜色或图案并且在图表的图例中表示。

绘制饼图的数据要符合以下特征：

（1）仅有一个要绘制的数据系列。

（2）要绘制的数值没有负值。

（3）要绘制的数值几乎没有零值。

（4）类别数目无限制。

（5）各类别分别代表整个饼图的一部分。

（6）各个部分需要标注百分比。

【例10.18】Python是人工智能与大数据领域应用最广泛的程序设计语言，近年应用热度逐年提升，现有2018年8月程序设计语言排行榜中的热度数据，请用饼图对表 10.12中数据进行可视化展示。

表10.12　编程语言热度

日期	Java	C	C++	Python	VB.net	C#	PHP	JavaScript	Other
2018.8	16.881	14.996	7.471	6.992	4.762	3.541	2.925	2.411	40.021

分析：绘制饼图可以利用pie()函数实现，该函数的主要参数与含义如下：

matplotlib.pyplot.pie(x, explode=None, labels=None, colors=None, autopct=None, pctdistance=0.6, shadow=False, labeldistance=1.1, startangle=None, radius=None, counterclock=True, wedgeprops=None, textprops=None, center=(0, 0), frame=False, rotatelabels=False, hold=None, data=None)

（1）x饼图各部分数据，可用列表给出。

（2）explode：需要突出展示的数据位置及突出量，不突出的数据取值为0，突出的数据一般用一个小数表示。

（3）labels：各部分数据的标签，用列表给出。

（4）labeldistance：文本的位置离原点与半径的比值，1.1指1.1倍半径的位置。

（5）autopct：圆里面的文本格式，%2.1f%%表示整数有2位，小数有1位的浮点数。

（6）shadow：饼是否有阴影，True为有阴影，False无阴影。

（7）startangle：起始角度，0，表示从0开始逆时针转，为第一块。一般选择从90°开始比较好看。

（8）pctdistance：文本离圆心的距离相对半径的百分比。

legend()函数可用于给出图注，主要参数有两个：一个是loc，表示legend的位置，包括upper right、upper left、lower right、lower left等；另一个是bbox_to_anchor，表示legend与图形之间的距离，当出现图形与legend重叠时，可使用bbox_to_anchor进行调整legend的位置，这个位置由两个参数决定，第一个参数为legend与左边的距离，第二个参数为与下面的距离。

完整的实现代码如下，绘图结果如图10.14所示。

●···· 扫一扫

例 10.18　绘制饼图

```
# 例 10.18 绘制饼图 .py
import matplotlib.pyplot as plt

labels = [u'Java',u'C',u'C++',u'Python',u'VB.net', u'C#', u'PHP',u'Java
script',u'Other']
sizes = [16.881,14.996,7.471,6.992,4.762,3.541,2.925,2.411,40.021]
explode = (0,0,0,0.1, 0, 0, 0,0,0)
plt.axes(aspect=1)                         # 设置参数为 1 使饼图是圆的
plt.pie(sizes, explode=explode, labels=labels, labeldistance=1.1,
        autopct='%2.1f%%', shadow=True, startangle=90, pctdistance=0.7)
plt.legend(loc='upper left', bbox_to_anchor=(-0.2, 1))
plt.savefig("10.18 pie.jpg")               # 保存成图片
plt.show()
```

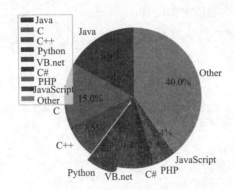

图10.14 绘制饼图

10.2.6 绘制直方图

直方图就是以数据组的各个数值为横轴，各个数值在组中出现的次数为纵轴作条形图。直方图是一个可以快速展示数据概率分布的工具，直观易于理解，在数据分析和处理方面被广泛应用。

直方图可应用hist()函数绘制，其主要参数的意义分别为：

matplotlib.pyplot.hist(x, bins=None, range=None, density=None, weights=None, cumulative=False, bottom=None, histtype='bar', align='mid', orientation='vertical', rwidth=None, log=False, color=None, label=None, stacked=False, normed=None, hold=None, data=None, **kwargs)

（1）x:包含数据的数组。

（2）bins：划分的区间数量，即多少个条形图、整数。

（3）normed：布尔型，是否将直方图的频数转换成频率，默认为1

（4）histtype：绘制直方图的类型，其值有'bar'、'barstacked'、 'step'、 'stepfilled'可选，默认值为'bar'. 'bar' 是传统的柱型图，多组数据时，水平并列排放。barstacked是柱形图，多组数据时，垂直堆叠摆放。'step' 是只产生线型轮廓图不填充。'stepfilled' 是产生线型轮廓图填充缺省颜色。

（5）color：直方图的颜色。

（6）orientation：可设为'horizontal'或'vertical'，控制直方图方向为水平或竖直，默认为垂直方向。

函数可有3个返回值：

（1）n：数组或数组的列表，其值为落在每个区间的频度（数量）。

（2）bins：一个数组，值为划分的区间的边界数字。

（3）patches：用于创建直方图补充参数列表。

【例10.19】现有一个包含学生考试成绩的数据文件，请根据该数据绘制直方图以统计各分数段的人数。

完整的实现代码如下，绘制结果如图10.15所示。

```python
# 例 10.19 直方图统计人数 .py
import numpy  as np
import matplotlib.pyplot as plt

amount = []
# 将文件中的数据读到列表中，并转为浮点数
with open('his.txt', 'r',encoding='utf-8') as inFile:
    for line in inFile:
        score = line.strip()
        amount.append(float(score))
arrAmount = np.array(amount)                    # 将列表 amount 转为数组
n,bins = np.histogram(arrAmount, 20)            # n 为落在各区间分数数量的列表
plt.hist(arrAmount,20,color='g',edgecolor='b') #edgecolor 可用于设置边界颜色
plt.xlabel(' 成绩 ',fontproperties="SimHei")
plt.xticks(np.arange(0,101,10))
plt.yticks(np.arange(0,max(n),5))
plt.ylabel(' 数量 ',fontproperties="SimHei")
plt.title(' 成绩分析直方图 ',fontproperties="SimHei")
plt.savefig("10.19 hist.jpg")                   # 保存成图片
plt.show()
```

扫一扫

例 10.19 直方图统计人数

扫一扫

his.txt

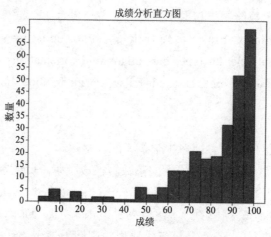

图 10.15 成绩分布直方图

上述代码中读取文件将转为数组的操作也可以用NumPy中读文件的方法实现，用以下代码替换：

```python
arrAmount= np.loadtxt('his.txt')
```

10.2.7 绘制雷达图

雷达图（radar chart）又称戴布拉图、蜘蛛网图（spider chart），是一种以二维形式展示多维数据的图形。其在财务领域应用较多，常用于企业经营状况和财务分析。

【例 10.20】某学校进行了一次考试，3个专业的各门课程平均成绩数据如表10.13所示，下面对这3个专业的整体成绩做出评估，为接下来的教学计划做出指导，绘制雷达图对数据进行展示。

表 10.13 课程成绩

专业	C语言	Java	Python	C#	JavaScript
软件工程	95	96	85	63	91
计算机科学与技术	75	93	66	85	88
网络工程	86	76	96	93	67

扫一扫

课程成绩
scoreRadar.txt

完整实现代码如下，绘制结果如图10.16所示。

```python
# 例 10.20 雷达图评估成绩 .py
import numpy as np
import matplotlib.pyplot as plt

# 读取文件中的数据并附加到列表中
scoreA = []
with open('scoreRadar.txt','r',encoding='utf-8') as file:
    for line in file:
        scoreA.append(line.strip().split('\t'))
labels = np.array(scoreA)[0,1:]                    # 标签
dataLenth = 5                                       # 数据个数
cl=['b','g','r']                                    # 填充颜色
angles = np.linspace(0, 2*np.pi, dataLenth, endpoint = False)
angles = np.append(angles, [angles[0]])            # 闭合
fig = plt.figure()
ax = fig.add_subplot(111, polar = True)
for i in range(1,4):
    scoreB= np.array(scoreA[i][1:]).astype(int)
    data = np.append(scoreB, [scoreB[0]])          # 闭合
    ax.plot(angles, data,color=cl[i-1], linewidth=2)  # 画线
    ax.set_thetagrids(angles * 180 / np.pi, labels, fontproperties="SimHei")
ax.set_title(" 成绩雷达图 ", va='bottom', fontproperties="SimHei")
ax.set_rlim(0, 100)
ax.grid(True)
plt.savefig("10.20 radar.jpg")                     # 保存成图片
plt.show()
```

扫一扫

例 10.20 雷
达图评估成绩

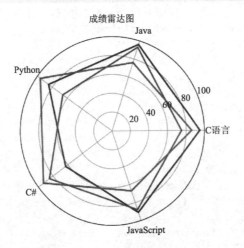

图 10.16 成绩雷达图

10.2.8 绘制散点图

散点图是指在回归分析中，数据点在直角坐标系平面上的分布图，散点图表示因变量随自变量而变化的大致趋势，据此可以选择合适的函数对数据点进行拟合。散点图将序列显示为一组点，值由点在图表中的位置表示，类别由图表中的不同标记表示，通常用于比较跨类别的聚合数据。

散点图应用函数绘制，其主要参数与意义如下：

scatter(x, y, s=None, c=None, marker=None, cmap=None, norm=None, vmin=None, vmax=None, alpha=None, linewidths=None, verts=None, edgecolors=None, hold=None, data=None, **kwargs)

（1）x、y：点的坐标。

（2）c：颜色。

（3）marker：点的形式，默认为圆点。

（4）edgecolors：轮廓颜色。

【例10.21】文件health.csv中保存有某校学生身高和体重的数据，第1列为性别，"1"代表男生，"2"代表女生，第2和3列分别为身高和体重的数据，绘制身高和体重的散点图，男生和女生用不同标记区分。

完整实现代码如下，绘制结果如图10.17所示。

扫一扫

health.csv

扫一扫

例 10.21 散点图

```python
# 例 10.21 散点图 .py
import matplotlib.pyplot as plt
import numpy as np

data = np.loadtxt('health.csv',delimiter=',',encoding='utf-8')
                                          # 读取数据，用逗号 ',' 分隔
# 分别取出男生和女生身高和体重两列数据
boyheight = data[:,1][np.where(data[:,0]==1)]    # 男生数据
boyweight = data[:,2][np.where(data[:,0]==1)]
girlheight = data[:,1][np.where(data[:,0]==2)]   # 女生数据
girlweight = data[:,2][np.where(data[:,0]==2)]
# 在同一个画布上绘图
plt.figure()
ax = plt.subplot(111)
p1=ax.scatter(boyheight, boyweight,c='b',marker=(5,1))
p2=ax.scatter(girlheight, girlweight,c='g')
# x、y 取值范围设置
plt.xlim(105, 160)
plt.ylim(15, 50)
# 设置 title 和 x、y 轴的 label
plt.legend((p1, p2), (u'boy', u'girl'), loc='upper left')
plt.title(" 身高和体重 ", fontproperties="SimHei")
plt.xlabel(" 身高 ", fontproperties="SimHei")
plt.ylabel(" 体重 ", fontproperties="SimHei")
plt.savefig("10.21 scatter.jpg")                  # 保存成图片
plt.show()
```

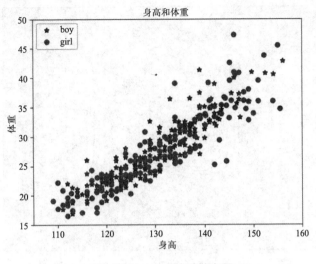

图 10.17　身高体重散点图

10.2.9　绘制等值线图

等值线图又称等量线图，是用数值相等各点联成的曲线（即等值线）在平面上的投影来表示被摄物体的外形和大小的图。等值线是用于连接各类等值点（如高程、温度、降雨量、污染或大气压力）的线。线的分布显示表面值的变化方式，值的变化量越小，线的间距就越大。值上升或下降得越快，线的间距就越小。

matplotlib中用contour()函数和 contourf()函数绘制等值线和填充等值线，其主要有x、y、z三个参数。

```
contour([X, Y,] Z, [levels], **kwargs)
```

【例 10.22】绘制方程$z = (1-7x/2+x^5+y^5)*e^{(-x^2-y^2)}$的等值线。

完整的实现代码如下，绘制结果如图10.18所示。

```
# 例 10.22 等值线图 .py
import numpy as np
import matplotlib.pyplot as plt

def f(x,y):
    return (1-7*x/2+x**5+y**5)*np.exp(-x**2-y**2)
n = 256
x = np.linspace(-3,3,n)
y = np.linspace(-3,3,n)
X,Y = np.meshgrid(x,y)
plt.contourf(X, Y, f(X,Y), 18,  alpha = .25)   # 填充等值线, alpha 为透明度, 25%
C = plt.contour(X, Y, f(X,Y), 18, colors = 'blue') # 绘制等值线, 线颜色 blue
plt.clabel(C, inline = 1, fontsize = 10)
plt.xticks([])                                  # 设置 x、y 轴无刻度
plt.yticks([])
plt.savefig("10.22 contourf.jpg")               # 保存成图片
plt.show()
```

扫一扫

例 10.22　等值线图

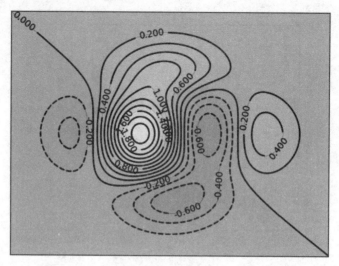

图10.18　等值线图

10.2.10　绘制三维图

前面已经介绍了如何使用 Matplotlib绘制简单的二维图像。其实，Matplotlib 也可以绘制三维图像，与二维图像不同的是，绘制三维图像主要通过 mplot3d 模块实现。但是，使用 Matplotlib 绘制三维图像实际上是在二维画布上展示，所以一般绘制三维图像时，同样需要载入 pyplot 模块。三维绘图其实就是在二维绘图上的演变，二者的区别重点在两个方面：一是需要建一个三维画布；二是需要多输入一个维度值，即 z 值。

在 Matplotlib中，它们之间会共享一些参数，二维图中对线的颜色、粗细、标记点的样式等参数均可直接使用。

【例 10.23】绘制三维图，绘制结果如图10.19所示。

扫一扫

例 10.23 绘制三维图

```python
# 例 10.23 绘制三维图 .py
import matplotlib.pyplot as plt
import numpy as np
from mpl_toolkits.mplot3d import Axes3D
from matplotlib.ticker import LinearLocator, FormatStrFormatter

fig = plt.figure()                              # 定义 figure
ax = Axes3D(fig)                                # 将 figure 变为 3d
n = 256                                         # 数据数目
x = np.arange(-5, 5, 0.25)                      # 定义 x、y
y = np.arange(-5, 5, 0.25)
X, Y = np.meshgrid(x, y)                        # 生成网格数据
R = np.sqrt(X ** 2 + Y ** 2)                    # 计算每个点对的长度
Z = np.sin(R)                                   # 计算 Z 轴的高度
# 绘制 3D 曲面
surf = ax.plot_surface(X, Y, Z, rstride = 1, cstride = 1, cmap = plt.
get_cmap('rainbow'))
    ax.set_zlim(-1.01, 1.01)                    # 设置 z 轴的维度
```

```
ax.zaxis.set_major_locator(LinearLocator(10))
ax.zaxis.set_major_formatter(FormatStrFormatter('%.02f'))
fig.colorbar(surf, shrink=0.5, aspect = 5)        # 绘制映射颜色值的色柱
plt.savefig("10.23 surface.jpg")
plt.show()
```

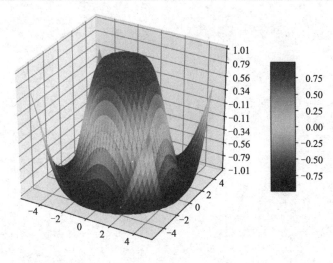

图10.19 三维曲面图

10.2.11 曲线拟合

曲线拟合（curve fitting）是用连续曲线近似地刻画或比拟平面上离散点组所表示的坐标之间的函数关系，用解析表达式逼近离散数据的一种方法。拟合的曲线方程可用于分析两变量间的关系。

Matplotlib可结合Scipy库中optimize子库中的curve_fit()函数拟合散点，获得拟合曲线方程。curve_fit()函数的主要参数及意义如下：

scipy.optimize.curve_fit(f, xdata, ydata, p0=None, sigma=None, absolute_sigma=False, check_finite=True, bounds=(-inf, inf), method=None, jac=None, **kwargs)

（1）f:定义需要拟合的函数类型。

（2）xdata、 ydata：拟合点的坐标数组。

（3）curve_fit()函数的返回值中包含拟合曲线的系数。

【例 10.24】给定5个数据点的坐标：（1，1）、（2，3）、（3，8）、（4，18）、（5，36），绘制一次函数、二次函数和三次函数拟合的曲线。绘制结果如图10.20所示。

```
# 例 10.24 曲线拟合 .py
import numpy as np
import matplotlib.pyplot as plt
from scipy import optimize

# 直线方程函数
def fun1(x, A, B):
```

```
        return A * x + B
# 二次曲线方程
def fun2(x, A, B, C):
        return A * x * x + B * x + C

# 三次曲线方程
def fun3(x, A, B, C, D):
        return A * x * x * x + B * x * x + C * x + D

# 拟合点
x0 = [1, 2, 3, 4, 5]
y0 = [1, 3, 8, 18, 36]
plt.scatter(x0[:], y0[:], 25, "red")   # 绘制散点
# 直线拟合与绘制
A1, B1 = optimize.curve_fit(fun1, x0, y0)[0]
x1 = np.arange(0, 6, 0.01)
y1 = A1 * x1 + B1
plt.plot(x1, y1, "blue")
# 二次曲线拟合与绘制
A2, B2, C2 = optimize.curve_fit(fun2, x0, y0)[0]
x2 = np.arange(0, 6, 0.01)
y2 = A2 * x2 * x2 + B2 * x2 + C2
plt.plot(x2, y2, "green")
# 三次曲线拟合与绘制
A3, B3, C3, D3 = optimize.curve_fit(fun3, x0, y0)[0]
x3 = np.arange(0, 6, 0.01)
y3 = A3 * x3 * x3 * x3 + B3 * x3 * x3 + C3 * x3 + D3
plt.plot(x3, y3, "purple")
plt.title(" 曲线拟合 ", fontproperties="SimHei")
plt.xlabel('x')
plt.ylabel('y')
plt.savefig("10.24 curve_fit.jpg")
plt.show()
```

● 扫一扫

例 10.24 曲线拟合

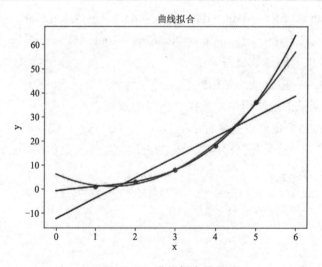

图10.20 曲线拟合效果图

10.3 Pandas的应用

Pandas是基于NumPy的一个开源库，提供了高性能和高可用性的数据结构以用于解决数据分析问题，它纳入了大量的库和一些标准的数据模型，提供了可用于高效操作大型数据集的工具，是使Python成为强大而高效的数据分析工具的重要因素之一。

通常，Pandas的引用方式为：

```
import pandas as pd
```

10.3.1 数据结构

Pandas兼容所有Python的数据类型，除此之外，还支持两种数据结构：

（1）Series：一维数组。

（2）DataFrame：二维表格型数据结构。

Series与Numpy中的数组（Array）、Python中的列表（list）相似，其区别是列表中的元素可以是各种不同的数据类型，而数组中只允许存储相同的数据类型，这样可以更有效地利用内存，提高运行速度。

Series增加了一个标签（label），可以包含0个或多个数据类型的实体。标签主要用于索引，使Pandas除了通过位置索引外，还可以通过标签进行元素存取。例如：

```
import pandas as pd
s = pd.Series([1, '李明', 23, '吉林', 20000.00 ])
print(s)
print(s[1],s[3])
print(s[1:3])
```

输出：

```
0        1
1        李明
2        23
3        吉林
4     20000
dtype: object
李明 吉林
1     李明
2     23
dtype: object
```

由输出可发现，在建立过程中可以指定索引，例如：

```
s = pd.Series([1, '李明', 23, '吉林', 20000.00 ],index = ['a','b','c','d
','e'])
```

没有指定索引时，Pandas自动会加入一个0～n的整数索引，可以通过数字获取具体位置上的元素，也可以使用切片的方法获取部分元素。

DataFrame是指二维的表格型数据结构，可以将DataFrame理解为Series的容器，在DataFrame中，多个Series共用一个索引。例如：

```
import pandas as pd
d = {'one':pd.Series([1, '李明', 23, '吉林', 20000.00 ],
                    index = ['ID','Name','Age','Address','Salary']),
      'two':pd.Series([2, '韩雷', 26, '湖北', 25000.00 ],
                    index = ['ID','Name','Age','Address','Salary']),
      'three':pd.Series([3, '肖红', 30, '江西', 30000.00],
                      index = ['ID','Name','Age','Address','Salary']),
      'four':pd.Series([4, '马克', 28, '上海', 21000.00],
                    index = ['ID','Name','Age','Address','Salary'])}
df = pd.DataFrame(d)
print(df)
```

输出：

```
          one      two      three    four
ID        1        2        3        4
Name      李明     韩雷     肖红     马克
Age       23       26       30       28
Address   吉林     湖北     江西     上海
Salary    20000    25000    30000    21000
```

在以字典结构构建DtaFrame时，字典对应的是二维表，其每一个元素的值是一条记录的相关属性值。

10.3.2　读取数据库中数据

在实际应用中，使用文本文件或Excel存储数据并不是最好的方式，用户能够对这些类型的文件中的数据的操作非常有限，数据处理效率也不高，更好的方式是将数据存储到数据库中，通过连接数据库进行相关操作。

目前应用最多的是关系型数据库，其主要构成是二维表。二维表包含多行多列，把一个表中的数据用Python表现出来，可以用一个列表表示多行，列表的每一个元素用一个元组表示二维表中的一行记录。例如，一个二维表包含ID、姓名、年龄、籍贯、薪水，可以用以下形式表示：

```
[
(1, '李明', 23, '吉林', 20000.00 )
  (2, '韩雷', 26, '湖北', 25000.00 )
(3, '肖红', 30, '江西', 30000.00 )
]
```

这种表示方法无法直观地表现出表的结构，可以使用对象-关系映射 （Object-Relational Mapping，ORM）技术把关系数据库的表结构映射到对象上。在Python中，应用很广的一个对象-关系映射框架是SQLAlchemy。

SQLAlchemy是一个支持Python语言的SQL工具包和对象-关系映射，可以为开发者提供高效的数据库访问设计和高性能的数据访问方法，实现了完整的企业级持久模型。

1. 连接数据库

SQLAlchemy支持大部分主流数据库，如 SQLite、MySQL、Postgres、Oracle、MS SQLServer 和 Firebird等。在使用之前，需要通过pip install sqlalchemy安装这个库。

SQLite是Python 3.x内置的一个轻量级数据库，可以直接使用。如果需要使用其他数据库，需要pip安装与数据库匹配的驱动，如mysqlclient、pymssql、 psycopg2、 cx-Oracle或fdb等。安装完数据库的驱动后，就可以连接数据库对数据进行操作。本书以SQLite数据库作为范例进行讲解。

sqlalchemy.create_engine(*args, **kwargs)函数可被用于创建数据库引擎，数据库位置可用本地路径，也可用网络URL。

```
from sqlalchemy import *
import pandas as pd

# 定义元信息，绑定到引擎
engine = create_engine('sqlite:///./test.db', echo = True)
# 定义引擎，test 为数据库名
# 绑定元信息
metadata = MetaData(engine)
```

2. 存储数据

Pandas中的to_sql()方法支持将DataFeame类型的数据方便、快速地存储到数据库中。其主要参数与意义如下：

DataFrame.to_sql(name, con, schema=None, if_exists='fail', index=True, index_label=None, chunksize=None, dtype=None)

（1）name：SQL表名，字符串。

（2）con：sqlalchemy.engine.Engine 引擎或 sqlite3.Connection连接。

（3）if_exists：值可为'fail'、'replace'或'append'，默认为'fail'。值为'fail'时，如果原表存在，则不执行操作。值为append时，如果原表不存在，新建表并插入；如果原表存在，则把新数据附加到原表后面。值为replace时，如果原表存在，则清空表并重新插入数据。

（4）index：布尔型，缺省时值为True，以列的形式写入DataFrame索引。

```
from sqlalchemy import *
import pandas as pd

engine = create_engine('sqlite:///./test.db', echo=True)   # 定义引擎, test.db 为数据库名
metadata = MetaData(engine)
df = pd.DataFrame([[5, '刘芳', 20, '江苏', 21000.00],
                   [6, '张平', 21, '山东', 20500.00],
                   [7, '王义', 19, '湖南', 18000.00]],
                  columns=['ID','NAME','AGE','ADDRESS','SALARY'],
                  index = range(3)
                  )
df.to_sql('COMPANY',engine,index = False,if_exists='append')
fromlist = pd.read_sql('COMPANY',engine) # 读取数据
print(fromlist)
```

输出：

```
   ID NAME    AGE  ADDRESS     SALARY
0  5  刘芳     20   江苏         21000.0
1  6  张平     21   山东         20500.0
2  7  王义     19   湖南         18000.0
```

3. 读取数据

Pandas中的read_sql()方法可以查询数据库中的数据并直接返回DateFrame，在方法的参数中可以传入SQL语句。read_sql()方法的主要参数及意义如下：

pandas.read_sql(sql, con, index_col=None, coerce_float=True, params=None, parse_dates=None, columns=None, chunksize=None)

（1）sql：表名或查询语句。

（2）con：SQLAlchemy 引擎或连接或数据库URI。

（3）columns：需要从表中查询的列名的列表。

```
from sqlalchemy import *
import pandas as pd

engine = create_engine('sqlite:///./test.db', echo=True)
# 定义引擎，test.db 为数据库名。
metadata = MetaData(engine)
# select * from COMPANY 的作用是从表 COMPANY 中返回所有记录
fromlist = pd.read_sql('select * from COMPANY',engine)
print(fromlist)
# 也可以直接传入表名，返回表中所有记录，如下条语句所示
fromlist = pd.read_sql('COMPANY',engine)
print(fromlist)
```

10.3.3　读取文件中数据

Pandas可以方便快速地读取本地文件，如csv、txt等文本文件。将用常规分隔符分隔的文本文件读取到DataFrame可以使用read_table()方法，其主要参数及意义如下：

pandas.read_table(filepath_or_buffer, sep='\t', delimiter=None, header='infer', names=None, engine=None，encoding=None)

（1）filepath_or_buffer：文件路径或URL。

（2）sep：分隔符，缺省值为'\t'，当文本中的分隔符不是制表符时，可用sep='分隔符'来指定。Python可自动检测分隔符。

（3）delimiter：参数sep的替代参数，缺省值为None。

（4）header：整型或整型列表，用作列名的行号和数据的开头。

（5）names：要使用的列名的列表，如果文件不包含标题行，则应显式传递header = None。

（6）engine：使用解析器引擎，其值可为'C'或'Python'。C引擎速度更快，而Python引擎目前功能更加完善。

（7）encoding：默认None，编码在读/写时用UTF（例如'utf-8'）。例如：

```
import pandas as pd

a = pd.read_table('score.txt',encoding='utf-8')
print(a)
```

读取本地csv文件到DataFrame中，可以应用read_csv()方法，其参数与read_table()方法

类似。例如：

```
import pandas as pd

a = pd.read_csv('score.csv',encoding='utf-8')
print(a)
```

输出：

```
    姓名       学号        1    2    3    4    5    总分
0  刘子雨  121701100507  20   20   20   16   20   96
1  刘后傲  121701100510  20   10   10    0   15   55
2  张自强  121701100512  20   20   20   18   20   98
3  吴逸飞  121701100516  20   20   20   20   20   100
4  孙金新  121701100521  20   20   20   14   20   94
5  杨旺霖  121701100527  20   20   20   16   20   96
```

10.3.4 数据存储

读取的数据可以方便地写入到其他格式文件或网页中，例如应用to_excel()方法，借助 openpyxl库，可以方便地将数据写入到一个新的Excel文件中（见图10.21），to_json()可将 数据写入JSON文件中，用to_html()方法可以将读取的数据以HTML的格式呈现，如图10.22 所示。

```
import pandas as pd

a = pd.read_csv('score1034.csv',encoding='utf-8')
a.to_excel('scoreTest.xlsx')   #将读取的内容写入 Excel 文件（需装 openpyxl 库）
a.to_csv('scoreTest.csv',encoding='utf-8')
a.to_json('scoreTest.json',force_ascii=False )
a.to_html('index.html')
```

扫一扫

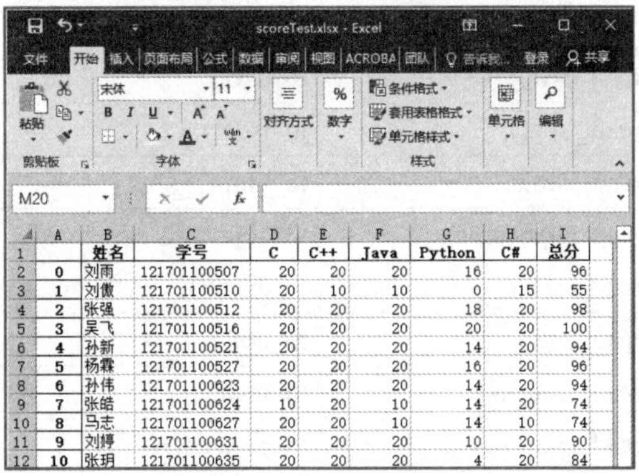

score1034.csv

图10.21 写入Excel文件

图10.22 写入HTML文件

类似的方法，也可以将读取的数据写入到数据库中，语句 to_sql('score',con=engine, index=False,if_exists='replace')中，score为数据库表名，con接收数据库引擎或连接，这 两个参数无默认值，必须明确给出。index表示是否将行索引作为数据传入数据库，默认 为True；if_exists可接收的参数包括fail、replace和 append，fail表示表存在则不执行写操 作；replace表示如果表存在则删除并重创建表；append表示在原有表的基础上追加数据。

例如：

```
import pandas as pd
from sqlalchemy import *

#定义元信息，绑定到引擎
engine = create_engine('sqlite:///./test.db', echo = True)  #定义引擎
a = pd.read_csv('score.csv',encoding = 'utf-8')
a.to_sql('score',con=engine,index=False,if_exists='replace')
fromlist = pd.read_sql('score',engine)
print(fromlist)
```

输出：

	姓名	学号	C	C++	Java	Python	C#	总分
0	刘雨	121701100507	20	20	20	16	20	96
1	刘傲	121701100510	20	10	10	0	15	55
2	张强	121701100512	20	20	20	18	20	98
3	吴飞	121701100516	20	20	20	20	20	100
4	孙新	121701100521	20	20	20	14	20	94
5	杨霖	121701100527	20	20	20	16	20	96
6	孙伟	121701100623	20	20	20	14	20	94
7	张皓	121701100624	10	20	10	14	20	74
8	马志	121701100627	20	20	10	14	10	74
9	刘婷	121701100631	20	20	20	10	20	90
10	张玥	121701100635	20	20	20	4	20	84

Pandas输入/输出API提供了对文本、二进制和结构化查询语言（SQL）等不同格式类型文件的读/写函数，其主要方法如表10.14所示。

表 10.14　Pandas输入输出API

格 式 类 型	数 据 描 述	读	写
文本	CSV	read_csv()	to_csv()
文本	JSON	read_json()	to_json()
文本	HTML	read_html()	to_html()
文本	Local clipboard	read_clipboard()	to_clipboard
二进制	MS Excel	read_excel()	to_excel()
二进制	HDF5 Format	read_hdf()	to_hdf()
二进制	Feather Format	read_feather()	to_feather()
二进制	Parquet Format	read_parquet()	to_parquet()
二进制	Msgpack	read_msgpack()	to_msgpack()
二进制	Stata	read_stata()	to_stata()
二进制	SAS	read_sas()	
二进制	Python Pickle Format	read_pickle()	to_pickle()
SQL	SQL	read_sql()	to_sql()
SQL	Google Big Query	read_gbq()	to_gbq()

10.3.5 数据查看

利用Pandas读取数据后，可采用切片的方法查看其中指定的部分数据，也可用head(n)和tail(n)方法查看开始或结尾的n行数据。例如：

```
import pandas as pd

a = pd.read_csv('score.csv',encoding='utf-8')
print(a['姓名'][:5])              # 返回姓名列的前5个数据
print(a[['姓名','学号']][:5])     # 返回姓名和学号两列的前5个数据
print(a.head(n=10))               # 返回开始的10行数据，n缺省时返回5行
print(a.tail(n=10))               # 返回结尾的10行数据，n缺省时返回5行
```

10.3.6 数据排序

根据值进行排序，"总分"是排序依据的列，默认为升序排序，如果需要降序排序，使用ascending=False参数。[:5]是对数据进行分片，只输出前5个数据。例如：

```
import pandas as pd

a = pd.read_csv('score.csv',encoding = 'utf-8')
print(a.sort_values('总分',ascending = False)[:5])
```

输出：

```
    姓名    学号           1    2    3    4    5    总分
56  喻明   121713590221   20   20   20   20   20   100
3   吴飞   121701100516   20   20   20   20   20   100
23  赖潇   121713590112   20   20   20   20   20   100
47  张倩   121713590209   20   20   20   20   20   100
15  杨彪   121701101212   20   20   20   20   20   100
```

10.3.7 数据统计

Numpy中提供了一系列的统计函数可用于对数据的描述性统计，Pandas基于NumPy库，也可以应用这些函数。例如：

```
import pandas as pd
import numpy as np

a = pd.read_csv('score.csv',encoding='utf-8')
print(np.mean(a['总分']))         # 返回总分平均值
```

Pandas也提供了一些数值型数据的统计方法，可以更方便地实现数据的统计，上述总分平均值的计算也可以不引入NumPy库，直接使用Pandas中的mean()方法实现。例如：

```
import pandas as pd

a = pd.read_csv('score.csv',encoding='utf-8')
print(a['总分'].mean())           # 返回总分平均值
```

表10.15中列出了Pandas中提供的统计方法，可以用于各种统计运算。

表10.15　Pandas中提供的统计方法

方 法 名 称	描 述	方 法 名 称	描 述
count()	非空值数目	max()	最大值
sum()	求和	mode()	众数
mean()	平均值	abs()	绝对值
mad()	平均绝对偏差	prod()	乘积
median()	中位数	std()	样本标准差
min()	最小值	var()	方差
sem()	标准误差	cumsum()	累加
skew()	样本偏离	cumprod()	累乘
kurt()	样本峰度	cummax()	累积最大值
quantile()	样本分位数	cummin()	累积最小值

在数据分析的过程中，可以先将数据拆分成组，对每个分组的数据应用函数进行统计，再汇总计算结果。例如：

```python
import pandas as pd

a = pd.read_csv('scoregroup.csv',encoding='utf-8')
print(a['分数'].groupby(a['姓名']).mean())          # 返回每个人的平均分
print(a['分数'].groupby(a['课程名']).mean())         # 返回每门课的平均分
```

输出：

```
刘傲      77.0
刘婷      84.0
刘雨      88.2
吴飞      77.2
孙伟      82.0
孙新      76.2
张强      90.0
张皓      66.4
杨霖      69.4
马志      80.0

物理      77.5
程序设计  78.3
经济      79.6
英语      82.1
高数      77.7
```

可以应用agg()函数对分组结果进行汇总。例如：

```python
import pandas as pd

a = pd.read_csv('scoregroup.csv',encoding='utf-8')
print(a['分数'].groupby(a['姓名']).agg(['mean','max','min']))
print(a['分数'].groupby(a['课程名']).agg(['mean','max','min']))
```

输出

```
姓名         mean    max    min
刘傲         77.0    87     66
刘婷         84.0    90     80
刘雨         88.2    96     80
吴飞         77.2    83     69
孙伟         82.0    88     78
孙新         76.2    94     56
张强         90.0    95     85
张皓         66.4    76     58
杨霖         69.4    86     46
马志         80.0    90     67

课程名       mean    max    min
物理         77.5    92     56
程序设计     78.3    96     46
经济         79.6    95     63
英语         82.1    95     67
高数         77.7    88     58
```

10.3.8 数据可视化

利用Pandas可以方便地读取数据，简化用Matplotlib进行数据库可视化的程序，绘制的XRD图谱如图10.23所示。

```
import pandas as pd
import matplotlib.pylab as plt

data=pd.read_table("xrd.csv", sep=',',na_filter = False)
x = data['angle']
y = data['Intensity']
plt.plot(x,y,"r")
plt.show()
```

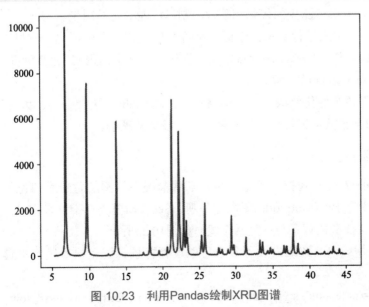

图 10.23 利用Pandas绘制XRD图谱

也可以利用series()函数进行处理，可以进一步简化代码。例如：

```
from pandas import Series
from matplotlib import pyplot

series = Series.from_csv('xrd.csv', header=0)
series.plot()
pyplot.show()
```

10.4　Seaborn的应用

Matplotlib是应用最广泛的Python 2D绘图库，可以直接在Python程序、Jupyter Notebook交互环境以及Web应用中绘制图像。Matplotlib是Python绘图的事实上的标准库，拥有丰富完善的说明文档。可以方便地绘制散点图、直方图、柱形图和饼图，也具有大量的参数用于控制图中的字体、标题、轴等属性。但由于Matplotlib本身很复杂，需要大量的参数和设置才能获得精致的图表。

绘图除了清晰地表达出数据的含义外，在很多时候还需要考虑到图像的美观性和方法的简洁性，这时，需要使用一些高级绘图库来解决这一问题。实际上，大部分高级绘图库中的绘图函数（plot()）都是基于Matplotlib定制的。可以说，高级绘图库绘制的图像应用Matplotlib库都可以实现，只是可能需要更多、更复杂的代码。

Seaborn 是由斯坦福大学提供的一个Python库，经常被用于在Python中制作更加赏心悦目的统计图形，它构建在Matplotlib之上，支持Numpy和Pandas的DataFrame类型，也支持来自于SciPy和SatasModels的统计结果，Seaborn模块是Matplotlib的极好的补充。

Matplotlib的自动化程度非常高，掌握如何设置系统以获得一个具有吸引力的图表并不容易，为了优化Matplotlib图表的外观，Seaborn模块自带许多定制主题和高级接口。Seaborn模块可以用尽可能少的代码和参数绘制尽可能漂亮的图表。

Pandas主要是用来进行数据探索而不是可视化，只有当可视化工作只需要调整少量参数时才用Pandas实现。Pandas 进行自定义可视化，实际上是用底层的Matplotlib进行绘图，需要对Matplotlib 有较深的了解。

若画图时需要个性化修改一些图的属性时，用Seaborn更加合适。因为Seaborn提供了一些简单的API来直接可视化数据，不需要进行参数的理解。

10.4.1　主题

Matplotlib图表的外观控制参数较少，默认情况下绘图的背景是白色的，显示效果如果10.24所示。为了控制Matplotlib图表的外观，Seaborn模块自带许多定制的主题和高级接口。Seaborn默认浅灰色背景与白色网络线，如图10.25所示。

Seaborn应用set()函数通过设置参数可以设置背景、调色板等确定主题，其主要参数如下：

set(context='notebook', style='darkgrid', palette='deep', font='sans-serif', font_scale=1, color_codes=True, rc=None)

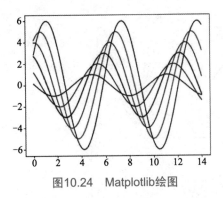

图10.24 Matplotlib绘图

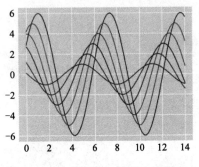

图10.25 Seaborn默认主题绘图

（1）context：绘制参数，其值为None或{paper, notebook, talk, poster}中的一种，与plotting_context()相同，默认值为'notebook'.

（2）style：Seaborn中有5种可供选择的主题：darkgrid（灰色网格）、whitegrid（白色网格）、dark（黑色）、white（白色）和ticks（十字）。显示效果如图10.26所示。例如：

```python
import matplotlib.pyplot as plt    # 导入 matplotlib 库
import numpy as np

def sinplot(flip=1):
    x=np.linspace(0,14,100)
    for i in range (1,7):
        plt.plot(x,np.sin(x+i*.5)*(7-i)*flip)

sinplot()
plt.show()

import seaborn as sns              # 导入 seaborn 库

sns.set()                          # 用默认参数确定主题
sinplot()
plt.show()

plt.figure(figsize=(12, 8))
sns.set(context='paper',style='darkgrid')
plt.subplot(2, 2, 1)
sinplot()
plt.title('paper')

sns.set(context='talk',style='whitegrid')
plt.subplot(2, 2, 2)
sinplot()
plt.title('talk')

sns.set(context='talk',style='dark')
plt.subplot(2, 2, 3)
sinplot()
plt.title('poster')

sns.set(context='notebook',style='ticks')
plt.subplot(2, 2, 4)
sinplot()
plt.title('notebook')
plt.show()
```

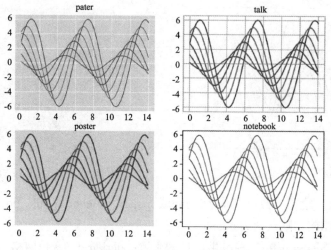

图10.26　Seaborn 主题

10.4.2　调色板

颜色在可视化中非常重要，用来代表各种特征，并且提高整个图的观赏性。在Seaborn中颜色主要分为连续渐变性和离散分类性。

Seaborn库主要用color_palette()函数实现颜色设置，color_palette()能传入任何Matplotlib所支持的颜色，不写参数用则用默认的颜色。

set_palette()设置所有图的颜色。Seaborn库有6个默认的颜色循环主题：deep、muted、pastel、bright、dark、colorblind，默认颜色效果如图10.27所示。

```
import matplotlib.pyplot as plt    # 导入matplotlib库
import seaborn as sns              # 导入seaborn库

current_palette = sns.color_palette()
sns.palplot(current_palette)
plt.show()
```

图10.27　Seaborn 默认颜色

默认的颜色只有10种，当需要更多的颜色时，可以使用hls色彩空间，还可以通过hls_palette()函数来改变颜色的亮度和饱和度，显示效果如图10.28所示。

```
#（续前，在plt.show()前插入以下代码）
sns.palplot(sns.color_palette("hls", 12))
sns.palplot(sns.hls_palette(8, l=.5, s=.7)) # l值为亮度，s值为饱合度
```

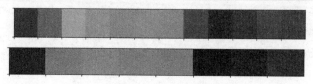

图10.28　Seaborn 颜色设置

例如，在绘制箱线图时，应用hls色彩空间可以得到较好的显示效果，如图10.29所示。

```python
import numpy as np
import matplotlib.pyplot as plt      # 导入 matplotlib 库
import seaborn as sns                # 导入 seaborn 库

data = np.random.normal(size=(20, 8)) + np.arange(8) / 2
sns.boxplot(data=data, palette=sns.color_palette("hls", 8))
plt.show()
```

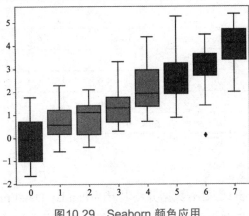

图10.29　Seaborn 颜色应用

可设置色彩随数据变换，例如要实现数据越来越重要、颜色越来越深的效果，可以在颜色后加s实现。想要实现翻转渐变的效果，可以在面板名称中添加一个" _r "后缀，实现效果如图10.30所示。

```python
# 续前，在 plt.show() 前插入以下代码)
sns.palplot(sns.color_palette("Blues"))
sns.palplot(sns.color_palette("BuGn_r"))
```

图10.30　Seaborn 自定义颜色

【例10.25】本节使用Iris数据集（见表10.16）的分析与可视化为例对Seaborn的绘图功能进行简单讲解。Iris数据集是常用的分类实验数据集，由Fisher在1936年收集整理。在后续几节中陆续展示利用Seaborn进行数据分析与可视化的过程。Iris也称鸢尾花卉数据集，是一类多重变量分析的数据集。数据集包含150个数据，分为3类，每类50个数据，每个数据包含4个属性。可通过花萼长度、花萼宽度、花瓣长度、花瓣宽度4个属性预测鸢尾花卉属于（setosa，versicolour，virginica）3个种类中的哪一类。

表 10.16　Iris 数据集（部分）

Id	SepalLengthCm	SepalWidthCm	PetalLengthCm	PetalWidthCm	Species
1	5.1	3.5	1.4	0.2	Iris-setosa
2	4.9	3	1.4	0.2	Iris-setosa

续表

Id	SepalLengthCm	SepalWidthCm	PetalLengthCm	PetalWidthCm	Species
3	4.7	3.2	1.3	0.2	Iris-setosa
...					
51	7	3.2	4.7	1.4	Iris-versicolor
52	6.4	3.2	4.5	1.5	Iris-versicolor
53	6.9	3.1	4.9	1.5	Iris-versicolor
...					
102	5.8	2.7	5.1	1.9	Iris-virginica
103	7.1	3	5.9	2.1	Iris-virginica
104	6.3	2.9	5.6	1.8	Iris-virginica
...					

例 10.25 Iris 数据载入

例 10.25 1 Iris 数据查看

10.4.3 数据载入

绘图之前先利用Pandas载入Iris数据并将其转为Pandas DataFrame格式。使用前可以先查看数据的结构，以便根据数据结构和类型选择合适的图表进行可视化。

```python
# 例 10.25 iris 数据载入 .py
# 注: 本节后续代码都包含 iris 数据载入 .py 中的语句，为节约篇幅，以后续代码中以 "# 续例
10.25 # iris 数据载入 .py" 的字样代替本例中的代码。

import pandas as pd                          # 导入pandas库
import warnings # 载入当前版本 seaborn 库时会有警告出现，先载入 warnings，忽略警告
import seaborn as sns                        # 导入 seaborn 库
import matplotlib.pyplot as plt              # 导入 matplotlib 库

warnings.filterwarnings("ignore")
sns.set(style = "white", color_codes = True)# 确定主题为 white
iris = pd.read_csv("iris.csv")  # 读取 csv 数据并转为 Pandas 的 DataFrame 格式
```

```python
# 例 10.25.1 iris 数据查看 .py
# 续例 10.25 iris 数据载入 .py
print(iris.head())                # 用 head ( ) 函数看一下前 5 行数据，确定数据结构
print(iris["Species"].value_counts())       # 用 counts ( ) 函数查看每个类别有
多少样本
```

用head（）函数可查看前5行数据，以确定数据结构正确，该函数的输出为：

```
   Id  SepalLengthCm    ...    PetalWidthCm      Species
0   1            5.1    ...             0.2  Iris-setosa
1   2            4.9    ...             0.2  Iris-setosa
2   3            4.7    ...             0.2  Iris-setosa
3   4            4.6    ...             0.2  Iris-setosa
4   5            5.0    ...             0.2  Iris-setosa
```

counts（）函数可用于查看的数据分几类？每一类多少个样本？是否为均衡分类？该函

数的输出为：

```
[5 rows x 6 columns]
Iris-versicolor      50
Iris-setosa          50
Iris-virginica       50
Name: Species, dtype: int64
```

从 counts 函数输出结果可以看出，数据样本分布很均匀。

10.4.4 单变量图

直方图又称质量分布图，它是表示资料变化情况的一种主要工具。用直方图可以解析出数据的规则性，比较直观地看出产品质量特性的分布状态，对于资料分布状况一目了然，便于判断其总体质量分布情况。直方图表示通过沿数据范围形成分箱，然后绘制矩形条以显示落入每个分箱的观测次数的数据分布。

核密度估计（kernel density estimation）是在概率论中用来估计未知的密度函数，属于非参数检验方法之一。由于核密度估计方法不利用有关数据分布的先验知识，对数据分布不附加任何假定，是一种从数据样本本身出发研究数据分布特征的方法，因而，在统计学理论和应用领域均受到高度的重视。

displot()集合了Matplotlib的直方图（hist()）与核密度估计（kdeplot）的功能，增加了rugplot分布观测条显示与利用scipy库fit拟合参数分布的新颖用途。具体参数及部分参数意义如下：

seaborn.distplot(a, bins=None, hist=True, kde=True, rug=False, fit=None, hist_kws=None, kde_kws=None, rug_kws=None, fit_kws=None, color=None, vertical=False, norm_his t=False, axlabel=None, label=None, ax=None)

（1）a：series或一维数组或列表类型的数据。

（2）bins：设置矩形条的数量。

（3）hist：控制是否显示条形图。

（4）kde：控制是否显示核密度估计图。

（5）rug：控制是否显示观测的小细条（边际毛毯）。

（6）fit：控制拟合的参数分布图形。

（7）vertical：显示正交控制。

绘制直方图时，需要调整的主要参数是bin的数目（组数）。displot()会默认给出一个它认为比较好的组数，尝试不同的组数可能会揭示出数据不同的特征。绘制直方图时，最重要的参数是bin及vertical，它们可以确定直方图的组数和放置位置。

核密度估计图使用得较少，但它是绘制出数据分布的有用工具，与直方图类似，KDE图以一个轴的高度为准，沿着另外的轴线编码观测密度。根据Iris绘制直方图与核密度估计图的效果如图10.31所示。

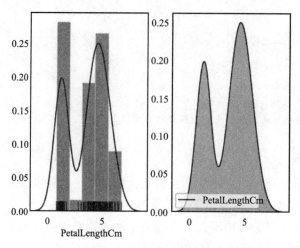

图 10.31　直方图与核密度估计图

下面通过具体的例子来体验一下distplot的用法：

```
# 例 10.25.2 绘制直方图与核密度估计图 .py
# 续例 10.25 iris 数据载入 .py
fig, axes = plt.subplots(1,2)
sns.distplot(iris['PetalLengthCm'], ax = axes[0], kde = True, rug =
True)  # kde 密度曲线
sns.kdeplot(iris['PetalLengthCm'], ax = axes[1], shade=True)
                                              # shade  阴影
plt.show()
```

可以在同一图内对数据进行分类再以直方图和核密度估计图的形式进行可视化。分类直方图与核密度估计图的效果如图10.32所示。

```
# 例 10.25.3 绘制分类直方图与核密度估计图 .py
# 续例 10.25 iris 数据载入 .py
sns.FacetGrid(iris, hue="Species", size=6).map(sns.distplot,
"PetalLengthCm").add_legend()
plt.show()
```

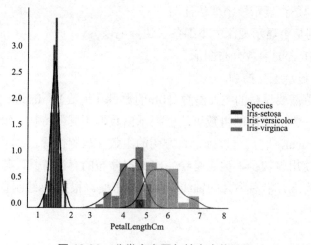

图 10.32　分类直方图与核密度估计图

10.4.5 分布图

为了绘制一个数据集中二元变量的分布，可以使用jointplot()，这个函数能够产生一个多面板的图像，在图像上包括两个变量之间的关系，在单独的坐标中还绘制出了各个变量的分布。

绘制分布图的函数用法如下：

seaborn.jointplot(x, y, data=None, kind='scatter', stat_func=<function pearsonr>, color=None, size=6, ratio=5, space=0.2, dropna=True, xlim=None, ylim=None, joint_kws=None, marginal_kws=None, annot_kws=None, **kwargs)

1. 特殊参数

kind：图类型，值为{ "scatter" | "reg" | "resid" | "kde" | "hex" }之一，分别对应为散点图、回归图、残差图、核密度估计、六角图。

2. 基本参数

（1）color：颜色。参数类型：matplotlib 颜色。

（2）size：图的尺度大小（正方形），默认为6。参数类型：数值型。

（3）ratio：中心图与侧边图的比例，越大、中心图占比越大。参数类型：数值型。

（4）space：中心图与侧边图的间隔大小。参数类型：数值型。

（5）s：散点的大小（只针对散点图scatter）。参数类型：数值型。

（6）linewidth：散点边缘线的宽度（只针对散点图scatter）。参数类型：数值型。

（7）edgecolor：散点的边界颜色，默认无色，可以重叠（只针对散点图scatter），参数类型：matplotlib 颜色。

（8）{x, y}lim：x、y轴的范围。参数类型：二元组。

（9）{joint, marginal, annot}_kws：中心图、侧边图与统计注释的信息。例如：joint_kws=dict(s=80,edgecolor='g'), marginal_kws=dict(bins=15,rug=True,color='g'), annot_kws=dict(stat='r',fontsize=15)

plot()是Matplotlib画图的最主要方法，Series和DataFrame都有plot()方法。plot()默认生成曲线图，可以通过kind参数生成其他的图形，可选的值为line、bar、barh、kde、scatter等。对于坐标类数据，可以用散点图来查看它们的分布趋势和是否有离群点的存在。

使用Matplotlib库的plot()方法做散点图（见图10.33），数据为萼片的长和宽

```
例 10.25.4 利用 matplotlib 作散点图 .py
# 续例 10.25 iris 数据载入 .py
iris.plot(kind="scatter", x="SepalLengthCm", y="SepalWidthCm")
plt.show()
```

使用seaborn库的FaceGrid()方法做分类散点图，可以将不同分类数据点用不同颜色进行标注（见图10.34），数据为萼片的长和宽。

```
# 例 10.25.5 用 seaborn 做分类散点图 .py
# 续例 10.25 iris 数据载入 .py
sns.FacetGrid(iris, hue="Species", size=5).map(plt.scatter, "SepalLengthCm",
"SepalWidthCm").add_legend()
```

```
plt.savefig("10.38.jpg")
plt.show()
```

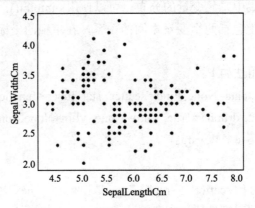

图 10.33   利用matplotlib做散点图

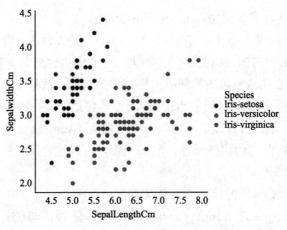

图10.34   用seaborn做分类散点图

使用seaborn库的jointplot ()方法做散点图（见图10.35），数据为萼片的长和宽。

```
# 例  10.25.6用 seaborn 库的 jointplot () 方法做散点图 .py
# 续例 10.25 iris 数据载入 .py
# seaborn 的 jointplot() 函数可以在同一个图中画出双变量的散点图和单变量的柱状图
sns.jointplot(x="SepalLengthCm", y="SepalWidthCm", data=iris, size=5)
                                        # 图 10.31(a)
plt.show()
sns.jointplot(x="SepalLengthCm", y="SepalWidthCm", data=iris, marginal_
kws=dict(bins=15, rug=True), annot_kws=dict(stat="r"), s=40, edgecolor="w",
linewidth=1)                       # 用更多的参数进行描述，见图 10.31(b)
plt.show()
```

使用seaborn库的jointplot ()方法做回归图和六角图（见图10.36），数据为萼片的长和宽。

```
# 例 10.25.7用 seaborn 库绘制回归图和六角图 .py
# 续例 10.25 iris 数据载入 .py
sns.jointplot(x="SepalLengthCm", y="SepalWidthCm", data=iris, size=5,
kind="reg")          # 回归图
```

```
plt.show()
sns.jointplot("SepalLengthCm", y="SepalWidthCm", data=iris, size=5,
kind="hex")          # 六角图
plt.show()
```

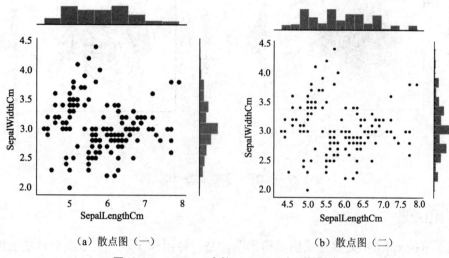

（a）散点图（一）　　　　　　　　　　　（b）散点图（二）

图10.35　seaborn库的jointplot ()方法做散点图

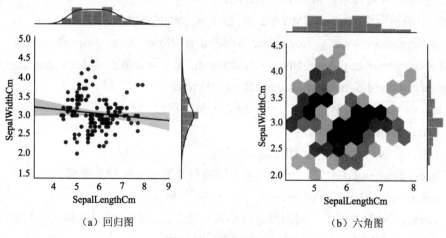

（a）回归图　　　　　　　　　　　　　（b）六角图

图10.36　回归图和六角图

使用Seaborn库的jointplot ()方法做KDE 图和散点图+KDE 图（见图10.37），数据为萼片的长和宽。

```
# 例 10.25.8 用 seaborn 库绘制 KDE 图和散点图 +KDE 图 .py
# 续例 10.25 iris 数据载入 .py
sns.jointplot("SepalLengthCm", y="SepalWidthCm", data=iris, size=5,
kind="kde")
plt.show()
sns.jointplot("SepalLengthCm", y="SepalWidthCm", data=iris, size=5).
plot_joint(sns.kdeplot, zorder=0, n_levels=6)
plt.show()
```

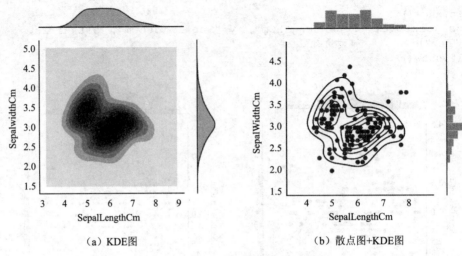

（a）KDE图　　　　　　　　　　（b）散点图+KDE图

图10.37　KDE 图和散点图+KDE 图

10.4.6　箱线图

箱线图（boxplot）又称盒式图或箱形图，是一种用作显示一组数据分散情况的统计图。它能显示出一组数据的最大值、最小值、中位数及上下四分位数，因形状如箱子而得名。在各种领域经常被使用，常见于品质管理。

Seaborn中的箱型图的由boxplot()方法实现，boxplot()的参数及其意义如下：

seaborn.boxplot(x=None, y=None, hue=None, data=None, order=None, hue_order=None, orient=None, color=None, palette=None, saturation=0.75, width=0.8, dodge=True, fliersize=5, linewidth=None, whis=1.5, notch=False, ax=None, **kwargs)

（1）x，y：dataframe中的列名（str）或者矢量数据。

（2）data：dataframe或者数组。

（3）palette：调色板，控制图像的色调。

（4）hue：dataframe的列名，按照列名中的值分类形成分类的条形图。

（5）order, hue_order (lists of strings)：用于控制条形图的顺序。

（6）orient："v"|"h" 用于控制图像是水平还是竖直显示，通常是从输入变量的dtype推断出来的，此参数一般当不传入x、y，只传入data时使用。

（7）fliersize：float，用于指示离群值观察的标记大小。

（8）whis：确定离群值的上下界（IQR超过低和高四分位数的比例），此范围之外的点将被识别为异常值。IQR指的是上下四分位的差值。

（9）width：float，控制箱型图的宽度。

根据Species和PetalLengthCm这两列数据绘制箱线图（见图10.38）可以直观地查看不同花类型的分布。

```
# 例 10.25.9用 seaborn 库绘制箱线图 .py
# 续例 10.25 iris 数据载入 .py
```

```
# Seaborn 中的 boxplot，可以画箱线图，通过箱线图来查看单个特征的分布
# 对 Numerical Variable，可以用 Box Plot 来直观地查看不同花类型的分布。
sns.boxplot(x="Species", y="PetalLengthCm", data=iris)
plt.show()
```

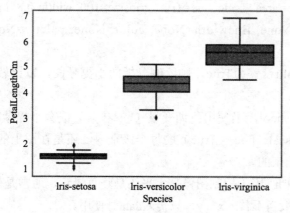

图10.38　箱线图

利用stripPlot()可以将每一个Species所属的点加到对应的位置，加上散点图（见图10.39），此时应该设振动值jitter=True 使各个散点分开，否则会是一条直线。

```
# 例 10.25.10 用 seaborn 库绘制箱线图＋散点图 .py
# 续例 10.25 iris 数据载入 .py
# 注意此处要将坐标图用 ax 先保存起来，这样第二次才会在原来的基础上加上散点图
ax=sns.boxplot(x="Species", y="PetalLengthCm", data=iris)
ax=sns.stripplot(x="Species", y="PetalLengthCm", data=iris, jitter=True,
edgecolor="gray")
plt.show()
```

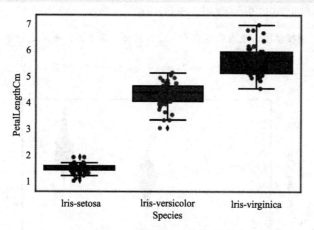

图10.39　箱线图+散点图

10.4.7　小提琴图

小提琴图（violinplot）与箱线图扮演类似的角色，它显示了定量数据在一个（或多个）分类变量的多个层次上的分布，这些分布可以进行比较。不像箱线图中所有绘图组件

都对应于实际数据点，小提琴绘图以基础分布的核密度估计为特征。

Seaborn中的小提琴图的由violinplot ()方法实现，violinplot ()的参数及其意义如下：

seaborn.violinplot(x=None, y=None, hue=None, data=None, order=None, hue_order=None, bw='scott', cut=2, scale='area', scale_hue=True, gridsize=100, width=0.8, inner='box', split=False, dodge=True, orient=None, linewidth=None, color=None, palette=None, saturation=0.75, ax=None, **kwargs)

（1）split：将split设置为True，则绘制分拆的小提琴图，以比较经过hue拆分后的两个量。

（2）scale_hue：bool，当使用色调变量（hue参数）嵌套小提琴时，此参数确定缩放是在主要分组变量（scale_hue = True）的每个级别内，还是在图上的所有小提琴（scale_hue = False）内计算出来的。

（3）orient："v"|"h" 用于控制图像是水平还是竖直显示，通常是从输入变量的dtype推断出来的，此参数一般当不传入x、y，只传入data时使用。

（4）inner：控制小提琴图内部数据点的表示，有box、quartile、point、stick四种方式。

（5）scale：该参数用于缩放每把小提琴的宽度，有area、count、width三种方式

（6）cut：float，距离，以带宽大小为单位，以控制小提琴图外壳延伸超过内部极端数据点的密度。设置为"0"以将小提琴范围限制在观察数据的范围内，在ggplot中具有与trim = True相同的效果。

（7）width：float，控制小提琴图的宽度（比例）。

小提琴图可以用于查看密度分布，数据越稠密越宽，越稀疏越窄，绘制效果如图10.40所示。

```
# 例 10.25.11用 seaborn 库绘制小提琴图 .py
# 续例 10.25 iris 数据载入 .py
# violinplot 小提琴图，查看密度分布，结合前面的两个图，并且进行了简化
# 数据越稠密越宽，越稀疏越窄
sns.violinplot(x="Species", y="PetalLengthCm", data=iris, size=6)
plt.show()
```

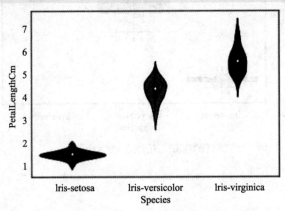

图10.40　小提琴图

10.4.8 核密度估计图

核密度估计（kernel density estimation）是在概率论中用来估计未知的密度函数，属于非参数检验方法之一。通过核密度估计图可以比较直观地看出数据样本本身的分布特征。

Seaborn中的核密度估计图由kdeplot ()方法实现，kdeplot ()的参数及其意义如下：

seaborn.kdeplot(data,data2=None,shade=False,vertical=False,kernel='gau',bw='scott',gridsize=100,cut=3,clip=None,legend=True,cumulative=False,shade_lowest=True,cbar=False, cbar_ax=None, cbar_kws=None, ax=None, *kwargs)

（1）data2：绘制二维分布图时需要给出数据。

（2）shade：若为True，则在kde曲线下面的区域中进行阴影处理，color控制曲线及阴影的颜色。

（3）vertical：表示以x轴进行绘制还是以y轴进行绘制。

（4）kernel：核函数，可取值为{'gau' | 'cos' | 'biw' | 'epa' | 'tri' | 'triw' }之一，双变量KDE只能使用高斯核函数（gau）。

（5）bw：即binwidth，同直方图的bin一样，控制了估算与数据间的紧密程度。可取值为：'scott' | 'silverman' | scalar | pair of scalars。

（6）gridsize：评估网格中离散点的可选数量。

（7）cut：表示绘制的时候，控制曲线绘制多远的极限值，默认值为3。

（8）cumulative：是否绘制累积分布，累积分布最后的值应该是接近1。

单个特征核密度估计图的效果如图10.41所示。

```
# 例 10.25.12 用 seaborn 库绘制核密度估计图 .py
# 续例 10.25 iris 数据载入 .py
# sns.kdeplot: kernel density estimation 核密度估计图 (单个特征)
sns.FacetGrid(iris, hue="Species", size=6).map(sns.kdeplot,
"PetalLengthCm").add_legend()
    plt.show()
```

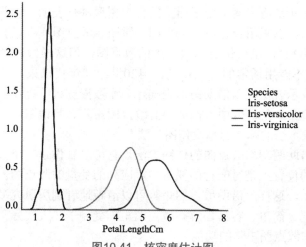

图10.41 核密度估计图

利用kdeplot()方法可以绘制二元kde图像，如图10.42所示。

```
# 例 10.25.13 用 seaborn 库绘制二元 kde 图 .py
# 续例 10.25 iris 数据载入 .py
# cbar: 参数为 True，添加一个颜色棒（颜色棒在二元 kde 图像中才有）
sns.kdeplot(iris['SepalLengthCm'], iris['SepalWidthCm'],
shade=True,cbar=True)
# 也可用 FaceGrid() 函数实现
sns.FacetGrid(iris,size=6).map(sns.kdeplot, "SepalLengthCm",
"SepalWidthCm",shade = True,cbar = True).add_legend()
plt.show()
```

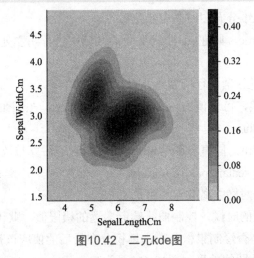

图10.42 二元kde图

Seaborn中还可以displot()方法绘制核密度估计图，displot()方法集合了matplotlib的hist()方法与seaborn中kdeplot()方法的功能，增加了rugplot分布观测条显示与利用scipy库fit拟合参数分布的新颖用途。通过hist和kde参数调节是否显示直方图及核密度估计，默认hist、kde均为True。

10.4.9 多变量图

多变量的图表示法是将多变量用平面上的直观图形进行表示，以帮助人们去思考和判断。当变量较少时，可以采用直方图、条形图、饼图、散点图或者经验分布的密度图等方法。而当变量个数为3时，虽然仍可以做三维的散点图，但这样做已经不是很方便，当变量个数大于3时，就不能用通常的方法作图。自20世纪70年代以来，统计学家研究发明了很多多维变量的图表示方法，以借助图形来描述多元数据资料的统计特性，使图形直观、简洁的优点延伸到多变量的研究中。例如，有散点图矩阵、脸谱图、塑像图、轮廓图、雷达图等多变量的图表示法的基本思想及作图方法。

散点图矩阵是借助两变量散点图的作图方法，它可以看作是一个大的图形方阵，其每一个非主对角元素的位置上是对应行的变量与对应列的变量的散点图。而主对角元素位置上是单个变量的分布，这样，借助散点图矩阵可以清晰地看到所研究多个变量两两之间的相互关系。因其直观、简单、容易理解，散点图矩阵受到了广大实际工作者的喜爱，很多统计软件也加入了作散点图矩阵的功能。

seaborn中可以应用pairplot()方法实现散点图矩阵，可用于表现每对特征之间的双变量关系，pairplot ()的参数及其意义如下：

seaborn.pairplot(data, hue=None, hue_order=None, palette=None, vars=None, x_vars=None, y_vars=None, kind='scatter', diag_kind='hist', markers=None, size=2.5, aspect=1, dropna=True, plot_kws=None, diag_kws=None, grid_kws=None)

（1）data：DataFrame格式的数据。

（2）hue：label类别对应的列名，使用指定变量为分类变量画图。参数类型：string (变量名)。

（3）palette：调色板颜色。

（4）vars：指定feature的列名，与data一起使用，留几个特征两两比较。否则，使用data的全部变量。参数类型：numeric类型的变量list。

（5）{x, y}_vars：与data一起使用，细分谁与谁比较。否则，使用data的全部变量。参数类型：numeric类型的变量list。

（6）dropna：是否剔除缺失值。参数类型：boolean, optional。

（7）kind：作图的方式，单变量图的设置，单变量为线形图，其他散点，取值为{'scatter', 'reg'}之一。

（8）diag_kind：对角线作图的方式，给单变量图增加画图样式，取值为{'hist', 'kde'}之一，hist为直方图，kde为密度曲线图。

（9）markers：使用不同的形状。参数类型：list。

（10）size：默认6，图的尺度大小（正方形）。参数类型：numeric。

（11）{plot, diag, grid}_kws：指定其他参数。参数类型：dicts。

seaborn中应用pairplot()方法实现散点图矩阵，如图10.43所示。

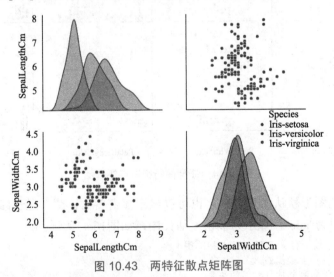

图 10.43　两特征散点矩阵图

```
# 例 10.25.14用 seaborn 库绘制两特征散点矩阵图.py
# 续例 10.25 iris 数据载入.py
# 通过 vars 参数指定两个特征参与比较，产生 2*2 的矩阵
sns.pairplot(iris.drop("Id", axis=1),vars=["SepalLengthCm",
"SepalWidthCm"],palette="husl", hue="Species", size=3,diag_kind="kde")
plt.show()
```

也可以表现任意两特征之间的关系，如图10.44所示。

```
# 例 10.25.15 用 seaborn 库绘制任意两特征散点矩阵图 .py
# 续例 10.25 iris 数据载入 .py
# pairplot 任意两个特征之间的关系
sns.pairplot(iris.drop("Id", axis=1), hue="Species", size=3,diag_
kind="hist")
plt.show()
```

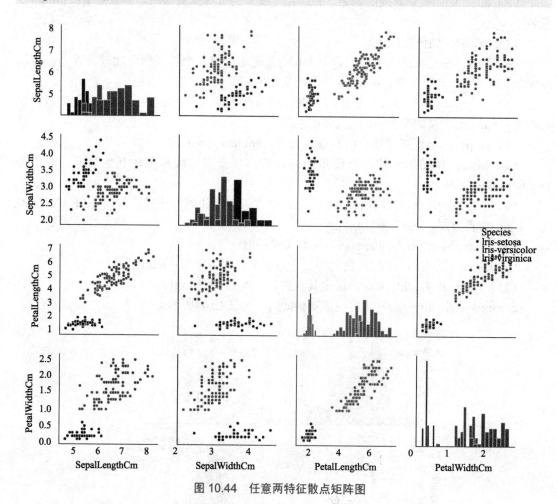

图 10.44　任意两特征散点矩阵图

中间对角线的图形默认为直方图，也可以显示核密度估计图，通过修改参数dige_kind的值实现，例如设为"kde"，显示为核密度估计图，如图10.45所示。

```
# 例 10.25.16 绘制任意两特征散点矩阵图 KDE.py
# 续例 10.25 iris 数据载入 .py
# pairplot 任意两个特征之间的关系
# 如果需要回归分析，为 pairplot() 方法增加 kind="reg" 参数即可。
sns.pairplot(iris.drop("Id", axis=1), hue="Species", size=3, diag_
kind="kde")
plt.show()
```

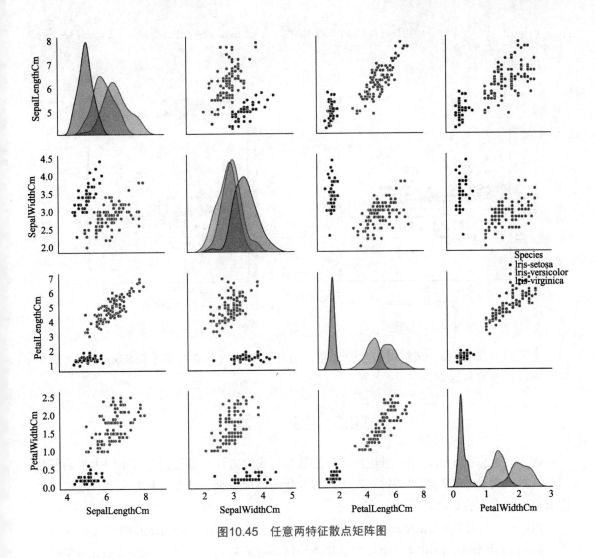

图10.45　任意两特征散点矩阵图

10.4.10　回归图

回归图可以用StatsModels模块计算线性回归系数，再通过Matplotlib进行可视化。Seaborn中提供了一个lmplot()方法，可以根据设置调用numpy.polyfit或者StatsModels对数据进行处理和可视化。

简单的线性回归的效果如图10.46所示。

```
# 例 10.25.17 绘制回归分析图 .py
# 续例 10.25 iris 数据载入 .py
sns.lmplot(x="SepalLengthCm", y="SepalWidthCm", data=iris, size=5)
plt.show()
```

如果仅是简单的线性回归，通过设置jointplot()中的参数kind的值为'reg'就可以达到相同的效果，如图10.47所示。

```
# 例 10.25.18 绘制线性回归分析图 .py
# 续例 10.25 iris 数据载入 .py
```

```
sns.jointplot(x="SepalLengthCm", y="SepalWidthCm", data=iris,
kind='reg', size=5)
    plt.show()
```

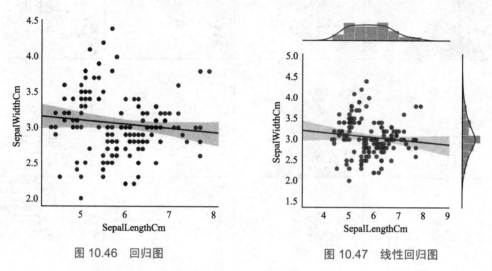

图 10.46　回归图　　　　　　　　　　　图 10.47　线性回归图

本节只介绍了Seaborn常用的绘图功能，还有更强大的功能可参考Seaborn官方文档中的示例进行学习和探索。

10.5　词　　云

词云，也称文字云，是一种应用广泛的数据可视化方法，是过滤掉文本中大量的低频信息，对出现频率较高的"关键字"予以视觉化的展现。词云使得浏览者只要一眼扫过文本就可领略文本的主旨。

Python中可导入wordcloud库，借助wordcloud库制作词云。wordcloud库是由C++编译的，pip install wordcloud时可能会提示缺少编译环境的错误，一种解决方法是先安装C++编译环境，再安装wordcloud；更简单的方法是直接下载预编译好的wheel文件直接安装。wheel下载地址是https://www.lfd.uci.edu/~gohlke/pythonlibs/#wordcloud，根据本地Python版本和操作系统版本选择对应的whl文件下载。

例如用户操作系统是64位Windows，安装的Python是64位的Python 3.7，那么对应下载的应该是wordcloud-1.5.0-cp37-cp37m-win_amd64.whl。下载后在相同路径下执行以下命令（以1.5.0版本号为例）：

　　pip install wordcloud-1.5.0-cp37-cp37m-win_amd64.whl

或在任意路径下打开命令提示符，指明whl文件路径再pip 安装。方法如下，其中"C:\Users\zhaogh\Downloads\"为下载保存whl文件的路径：

　　pip install C:\Users\zhaogh\Downloads\wordcloud-1.5.0-cp37-cp37m-win_amd64.whl

10.5.1　英文词云制作

英文文本中单词间用空格进行分隔，所以英文文本的词云制作比较简单，将读取文本文件对象作为参数传递给WordCloud()的generate()函数即可，默认词云的背景为黑色，下面例子将背景色设为白色。

【例10.26】根据文本文件内容制作英文词云。

```python
# 例 10.26 制作英文词云 .py
from wordcloud import WordCloud
import matplotlib.pyplot as plt

#读取文件 , 返回一个字符串，该 txt 文本文件位于此 python 同以及目录下
with open('dream.txt','r',encoding='utf-8') as txt:
    text = txt.read()
# 生成一个词云对象
wordcloud = WordCloud(
        background_color="white",          #设置背景为白色，默认为黑色
        width=1500,                        #设置图片的宽度
        height=960,                        #设置图片的高度
        margin=5,                          #设置图片的边缘
        max_words=80                       #设置显示高频单词数量
        ).generate(text)
plt.imshow(wordcloud)                      # 绘制图片
plt.axis("off")                            # 消除坐标轴
wordcloud.to_file('english_ciyun.png')     # 保存图片
plt.show()                                 # 展示图片
```

扫一扫

例 10.26　制作英文词云

词云的实现效果如图10.48所示。

图 10.48　英文词云

WordCloud()函数的一些的重要参数解释如下：

（1）font_path：font_path指明字体及其所在路径，默认为None，在英文词云中可以不用设置；若要显示中文词云，则需要明确指定字体及其路径，否则无法正常显示中文字符。

（2）width：生成词云画布的宽(默认400)。

（3）height：生成词云画布的高(默认400)。

（4）margin：生成词云画布的词边距(默认2)。

（5）mask：背景图片，默认为None，参数是nd-array类型；当mask不为None时width和height无效，被mask的形状替代；除了白色块(#FF或 #FFFFFF)，mask其他部位会被作为填充单词的区域。

（6）max_words：词云中词的最大数量，默认为 200。

（7）min_font_size：词云的字体大小的最小值，默认为4。

（8）stopwords：停用词集合，默认为None；当为None时，会默认调用 wordcloud库内建的 STOPWORDS。

（9）random_state：该参数会在color_func参数中被调用，默认为None；实际上的作用是作为随机数的种子。

（10）background_color：词云背景色，默认为black (黑色)。

（11）max_font_size：最大字体大小，默认为None；当为None时，图像的高将会被作为最大字体大小。

（12）mode：默认值为 RGB；当mode=“RGBA”且background_color为None时会生成透明的背景。

（13）relative_scaling：词频和字体大小的关联性，影响字号的大小，默认值为0.5。

10.5.2　中文词云制作

中文词之间无分隔，所以中文词云的制作略麻烦，需要提前对文本进行分词处理。

jieba是目前应用较广泛的一个分词库，可以导入jieba进行分词再绘制词云。jieba分词有3种模式：精确模式（默认）、全模式和搜索引擎模式，下面对这3种模式分别举例介绍：

```
import jieba
txt = '我想和女朋友一起去武汉理工大学参观学习。'
print(jieba.lcut(txt))                    # 精确模式
print(jieba.lcut(txt,cut_all = True))     # 全模式
print(jieba.lcut_for_search(txt))         # 搜索引擎模式
```

输出：

```
['我', '想', '和', '女朋友', '一起', '去', '武汉理工大学', '参观', '学习', '。']
['我', '想', '和', '女朋友', '朋友', '一起', '去', '武汉', '武汉理工', '武汉
理工大学', '理工', '理工大', '理工大学', '工大', '大学', '参观', '学习', '', '']
['我', '想', '和', '朋友', '女朋友', '一起', '去', '武汉', '理工', '
工大', '大学', '理工大', '武汉理工大学', '参观', '学习', '。']
```

从输出结果可以看到，精确模式可以准确地分词；全模式时，输出所有可能组合的词，冗余较多；搜索引擎模式是精确分词，再对长词进一步切分。一般情况下，推荐使用精确模式。

中文文本能够切分成词就可以用英文词云相同的方法制作词云。

注意：制作中文词云时，务必要明确指定中文字体，否则中文无法正确显示。

【例10.27】根据文本文件内容制作中文词云以一个球为背景图片。

```
# 例 10.27 制作中文词云 .py
import jieba.analyse
from PIL import Image
import numpy as np
import matplotlib.pyplot as plt
from wordcloud import WordCloud

with open('xjpcj.txt','r',encoding='utf-8') as f:    # 文字来源
    txt=f.read()
result=jieba.analyse.textrank(txt,topK=50,withWeight=True)
keywords = dict()
for i in result:
    keywords[i[0]]=i[1]
image= Image.open('ball.jpg')                # 背景图片，可修改，放当前路径下
graph = np.array(image)
wc = WordCloud(font_path='msyh.ttc',# 中文字体，须修改路径和字体名，否则会导致
                                    # 词云上的汉字显示为方框
                background_color='White',   # 设置背景颜色
                max_words=500,              # 设置最大词数
                mask=graph,                 # 设置背景图片
                max_font_size = 200,        # 设置字体最大值
                random_state = 50,          # 设置有多少种随机生成状态，即有多少
                                            # 种配色方案
                scale=1)
wc.generate_from_frequencies(keywords)
plt.imshow(wc)
wc.to_file("10.53 中文词云 .jpg")             # 用 wordcloud 的 to_file() 方法写入文件
                                            # 永久保存图片

plt.axis("off")
plt.show()
```

扫一扫

例 10.27 制作中文词云

扫一扫

ball.jpg

词云的实现效果如图10.49所示。

图 10.49 中文词云

10.6　网　络　爬　虫

互联网是目前最大的一个数据库，在互联网上进行自动数据采集和互联网存在的时间差不多一样长。早期主要是搜索引擎返回包含搜索关键字相关信息的网址并借以获取对应的网页信息，但这些信息经常包含很多繁杂的、用户不关注的信息。

机器学习和数据挖掘等领域的快速发展，对数据集提出了越来越高的要求，而互联网上的信息具有数据量大、更新快等特点，受到越来越多的关注，很多研究者更倾向于通过网络进行数据采集。

如果把互联网比作一张大的蜘蛛网，数据便是存放于蜘蛛网的各个结点，而爬虫就是一只小蜘蛛，沿着网络抓取自己的猎物（数据）。爬虫是可以向网站发起请求，获取资源后分析并提取有用数据的小程序。我们把网络数据采集程序称为网络机器人或网络爬虫，最常用的方法是写一个自动化程序向网络服务器请求数据，然后对数据进行解析，提取需要的信息。

从技术层面来说就是通过程序模拟浏览器请求站点的行为，根据给定的网页的地址（URL）寻找网页，把站点返回的HTML代码、JSON数据、二进制数据（图片、视频）抓取到本地，进而提取自己需要的数据，存放起来使用。相对于搜索引擎，网络爬虫能够获取精准的信息。随着人工智能和大数据技术的快速发展，网络爬虫的应用也越来越多，经常被用于构建基于互联网的数据集。

10.6.1　网络爬虫的分类

网络爬虫按照实现的技术和结构可以分为通用网络爬虫、聚焦网络爬虫、增量式网络爬虫和深层网络爬虫等几种类型。在实际的使用过程中，经常是多种类型组合使用。

（1）通用网络爬虫又称为全网爬虫，是百度和谷歌等搜索引擎抓取系统的重要组成部分，主要目的是将互联网上的网页下载到本地，形成一个互联网内容的镜像备份，有非常高的应用价值。通用网络爬虫从互联网中搜集网页，采集信息，这些网页信息用于为搜索引擎建立索引从而提供支持，它决定着整个引擎系统的内容是否丰富，是否为即时信息，因此其性能的优劣直接影响着搜索引擎的效果。通用网络爬虫的爬取范围和数量巨大，爬取的是海量数据，对爬行速度和存储空间要求极高，一般采用并行的工作方式。

（2）聚焦网络爬虫是"面向特定主题需求"的一种网络爬虫程序，因此也称为主题网络爬虫。它与通用网络爬虫的区别在于：聚焦爬虫在实施网页抓取时会对内容进行处理筛选，按照预先确定的主题，有选择地进行网页抓取，尽量保证只抓取与需求相关的网页信息，从而可以极大地节省存储硬件和网络资源，并可以快速获取所需主题的相关数据。一般用户使用的爬虫都是这一种类型。

（3）增量式网络爬虫是指在抓取数据时，只抓取新产生或更新过的页面，对于没有发生变化的页面，则不会抓取，这样可以有效地减少数据下载量，减少时间和空间的开销。

（4）深层网络爬虫是指能抓取那些隐藏在深层网页中的信息的爬虫。所谓深层网页是指那些不能通过静态链接获取、需要提交一些表单才能获得的页面。实际上，互联网上大部分信息都是隐藏在深层网页中的，所以深层网页是主要的抓取对象。深层网络爬虫主要通过爬行控制器、解析器、表单分析器、表单处理器、响应分析器、LVS（Label Value Set，标签数值集合）控制器、URL表和LVS表等部分构成。

10.6.2 爬虫的基本原理

网络爬虫的基本工作流程如图10.50所示。

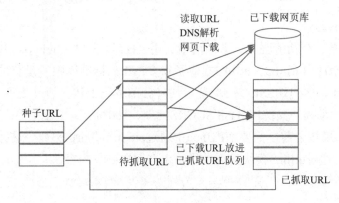

图10.50 网络爬虫的基本工作流程

具体说明如下：

（1）选取一部分精心挑选的种子URL。

（2）将这些URL放入待抓取的URL队列。

（3）从待抓取的URL队列中取出待抓取的URL，解析DNS，并且得到主机的IP，并将URL对应的网页下载下来，存储进已下载的网页库中。此外，将这些URL放进已抓取的URL队列。

（4）分析已抓取URL队列中的URL，分析其中的其他URL，并且将URL放入待抓取的URL队列，从而进入下一个循环。

10.6.3 网络爬虫的常用技术

1. 网络请求

爬虫是通过URL地址定位与下载网页，这两项是网络爬虫的关键功能，Python中实现网络请求常用以下3种方式：urlib、urlib3和requests。

（1）urllib是Python的内置模块，该模块提供了一个urlopen()方法，通过该方法指定URL发送网络请求来获取数据。urllib包含以下几个子模块来处理请求：

- urllib.request：发送http请求，定义了打开URL的方法和类。
- urllib.error：处理请求过程中出现的异常，基本的异常类是URLError。
- urllib.parse：解析和引用URL。

- urllib.robotparser：解析 robots.txt 文件。

【例 10.28】 通过 url.request 模块实现发送请求并读取网页内容。

扫一扫

例 10.28　通过 url.request 发送请求并读取网页内容

```
# 例 10.28 通过 url.request 发送请求并读取网页内容.py
import urllib.request                    # 导入模块

# 打开指定的需要爬取的网页
file=urllib.request.urlopen('http://www.baidu.com')
data=file.read()                         # 读取网页全部内容
dataline=file.readline()                 # 读取一行内容
print(dataline)                          # 输出一行内容
fhandle=open("./test.html","wb")         # 将爬取的网页保存在本地
fhandle.write(data)
fhandle.close()
```

（2）urllib3 是一个功能强大、条理清晰、用于 HTTP 客户端的 Python 库，许多 Python 的原生系统已经开始使用 urllib3。urllib3 提供了很多 Python 标准库中所没有的重要特性，包括线程安全、连接池、客户端 SSL/TLS 验证、文件分部编码上传、协助处理重复请求和 HTTP 重定位、支持压缩编码、支持 HTTP 和 SOCKS 代理、100% 测试覆盖率等。

在使用 urllib3 模块之前，需要在 Python 中通过 pip install urllib3 命令进行模块的安装。

【例 10.29】 通过 urllib3 模块实现发送请求并读取网页内容。

扫一扫

例 10.29　通过 urllib3 模块实现发送请求并读取网页内容

```
# 例 10.29通过 urllib3 模块实现发送请求并读取网页内容.py
import urllib3                           # 导入模块

# 创建 PoolManager 对象，用于处理与线程池的连接以及线程安全的所有细节
http=urllib3.PoolManager()
# 对需要爬取的网页发送请求
response=http.request('GET','https://www.baidu.com')
print(response.data)                     # 输出读取的内容
```

（3）requests 是用 Python 语言基于 urllib 编写的、比 urllib 更加方便使用的一个第三方模块，该模块在使用时比 urllib 更加简单，操作更人性化，可以节约人们大量的工作。requests 是 Python 实现的最简单易用的 HTTP 库，建议爬虫使用 requests 库。默认安装好 Python 之后，是没有安装 requests 模块的，需要单独通过 pip 安装后再使用。requests 模块具有以下特性：

- Keep-Alive & 连接池。
- 国际化域名和 URL。
- 带持久 Cookie 的会话。
- 浏览器式的 SSL 认证。
- 自动内容解码。
- 基本/摘要式的身份认证。
- 优雅的 key/value Cookie。
- 自动解压。
- Unicode 响应体。
- HTTP(S) 代理支持。

- 文件分块上传。
- 流下载。
- 连接超时。
- 分块请求。
- 支持 .netrc。

简单抓取网页可以使用 requests 发送请求，例如以百度贴吧为例，通过向百度贴吧发起一个 HTTP 请求，可以获取到它页面的源代码。

```
import requests

# 使用 get 方式请求
response = requests.get('https://tieba.baidu.com/')
print(response.text)
# 使用 post 方式请求
response = requests.post('https://tieba.baidu.com/')
print(response.text)
```

在请求网页时，经常需要携带一些参数，requests 提供了params关键字参数来满足需求。params 是一个字符串字典，其值可以为列表，只要将字典构建并赋给 params 即可。requests 很人性化，会将需要传递的参数正确编码，用户无须关心参数的编码问题。其具体用法如下：

```
import requests
url = 'http://httpbin.org/get'
params = {'name': 'Numb', 'author': 'Linkin Park'}
# params 支持列表作为值
# params = {'name': 'Good Time', 'author': ['Owl City', 'Carly Rae Jepsen']}
response = requests.get(url, params=params)
print(response.url)
print(response.text)
```

在请求一个网页时，有时发现无论是GET还是POST请求方式，都会出现403错误。这种情况多数因服务器的网页中使用了反爬虫设置，防止恶意采集信息，拒绝了用户的访问。此时可以使用headers关键字参数将 requests 发起的 HTTP 请求伪装成浏览器，从而解决反爬设置的问题。

使用方法是通过浏览器的网络监视器查看头部信息，将头部信息复制并作为requests参数headers的值。

```
import requests

url = 'https://tieba.baidu.com/'
headers = {'user-agent': ' Mozilla/5.0 (Macintosh; Intel Mac OS X 10.14;
rv:63.0) Gecko/20100101 Firefox/63.0'    }    # 还可以设置其他字段。
response = requests.get(url, headers=headers)
print(response.url)
print(response.text)
```

有些网站做了浏览频率限制，如果请求该网站频率过高，该网站会封掉访问者的 IP，禁止访问。这种问题可以使用代理来解决，用字典类型的proxies参数实现。具体用法如下：

```
import requests
url = 'https://tieba.baidu.com/'
proxies = {
    'http':"web-proxy.oa.com:8080",
    'https':"web-proxy.oa.com:8080"
    # 若你的代理需要使用 HTTP Basic Auth，可以使用 http://user:password@host/ 语法:
    # "http": "http://user:pass@27.154.181.34:43353/"
}
response = requests.get(url, proxies=proxies)
print(response.url)
print(response.text)
```

除了支持 HTTP 代理，requests 在 2.10 版本新增支持 socks 协议的代理。使用 socks 代理，需要额外安装一个第三方库。

```
pip install requests[socks]
```

安装成功之后，就可以正常使用，用法跟 HTTP 代理相关。具体代码如下：

```
proxies = {
    'http': 'socks5://user:pass@host:port',
    'https': 'socks5://user:pass@host:port'
}
```

使用代理发起请求，经常会碰到因代理失效导致请求失败的情况。因此，可以对请求超时进行设置。当发现请求超时，更换代理再重连。

```
response = requests.get(url, timeout=3)
```

如果要同时设置 connect 和 read 的超时时间，可以传入一个元组进行设置。

```
response = requests.get(url, timeout=(3, 30))
```

2．HTML解析之BeautifulSoup

BeautifulSoup 是一个可以从HTML或XML文件中提取数据的Python库。它能够通过转换器实现惯用的文档导航、查找和修改文档的方式，可以极大地提高工作效率。

BeautifulSoup提供一些简单的、Python式的函数用来处理导航、搜索、修改分析树等功能。它是一个工具箱，通过解析文档为用户提供需要抓取的数据，不需要多少代码就可以写出一个完整的应用程序。

BeautifulSoup自动将输入文档转换为Unicode编码，输出文档转换为utf-8编码。用户不需要考虑编码方式，只有在文档没有指定一个编码方式时，用户才需要说明一下原始编码方式，以保证BeautifulSoup能自动识别编码方式。

BeautifulSoup已成为同lxml、html6lib一样出色的Python解释器，为用户灵活地提供不同的解析策略或强劲的速度。BeautifulSoup3目前已经停止开发，推荐在现在的项目中使用BeautifulSoup4，但是它已经被移植到bs4，也就是说导入时需要导入bs4。

安装时使用：

```
pip install bs4
```

导入时使用：

```
import bs4
```

BeautifulSoup支持标准库中包含的HTML解析器，也支持许多第三方的解析器，如lxml和html5lib等，这两个解析器可以通过pip进行安装。表10.17中总结了每个解析器的优缺点。

表 10.17 解析器的优缺点

解 析 器	使 用 方 法	优 势	劣 势
Python标准库	BeautifulSoup(markup, "html.parser")	Python的内置标准库，执行速度适中，文档容错能力强	Python 2.7.3 or 3.2.2前的版本中文档容错能力差
lxml 的 HTML 解析器	BeautifulSoup(markup, "lxml")	速度快、文档容错能力强	需要安装 C 语言库
lxml 的 XML 解析器	BeautifulSoup(markup, ["lxml", "xml"]) BeautifulSoup(markup, "xml")	速度快、唯一支持XML的解析器	需要安装 C 语言库
html5lib	BeautifulSoup(markup, "html5lib")	具有最好的容错性，以浏览器的方式解析文档，生成HTML5格式的文档	速度慢，不依赖外部扩展

【例10.30】利用BeautifulSoup 进行HTML解析。

```
# 例 10.30 利用 Beautifulsoup 进行 HTML 解析 .py
from bs4 import BeautifulSoup

# 下面代码示例都是用此文档测试
html = """
<html><head><title>The Dormouse's story</title></head>
<body>
<p class="title"><b>The Dormouse's story</b></p>
<p class="story">Once upon a time there were three little sisters; and
their names were
<a href="http://example.com/elsie" class="sister" id="link1">Elsie</a>,
<a href="http://example.com/lacie" class="sister" id="link2">Lacie</a> and
<a href="http://example.com/tillie" class="sister" id="link3">Tillie</a>;
and they lived at the bottom of a well.</p>
<p class="story">...</p>
</body>
</html>
"""
```

扫一扫

例10.30 利用 Beauti-fulsoup 进行 HTML 解析

创建Beautifulsoup对象，并指定解析器为lxml，最后将解析的HTML代码显示在出来，代码如下：

```
soup=BeautifulSoup(html,features='lxml')
tag=soup.a
navstr=tag.string

print(soup)
print(soup.head)                        # 获取 head 标签
print(soup.a.string)                     # 获取 a 标签下的文本，只获取第一个
print(soup.p.string)                     # 获取 p 节点下的内容
print(soup.p.b)                          # 获取 p 节点下的 b 节点
```

```
print(soup.find('a'))                    #find 返回单个元素
print(soup.find_all('a'))                #fina_all 返回所有元素
print(soup.find_all('a',id='link1'))     # 属性加标签过滤
```

程序运行结果：

```
<html><head><title>The Dormouse's story</title></head>
<body>
<p class="title" name="dromouse"><b>The Dormouse's story</b></p>
<p class="story">Once upon a time there were three little sisters; and
their names were
<a class="sister" href="http://example.com/elsie" id="link1"><!-- Elsie --></a>,
<a class="sister" href="http://example.com/lacie" id="link2">Lacie</a> and
<a class="sister" href="http://example.com/tillie" id="link3">Tillie</a>;
and they lived at the bottom of a well.</p>
<p class="story">...</p>
</body>
</html>

<head><title>The Dormouse's story</title></head>
Elsie
The Dormouse's story
<b>The Dormouse's story</b>
<a class="sister" href="http://example.com/elsie" id="link1">Elsie</a>
[<a class="sister" href="http://example.com/elsie" id="link1">Elsie</a>,
<a class="sister" href="http://example.com/lacie" id="link2">Lacie</a>, <a
class="sister" href="http://example.com/tillie" id="link3">Tillie</a>]
[<a class="sister" href="http://example.com/elsie" id="link1">Elsie</a>]
```

10.6.4　网络爬虫开发常用框架

1. Scrapy

Scrapy是一套开源的、成熟的、快速的、简单轻巧的网络爬虫框架，支持Web 2.0，可以高效地抓取Web站点并从页面中提取结构化的数据，其官方网址为https://scrapy.org。Scrapy用途广泛，可用于数据挖掘、监测和自动化测试，也可应用在包括数据挖掘、信息处理或存储历史数据等一系列的程序中。Scrapy框架如图10.51所示，其框架工作原理如图10.52所示。

图10.51　Scrapy框架

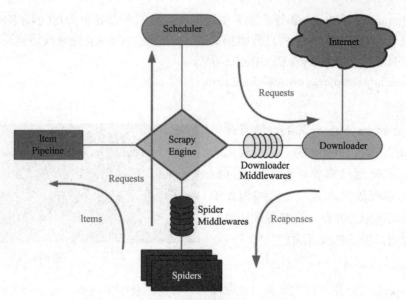

图 10.52 Scrapy框架工作原理

2. pyspider

pyspider是一种强大的网络爬虫系统并带有强大的WebUI。其官方网址为http：//www.pyspider.cn。它用Python语言编写，采用分布式架构，支持多种数据库后端，强大的WebUI支持脚本编辑器、任务监视器、项目管理器以及结果查看器。

pyspider内置 pyquery，可以用任何HTML解析包，支持MySQL、MongoDB、Redis、SQLite、Elasticsearch、 PostgreSQL 及 SQLAlchemy等关系和非关系型数据库进行存储。支持RabbitMQ、 Beanstalk、 Redis 和 Kombu等队列服务，支持抓取 JavaScript的页面。其框架如图10.53所示。

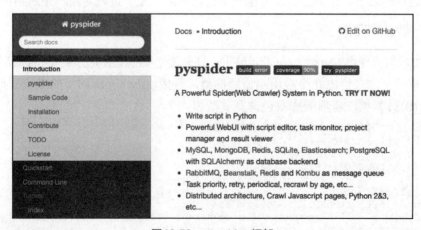

图10.53 pyspider 框架

3. Crawley

Crawley可以高速抓取对应网站的内容，支持MySQL、SQLite和PostgreSQL 等关系型数据库和MongoDB、Clouchdb等非关系型数据库，数据可以导出为JSON、XML等格式。它可以使用Xpath或Pyquery工具进行数据提取，支持使用Cookie登录或访问那些只有登录才可以访问的网页。Crawley框架如图10.54所示。

官方网址:http://project.crawley-cloud.com/

4. Portia

Portia是 scrapyhub 开源的一款可视化爬虫规则编写工具。Portia 提供了可视化的Web 页面，只需通过简单点击，标注页面上需提取的相应数据，无须任何编程知识即可完成爬取规则的开发。这些规则还可在Scrapy 中使用，用于抓取页面。

图10.54　Crawley 框架

5. newspaper3k

Newspaper3k可以用来提取新闻、文章和内容分析；使用多线程，支持10多种语言等。

6. Beautiful.Soup

BeautifulSoup 是一个可以从HTML或XML文件中提取数据的Python库。它能够通过转换器实现惯用的文档导航、查找、修改文档的方式，可极大地提高工作效率，节约大量的时间。

7. Grab

Grab是一个Web抓取全能型爬虫框架，借助Grab可以构建各种复杂的网页抓取工具。Grab提供一个API用于执行网络请求和处理接收到的内容，例如与HTML文档的DOM树进行交互。

8. Cola

Cola是一个分布式的爬虫框架，对于用户来说，只需编写几个特定的函数，而无须关注分布式运行的细节。任务会自动分配到多台机器上，整个过程对用户是透明的。

10.6.5　爬虫的实例

一般抓取网页使用 beautifulsoup就足够了，只有做复杂的爬虫类的应用才需要用到PySpider等类型的框架。本节给出几个应用不使用框架，直接用Python源码写的抓取数据的代码。

【例10.31】抓取新浪爱彩双色球开奖数据。

```
# 例10.31　抓取新浪爱彩双色球开奖数据.py
import urllib.request
import urllib.parse
import http.cookiejar

def getHtml(url):
    cj = http.cookiejar.CookieJar()
    opener = urllib.request.build_opener(urllib.request.HTTPCookieProcessor(cj))
    opener.addheaders = [('User-Agent','Mozilla/5.0 (Windows NT
    6.1; WOW64) AppleWebKit/537.36 (KHTML, like Gecko) Chrome/41.0.2272.101
    Safari/537.36'),
                        ('Cookie', '4564564564564564565646540')]
    urllib.request.install_opener(opener)
```

```
    html_bytes = urllib.request.urlopen(url).read()
    html_string = html_bytes.decode('utf-8')
    return html_string

# 最终输出结果格式如: 2018134 期开奖号码: 03,16,18,31,32,33, 蓝球: 12
html = getHtml("http://zst.aicai.com/ssq/openInfo/")
table = html[html.find('<table class="fzTab nbt">'): html.find('</table>')]
tmp = table.split('<tr \r\n\t\t  onmouseout=', 1)
trs = tmp[1]
tr = trs[: trs.find('</tr>')]
number = tr.split('<td    >')[1].split('</td>')[0]
print(number + ' 期开奖号码: ', end='')
redtmp = tr.split('<td   class="redColor sz12" >')
reds = redtmp[1:len(redtmp) - 1]    # 去掉第一个和最后一个没用的元素
for redstr in reds:
    print(redstr.split('</td>')[0] + ",", end='')
print(' 蓝球: ', end='')
blue = tr.split('<td   class="blueColor sz12" >')[1].split('</td>')[0]
print(blue)
```

输出:

2018134期开奖号码: 03,16,18,31,32,33,蓝球: 12

扫一扫

例 10.31　抓取新浪爱彩双色球开奖数据

【例 10.32】抓取股票数据。

```
# 例 10.32 抓取股票数据 .py
# 导入需要使用到的模块
import re
import os
import time
import random
import urllib
import requests
import pandas as pd
from sqlalchemy import *


# 爬虫抓取网页函数
def getHtml(url):
    html = requests.get(url)
    html = html.text
    return html

# 抓取网页股票代码函数, 获取所有股票代码集合 ( 本例中获取以 6 开头的股票数据 )
def getStackCode(html):
    stock = re.findall(re.compile('\((.*)\)'), html)
    stock = eval(stock[0])    # 去除引号, 将字符串转为列表, 每个元素为一支股票信息,
字符串类型
    codeHs = []
    for i in stock:
        code = i.split(',')[1]  # 将字符串类型的每支股票信息切分为列表, 取序号为
1 的元素, 即股票代码
        if code[0]=='6':
            codeHs.append(code)
    codeHs.sort()                # 对获取的股票代码升序排序
    return codeHs

url = (r'http://nufm.dfcfw.com/EM_Finance2014NumericApplication/
JS.aspx?&type=CT&'
        r'token=4f1862fc3b5e77c150a2b985b12db0fd&sty=FCOIATC&cmd=C._
A&st=(ChangePercent)&sr=-1&p=1&ps=3169')   # 东方财富网股票数据连接地址
# 运行时需在当前路径下先创建一个名为 data 的文件夹用于存储爬取的数据
```

扫一扫

例 10.32　抓取股票数据

```
filepath = './data/'  # 定义数据文件保存路径
# 实施抓取
codeList = getStackCode(getHtml(url))

# 抓取数据并保存到本地 csv 文件
for code in codeList[:3]:              # 为演示方便，仅爬取前 10 支股票信息，去方括号可
爬取所有股票
    print('正在获取股票{}数据'.format(code))
    #start=19991110 开始时间 end=20190801 结束时间
    url = ('http://quotes.money.163.com/service/chddata.html?code=0'+code+
'&start=19991110&end=20190801&fields=TCLOSE;HIGH;
LOW;TOPEN;LCLOSE;CHG;PCHG;TURNOVER;VOTURNOVER;VATURNOVER;TCAP;MCAP')
    urllib.request.urlretrieve(url, filepath+code+'.csv')  # 以股票代码为文
件名存储数据
    time.sleep(random.random() * 3)
      # 很多网站反爬虫都设置了间隔时间，一个 IP 如果短时间超过指定次数就会进入冷却 CD，
每爬取一组数据休眠随机时间

# 定义元信息，绑定到元引擎，创建数据库 test.db
engine = create_engine('sqlite:///.test.db',echo = True)
metadata = MetaData(engine)
# 获取本地文件
filepath = './data/'             # 定义数据文件保存路径
fileList = os.listdir(filepath)  # 获取 data 文件夹中文件名列表
print(fileList)                   # 查看 data 文件夹中文件名列表
# 依次对每个数据文件进行存储
for fileName in fileList:
    data = pd.read_csv(filepath+fileName, encoding="GBK")
    # print(data) # 可以查看从文件中读取到的数据
    # 将读取的数据以附加的形式写入 test 数据库中以变量 fileName 的值命名的表中
    data.to_sql(fileName,engine,index=False,if_exists='append')
# 下面语句将数据从数据库中读取出来
fromlist = pd.read_sql(fileName,engine)
print(fromlist)
```

抓取结果是将所有以6开头的股票的数据保存于名为"股票代码.csv"（例如600000.csv）的文件中。

【例10.33】获取上交所和深交所所有股票的名称和交易信息，保存到文件中。

分析：通过浏览器、源代码查看等方法，选取股票信息静态存在于HTML页面中、非JavaScript代码生成、没有Robots协议限制的网站作为目标，经筛选，确定以东方财富股票（http://quote.eastmoney.com/stocklist.html）和百度股票（https://gupiao.baidu.com/stock/）为目标，先从东方财富股票获取股票列表，再根据列表逐个到百度股票获取个股信息。主要涉及的模块有requests、bs4和re。

主要实现代码如下：

扫一扫

例 10.33 获取股票的名称和交易信息

```
# 例 10.33 获取股票的名称和交易信息.py
import requests
from bs4 import BeautifulSoup

def getHTMLText(url, code="utf-8"):
    try:
        r = requests.get(url)
        r.raise_for_status()
        r.encoding = code
        return r.text
    except:
        return ""
```

```python
def getStockList(lst, stockURL):
    html = getHTMLText(stockURL, "GB2312")
    soup = BeautifulSoup(html, 'html.parser')
    a = soup.find_all('a')
    for i in a:
        try:
            href = i.attrs['href']
            lst.append(re.findall(r"[s][hz]\d{6}", href)[0])
        except:
            continue

def getStockInfo(lst, stockURL, fpath):
    count = 0
    for stock in lst:
        url = stockURL + stock + ".html"
        html = getHTMLText(url)
        try:
            if html=="":
                continue
            infoDict = {}
            soup = BeautifulSoup(html, 'html.parser')
            stockInfo = soup.find('div',attrs={'class':'stock-bets'})
            name = stockInfo.find_all(attrs={'class':'bets-name'})[0]
            infoDict.update({'股票名称': name.text.split()[0]})
            keyList = stockInfo.find_all('dt')
            valueList = stockInfo.find_all('dd')
            for i in range(len(keyList)):
                key = keyList[i].text
                val = valueList[i].text
                infoDict[key] = val
            with open(fpath, 'a', encoding='utf-8') as f:
                f.write( str(infoDict) + '\n' )
                count = count + 1
                print("\r当前进度: {:.2f}%".format(count*100/len(lst)),end="")
        except:
            count = count + 1
            print("\r当前进度: {:.2f}%".format(count*100/len(lst)),end="")
            continue

def main():
    stock_list_url = 'http://quote.eastmoney.com/stocklist.html'
    stock_info_url = 'https://gupiao.baidu.com/stock/'
    output_file = './BaiduStockInfo.txt'
    slist=[]
    getStockList(slist, stock_list_url)
    getStockInfo(slist, stock_info_url, output_file)

main()
```

小　结

　　本章主要介绍了NumPy、Pandas、Seaborn和Matplotlib等和数据分析与可视化相关的库的主要安装和使用。其中，NumPy在数据分析中应用并不太多，一般掌握即可；Matplotlib是数据可视化的最关键模块，必须熟练掌握；Pandas和Seaborn的应用可以降低编程复杂度和提高效率，建议掌握。

　　词云是对文本中出现频率较高的关键字予以视觉上的突出显示，使读者可以迅速掌握文本的主旨，应用比较广泛。

最后简要介绍了网络爬虫技术，网络爬虫是通过网络获取大量数据的一种非常重要的技术，有兴趣的读者可以尝试搭建框架，利用框架进行数据爬取。

练　习

1. 基于NumPy的股票分析实践：

读取股票数据data.csv，文件中的4～8列，分别为股票的开盘价、最高价、最低价、收盘价、成交量。

（1）统计股价近期最高价的最大值和最低价的最小值。

（2）计算股价近期最高价的最大值和最小值的差值，计算股价近期最低价的最大值和最小值的差值。

（3）计算收盘价的中位数。

（4）计算收盘价的方差。

（5）在一个图中分别绘制开盘价、最高价、最低价和收盘价的曲线。

2. 搜索互联网大会上的讲话，统计词频并制作词云，分析热点词。

3. 将例10.32抓取到的csv文件中的数据保存到数据库中，数据库可以选mysql或sqllite。

4. 抓取豆瓣电影Top 100影评数据。

5. 有一个数据文件GDP.csv，数据如下，借助pandas绘制如图10.55所示的双Y轴图。

eng_name,chn_name,GDP,rate

a,　　　 中国，　　100, 0.6

b,　　　 美国，　　180, 0.3

c,　　　 日本，　　80, 0.2

d,　　　 瑞典，　　65, 0.15

e,　　　 荷兰，　　56, 0.23

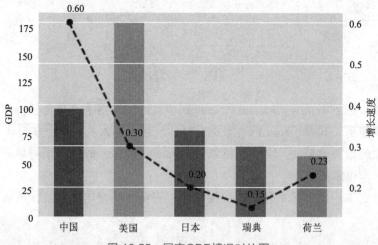

图 10.55　国家GDP情况对比图

附录 Ⓐ 常见问题及解答

在Python的应用过程中，常见的问题及解答如下：

（1）下载不到Python 64位版本。

在官方网站默认的下载链接直接下载的是当前最新版本的32位解释器，如果想下载64位解释器，需要在Downloads下选择操作系统进入下载页面下载。一般来说，现在主流操作系统都是64位的，推荐下载Windows x86-64 executable installer，如图A.1所示。

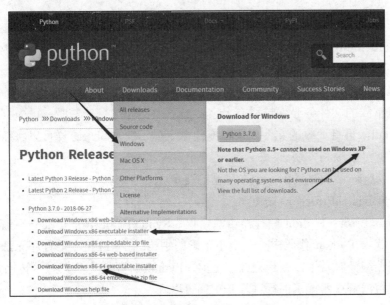

图A.1　下载Python 64位版本

（2）下载的Python 在Windows XP系统无法安装。

这是因为Python 3.5以后的版本不再支持在Windows XP系统安装，可以在列表中下载3.4或以前的版本。

（3）在应用pip install 安装第三方库时提示找不到pip。

这是因为在安装Python时未选中Add Python 3.7 to PATH，可以手动将其加入到操作系统的PATH中。更简单的方法是重新安装Python，选择Modify，再选中Add Python 3.7 to

PATH后继续完成安装。

（4）用input()函数输入的数据无法参与数学运算。

Python中input()函数接收到的都是字符串的类型，在未将其转换为数值类型时，是无法参与数学运算的。可将input()嵌入到eval()的括号中，构成形如a = eval(input())或a = float(input))的输入语句，将输入转换成数值类型。也可以先将输入赋值给一个变量，再用eval()、float()或int()函数将其转为可用于计算的数值类型。

（5）pip install 安装第三方库失败，提示需要Visual C++ 14.0的错误。

大部分第三方库都可以用pip安装成功，但如果第三方库是以源代码形式提供时，需要本机具有相同的编译环境才能编译成功并安装，当本机缺少Visual C++等编译环境时，经常会安装失败。此时可按提示的网址下载visual-cpp-build-tools，在安装过程中可能还要要求安装相应版本的.net framework，完成这些安装后再运行pip install 就可以安装成功。但是，这样安装比较费时，更好的方法是直接安装wheel格式的文件。

美国加州大学尔湾分校维护了一份编译好的第三方库，当遇到pip安装失败的问题时，可以到https://www.lfd.uci.edu/~gohlke/pythonlibs/下载与本地操作系统环境和Python版本一致的编译好的whl文件，这种格式可以使文件在不具备编译环境的情况下，选择适合自己的Python环境进行安装。

例如，在64位的Windows和64位的 Python 3.7环境下安装wordcloud这个库时，可到上述网址下载wordcloud-1.5.0-cp37-cp37m-win_amd64.whl，文件名中cp37对应Python版本为3.7， win_amd64表示对应64位的Windows， win32表示对应32位的Windows。

在命令提示符窗口下输入pip install wordcloud-1.5.0-cp37-cp37m-win_amd64.whl便可完成安装。注意下载的文件务必保持原有名字，当下载文件路径较长时，可先打开命令提示符输入pip install，再将下载的文件用鼠标拖到命令提示符窗口，这样可以将路径完整输入进去，再回车就可以顺利安装。

（6）NameError：尝试访问一个未声明的变量。

（7）ZeroDivisionError：除数为零。

（8）SyntaxError：Python 解释器语法错误，SyntaxError 异常是唯一不是在运行时发生的异常。它代表 Python 代码中有一个不正确的结构, 在它改正之前程序无法执行。这些错误一般都是在编译时发生，在错误改正之前，Python 解释器无法把脚本转化为 Python 字节代码，一般根据解释器提示的行进行修正就可以。

（9）SyntaxError：invalid syntax，语法错误，不正确的语法。

忘记在if、elif、else、for、while、class、def 声明末尾添加"："或用赋值符号"="代替"=="进行相等判定，导致错误。

例如，下述两组代码都会产生SyntaxError: invalid syntax。

```
for i in range(4)    #缺少"："
    print('hello')
```

或

```
if a = 3:            #用赋值符号 "=" 代替 "==" 进行相等判定
    print('yes')
```

Python 中不支持自增和自减操作，错误的操作也会导致语法错误。例如：

```
i = 1
i++                  #SyntaxError: invalid syntax
print(i)
i += 1               # 正确写法
print(i)
```

（10）IndentationError: unindent does not match any outer indentation level，缩进量不一致。例如：

```
for i in range(4):
    print('hello')
 print('yes')        # 缩进量不一致
```

（11）TypeError: Can't convert 'int' object to str implicitly， 尝试连接整型（非字符串值）与字符串。

（12）SyntaxError:EOL while scanning string literal，在字符串首尾忘记加引号。

（13）NameError:name 'xxx' is not defined，访问未初始化的变量；变量或者函数名拼写错误；或未赋值的变量直接出现在赋值符号的右侧；或对未赋值变量使用+=、-=、*=、/=等操作。

（14）IndexError:list index out of range，引用超过可迭代对象的最大索引。

（15）KeyError：请求一个不存在的字典关键字。

（16）IOError：输入/输出错误。

（17）AttributeError：尝试访问未知的对象属性。

（18）SyntaxError: can't assign to keyword， 尝试使用Python关键字作为变量名。

（19）UnboundLocalError: local variable 'score' referenced before assignment，函数中如果定义了与全局变量同名的局部变量，则在局部变量定义前不可使用这个变量。例如：

```
score = 88
def fun():
    print(score)   #UnboundLocalError: local variable 'score' referenced before
assignment
    score = 100
fun()
```

（20）TypeError:'range' object does not support item assignment，尝试使用range()创建整数列表，Python 3.x中range()产生的是一个可迭代对象，而不是实际的列表，需要用list()函数将其转为列表。

（21）TypeError: 'module' object is not callable，模块未正确导入，可能是未导入所需的模块或导入的模块名称有误。

（22）RuntimeError: maximum recursion depth exceeded，超出Python 最大递归次数。Python解释器有一个默认的最大递归次数是999。

可以在文件初始位置修改这个最大递归次数。例如：

```
import sys
sys.setrecursionlimit(4000)    # 设置最大递归次数为 4000
```

sys.setrecursionlimit() 只是修改解释器在解释时允许的最大递归次数，最大递归次数的限制还和操作系统有关，Windows下最大迭代次数约4 400次，Linux下最大迭代次数约为24 900次，超出限制就只能改为非递归算法。

（23）UnicodeDecodeError: 'gb2312' codec can't decode bytes in position 3-4: illegal multibyte sequence，编码错误。

例如，本来文件的编码是utf-8，却用gb2312的编码方式去解码，导致出现错误，在程序中指明正确的中文编码即可。

（24）io.UnsupportedOperation: not readable，文件无读权限，例如读文件时误用了写权限。例如：

```
with open('静夜思.txt', 'w', encoding = 'utf-8') as f:
    for line in f:              # 对文件进行逐行遍历
        print(line.strip())
```

（25）io.UnsupportedOperation: not writable，文件无写权限，例如写文件时只给了读权限。

附录 Ⓑ 常用函数

1. 基本常用函数

（1）input()：用于接收用户从键盘输入的字符串，一般用variable = input()将接收到的字符串赋值给一个变量存储起来。

（2）print：函数用于将处理结果输出到终端，经常用format()函数对输出进行格式化处理。

（3）str.format(args)：用于对字符串进行格式化，str用于指定字符串的显示样式（模板），在创建模板时，使用"{}"和"："指定占位符。基本语法格式如下：

```
{[index][:[[fill] align][sign][#][width][.precision][type]]}
```

- index：用于指定要设置格式的对象在参数列表中的索引位置，索引值从0开始，如果省略，则根据值的先后顺序自动分配；当一个模板中出现多个点位符时，指定索引位置的规范需要统一，或者全部采用手动，或者全部采用自动。
- fill：用于指定空白处填充的字符。
- align：用于指定对齐方式："<"表过左对齐；">"表示右对齐；"^"表示居中。
- sign：用于指定有无符号数，值为"+"表示正数加正号，负数加负号；值为"-"表示正不变，负数加负号，值为空格表示正数加空格，负数加负号。
- #：在二进制、八进制或十六进制前加上"#"表示会显示0b/0o/0x前缀，否则不显示前缀。
- width：用于指定所占宽度。
- precision：用于指定保留的小位数。
- type：用于指定类型。

格式字符及说明如表B.1所示。

表B.1　格式字符及说明

格式字符	说　　明	格式字符	说　　明
b	二进制，将数字以2为基数进行输出	s	对字符串类型格式化

续表

格式字符	说　　明	格式字符	说　　明
c	字符，在打印之前将整数转换成对应的Unicode字符串.	e或E	幂符号，用科学计数法打印数字，用e表示幂
d	十进制整数，将数字以10为基数进行输出	f或F	转换为浮点数再格式化（默认保留6位小数）
o	八进制，将数字以8为基数进行输出	g 或G	将数值以fixed-point格式输出，当数值特别大时，用幂形式打印
x	十六进制，将数字以16为基数进行输出，9以上的位数用小写字母	%	将数值乘以100然后以fixed-point('f')格式打印，值后面会有一个百分号

（4）len(s)：返回字符、列表或元组等对象的长度或项目个数。

（5）help([object])：用来查看并返回对象的帮助信息。

2．数学函数

（1）abs(x)：返回数字x的绝对值。

（2）divmod(a,b)：把除和取余结合，返回一个包含商和余数的元组(a//b, a%b)。

（3）sum(iterable, start)：对可迭代对象，如列表、元组或集合等序列进行求和运算；start是序列值相加后再次相加的值，默认为0。

（4）round(x,n)：返回浮点数x四舍六入五取偶并保留小数点后n位的值。

（5）pow(x,n[,z])：返回浮点数x的n次方的值。

（6）min(a,b,c···)：返回指定数值或指定序列中最小的数值。

（7）max(a,b,c···)：返回指定数值或指定序列中最大的数值。

3．数据转换函数

（1）hex(x)：用于将十进制整数x转换成十六进制的字符串表示形式。

（2）oct(x)：用于将十进制整数x转换成八进制的字符串表示形式。

（3）bin(x)：用于将十进制整数x转换成二进制的字符串表示形式。

（4）int(x)：用于将一个字符串类型的数字转换成整型并返回数字值。

（5）str(object)：用于将一个对象object转换成字符串类型的形式，然后可以输出该对象的字符串表示形式。

（6）bool(x)：用于将一个指定的参数进行转换并返回一个布尔类型的值。

（7）ord(c)：用于将一个单个字符c转换成ASCII数值或者Unicode数值。

（8）float(x)：用于将一个整数x或字符串类型的浮点数x转换成浮点类型。

（9）tuple(seq)：用于将一个列表seq转换成元组并返回。

（10）chr(i)：用于将范围在range(256)内的整数作参考，返回一个对应的字符。

（11）list(seq)：用于将元组类型对象seq转换成列表类型并返回一个数据列表。

（12）repr(object)：用于将一个对象object转化为Python解释器阅读的形式。

（13）complex(real, imag)：用于生成一个指定参数的复数形式，其格式为

real+imag*j。

4. 对象创建函数

（1）dict([mapping||iterable,]**kwargs)：创建字典对象，其参数**kwargs是一到多个关键字；mapping是元素容器，如元组、列表、zip函数；iterable是指可迭代对象。

（2）open(name[,mode[,buffering]])：用于打开一个文件，同时返回一个文件对象来实现操作文件。name是文件名称；mode是文件打开模式，如只读（r）、写入（w）和追加（a）等，如果不传递该参数，默认打开方式为只读；buffering是配置缓存，如果为-1则使用系统默认大小，如果为0则不设置缓存，如果为1将以行为缓存块，如果大于1则表示缓存区的大小。

（3）frozenset([iterable])：用于将列表、字典或元组等可迭代对象创建不可改变的集合对象。

（4）set([iterable])：用于将列表、字典或元组等可迭代对象创建一个无序不重复的集合对象，可进行关系测试、去除重复元素、计算交集、差集、并集等操作。

（5）range(start,stop[,step])：用于快速创建一个整数列表，start是起始值，默认为0，生成列表包括该值；stop是结束值，生成列表不包括该值；step是步长，列表中每一个元素数值的间隔。

5. 迭代器操作函数

（1）all(iterable)：用于判断指定的可迭代对象iterable中的所有元素是否都为True。只要有一个元素是False，结果就是False。元素除了0、空、False以外都算True。

（2）iter(object[,sentinel])：用于根据支持迭代的对象object生成迭代器。

（3）next(iterator[,default])：用于将迭代器iterator的元素向后推进一个目标。如果指定default参数，在元素到达末尾后会输出该默认值，无default参数时，next到达末尾时会抛出异常。

（4）any(iterable)：用于判断指定的可失代对象iterable中的所有元素是否都为False。只要有一个元素是True，那么结果就为True，元素除了0、空和False以外都为True。

（5）sorted(iterable[,cmp[,key[,reverse]]])：用于对可迭代对象iterable进行排序操作。参数cmp用于比较，包含两个参数，分别为迭代对象元素，此函数的规则是：大于则返回1，小于则返回-1，等于则返回0；key是用于比较的元素，参数为指定可迭代对象中的一个元素来进行排序；reverse参数为排序规则，reverse=True时降序排序，reverse=False时升序排序，默认为升序排序。

（6）enumerate(sequence[,start=0])：用于将一个列表、元组或字符串等可遍历的数据对象组合为一个索引序列，同时列出数据和数据下标，一般用于for循环之中；start为设置的下标的起始值。

（7）filter(function,iterable)：用于过滤掉序列中不符合条件的元素，返回由符合条件元素组成的新列表。function是用于实现判断的函数；iterable为可迭代对象。

（8）zip([iterable,…])：用于将可迭代的对象作为参数，将对象中对应的元素打包成元组，然后返回由这些元组组成的列表。

（9）map(function,iterable)：用于将列表元素作为参数传入到自定义的函数中，实现对每一个元素的映射操作并返回映射后的结果。

（10）reverse()：用于对列表元素进行反向排序。

6. 对象操作函数

（1）id([object])：用于获取对象object的内存地址。

（2）eval(expression[,globals[,locals]])：用于执行一个字符串表达式expression，并返回表达式的值。globals和locals是变量作用域，前者是全局命名空间，用于字典对象；后者是局部命名空间，可用于任何映射对象。

（3）type(object)：返回对象object的类型。

附录 C ASCII 表

扫一扫

附录 C
ASCII 表

ASCII 码（American Standard Code for Information Interchange，美国信息交换标准代码）

ASCII 控制字符

高四位	0 (0000)					1 (0001)				
低四位	Ctrl	代码	转义字符	字符解释	十进制 / 字符	Ctrl	代码	转义字符	字符解释	十进制 / 字符
0000	^@	NUL	\0	空字符	0 / ☒	^P	DLE		数据链路转义	16 / ☒
0001	^A	SOH		标题开始	1 / ☒	^Q	DC1		设备控制 1	17 / ☒
0010	^B	STX		正文开始	2 / ☒	^R	DC2		设备控制 2	18 / ☒
0011	^C	ETX		正文结束	3 / ☒	^S	DC3		设备控制 3	19 / ☒
0100	^D	EOT		传输结束	4 / ☒	^T	DC4		设备控制 4	20 / ☒
0101	^E	ENQ		查询	5 / ☒	^U	NAK		否定应答	21 / s
0110	^F	ACK		确认回应	6 / ☒	^V	SYN		同步空闲	22 / ☒
0111	^G	BEL	\a	响铃	7 / ☒	^W	ETB		传输块结束	23 / ☒
1000	^H	BS	\b	退格	8 / ☒	^X	CAN		取消	24 / ☒
1001	^I	HT	\t	横向制表	9 / ☒	^Y	EM		介质结束	25 / ☒
1010	^J	LF	\n	换行键	10 / ☒	^Z	SUB		替换	26 / ☒
1011	^K	VT	\v	纵向制表	11 / ☒	^[	ESC		溢出	27 / ☒
1100	^L	FF	\f	换页键	12 / ☒	^\	FS		文件分隔符	28 / ☒
1101	^M	CR	\r	回车键	13 / ☒	^]	GS		组分隔符	29 / ☒
1110	^N	SO		移出	14 / ☒	^^	RS		记录分隔符	30 / ☒
1111	^O	SI		移入	15 / ☒	^_	US		单元分隔符	31 / ☒

ASCII 打印字符

低四位	2 (0010)		3 (0011)		4 (0100)		5 (0101)		6 (0110)		7 (0111)	
	十进制	字符	十进制	字符	十进制	字符	十进制	字符	十进制	字符	十进制	字符 / Ctrl
0000	32	空格	48	0	64	@	80	P	96	`	112	p
0001	33	!	49	1	65	A	81	Q	97	a	113	q
0010	34	"	50	2	66	B	82	R	98	b	114	r
0011	35	#	51	3	67	C	83	S	99	c	115	s
0100	36	$	52	4	68	D	84	T	100	d	116	t
0101	37	%	53	5	69	E	85	U	101	e	117	u
0110	38	&	54	6	70	F	86	V	102	f	118	v
0111	39	'	55	7	71	G	87	W	103	g	119	w
1000	40	(	56	8	72	H	88	X	104	h	120	x
1001	41	)	57	9	73	I	89	Y	105	i	121	y
1010	42	*	58	:	74	J	90	Z	106	j	122	z
1011	43	+	59	;	75	K	91	[	107	k	123	{
1100	44	,	60	<	76	L	92	\	108	l	124		
1101	45	-	61	=	77	M	93	]	109	m	125	}
1110	46	.	62	>	78	N	94	^	110	n	126	~
1111	47	/	63	?	79	O	95	_	111	o	127	☒ / DEL

注：表中的 ASCII 字符可以用 "Alt+ 小键盘上的数字键" 方法输入

参 考 文 献

[1] 王小川. Python 与量化投资从基础到实战[M]. 北京: 电子工业出版社，2018.

[2] 龙马高新教育. Python 3数据分析与机器学习实战[M]. 北京: 北京大学出版社，2018.

[3] 伊德里斯. Python 数据分析 [M]. 韩波，译. 北京:人民邮电出版社，2016.

[4] 董付国. Python程序设计[M]. 2版. 北京：清华大学出版社，2016.

[5] 明日科技, 王国辉, 冯春龙. Python 从入门到项目实践[M]. 长春: 吉林大学出版社，2018.

[6] 黄红梅, 张良均. Python 数据分析与应用[M]. 北京:人民邮电出版社，2018.

[7] 嵩天, 礼欣, 黄天羽. Python语言程序设计基础[M]. 2版. 北京: 高等教育出版社，2017.

[8] 刘宇宙. Python 3.5从零开始学[M]. 北京:清华大学出版社，2017.